青海东部城市群生态环境变化遥感调查与评估
（2000—2010 年）

赵 霞 唐文家 许长军 崔玉香 著

中国环境出版集团 · 北京

图书在版编目（CIP）数据

青海东部城市群生态环境变化遥感调查与评估：2000—2010年/赵霞等著. —北京：中国环境出版集团，2018.6
ISBN 978-7-5111-3698-5

Ⅰ. ①青… Ⅱ. ①赵… Ⅲ. ①城市环境—生态环境建设—调查研究—青海—2000-2010 Ⅳ. ①X321.244

中国版本图书馆 CIP 数据核字（2018）第 125958 号
审图号：青 S（2018）012 号

出 版 人 武德凯
责任编辑 刘 焱 殷玉婷
责任校对 任 丽
封面设计 岳 帅

出版发行 中国环境出版集团
（100062 北京市东城区广渠门内大街 16 号）
网 址：http://www.cesp.com.cn
电子邮箱：bjgl@cesp.com.cn
联系电话：010-67112765（编辑管理部）
发行热线：010-67125803，010-67113405（传真）
印 刷 北京建宏印刷有限公司
经 销 各地新华书店
版 次 2018 年 6 月第 1 版
印 次 2018 年 6 月第 1 次印刷
开 本 787×1092 1/16
印 张 14.75
字 数 280 千字
定 价 52.00 元

内容提要

本书基于《全国生态环境十年变化（2000—2010年）遥感调查与评估》项目的总体要求，采用遥感调查与地面监测相结合的方法，选取青海东部人口最密集、城镇最集中、工业化发展最迅速的河湟谷地作为研究区，从湟水流域、东部城市群和西宁市三个不同的空间尺度上对区域生态环境的本底格局、现状特点和未来趋势进行了定量剖析，全面刻画了森林、草地、农田以及湖泊湿地等生态系统类型的分布格局和变化特点，分析了水环境污染、大气环境污染、固体废弃物污染以及噪声污染的环境质量变化趋势，评估了不同空间尺度上生态环境变化带来的资源环境效应，揭示了不同尺度面临的主要生态环境问题及驱动因素，并在此基础上提出了生态系统保护与环境修复的响应对策和政策建议。

本书不仅是省内首个采用遥感调查与评估方法对区域生态系统格局和环境质量状况进行全面、系统和规范评估的技术报告，也是省内首部以青海东部城市群为研究对象的学术著作，具有技术思路成熟、基础数据可靠、评估方法科学、分析流程规范、评估结果准确和政策建议可行等突出特点。该成果的发布不仅填补了青海省生态环境变化效应评估的空白，还开启了以青海东部城市群为整体进行生态环境变化评估的新视角，为加强青海东部人口密集区资源、环境、人口、经济和生态的全面监管提供了新思路，也为下一阶段开展常态化的生态环境遥感调查提供了基础数据和方法参考。

本书对遥感、地理、生态、环境、自然资源等相关学科的科研和教学人员具有重要的参考价值，对生态、环境、农林牧渔、国土、流域、区域和自然保护区等管理机构的规划决策和政策制定具有重要的科技支撑作用。

报告撰写：赵　霞　唐文家　许长军　崔玉香
数据收集：张姝婷　张紫萍　王欣烨
地图制作：山中雪　温　豪
报告审核：葛劲松　曹广超　陈克龙
地图设计：王亭波　杨　燕　黄彦丽
地图编绘：吴金玲　董凤翎　霍轶群　杨臻康
地图检校：杨　柳　张晓红

序

生态环境是人类生存和经济社会可持续发展的基础，与人类福祉密切相关，加强生态保护、改善环境质量，是关系到我国现代化建设的全局和长远发展的战略性工作。2000 年以来的十年是青海省经济高速增长的十年，也是青海省全面实施生态立省发展战略的十年。十年期间，青海省的社会经济得到了高速发展，全省各地已全面步入工业化初期阶段，工业化、城镇化进程不断加速，其中以省会西宁市为中心的东部湟水谷地城镇化发展较快，人口规模集聚迅速，城镇地域相互交叉甚至连成一片，城镇之间经济功能互补和产业分工合作的经济带格局已初步形成，是未来青海省乃至青藏高原最具发展潜力和经济基础的城市群形成区域。

在国外，欧美等发达国家都已经形成了定期开展全国生态环境调查与评估的制度，这些全面、定期的科学评估，对于认清生态环境变化与社会发展之间的相互作用和影响过程，提出科学合理的对策建议和推进相关制度完善等发挥了重要的科学支撑和决策依据作用。在我国，为全面系统地获取 2000 年至 2010 年期间全国生态系统格局、生态系统质量、生态服务功能、生态环境胁迫以及生态环境问题的空间分异格局和动态变化情况，环保部于 2010 年 11 月批准成立了《全国生态环境十年变化（2000—2010）遥感调查与评估》项目，并于 2011 年 10 月得到财政部正式批复立项，由此开启了全国各省（市/区/直辖市）的生态环境十年（2000—2010 年）变化遥感调查与评估项目。

为全面认识青海省生态环境十年变化的特征、规律和可能的生态环境胁迫与风险，特别是深刻认识青海典型区域和特殊生态环境问题的十年变化特征和发展趋势，2012 年年底，《青海省生态环境十年变化（2000—2010 年）遥感调查与评估》课题组经反复讨论和征求相关厅局和专家意见，决定成立《青海东部城市群生态环境十年（2000—2010）变化的遥感调查与评估》专题，旨在选取青海东部人口最密集、城镇最集中、工业化发展最迅速的河湟谷地作为研究区，通过调查区域生态环境质量和重点城市建成区的扩展过程，揭示城市化与区域生态环境质量之间的关系，并在此基础上评估城市化过程可能带来的生态环境效应，为青海东部城市群的持续、快速、健康发展提供生态环境管理依据。

经过近 3 年的努力，课题组圆满完成了既定目标，取得成果的创造性主要体现在以下四点：一是建立了从现状评价→变化分析→效应评估→响应对策的生态环境评估技术路线，为全省其他区域的生态环境变化评估提供了技术思路；二是建立了由 3 个尺度、5 类评估目标、17 个评价内容和 20 多个定量指标构成的评价指标体系，为区域生态环境问题的科学评估和合理解释提供了方法保障；三是建立了从评估数据集→专题图集→评估报告→学术论文的全套科学评估体系，为区域生态环境评估的成果形式提供了范例，有助于全省生态环境评估工作的制度化和规范化；四是培养了 1 支由交叉学科专业技术人员组成的高素质生态环境评估团队，可以科学、高效地完成区域、流域、县域、省域和任意指定单元的生态系统评估、环境质量评价、生态环境效应评估以及 GIS 空间分析和遥感数据提取等任务。

根据《青海省生态环境十年变化（2000—2010 年）遥感调查与评估项目》的总体验收情况，《青海东部城市群生态环境十年（2000—2010）变化的遥感调查与评估》专题的总体水平较高，具有技术思路成熟、评价体系完整、评价指标合理、评价方法科学、评价结果合理以及基础数据详实和成果展示充分等特点，在区域生态环境评价及相关领域具有较强的应用和参考价值。鉴于青海省“生态立省”战略的实施和国家生态环境评估的制度化运行，未来《青海东部城市群生态环境十年（2000—2010）变化的遥感调查与评估》专题的评估模式将在全省生态环境评估，特别是典型区生态环境变化评估中发挥重要的引领和示范作用。

有鉴于青海东部城市群已成为我国“兰—西—格”经济带的重要组成部分和青藏高原经济发展的核心区域，未来这一区域内的资源、环境、生态保护和人口、城镇、产业的快速扩张等问题必将面临更严峻的挑战，相关行业和部门的规划管理和政策制定必将面临更加复杂和综合的决策困境，然而省内针对这一区域生态环境问题的整体思考十分匮乏，特别是基于遥感数据的区域生态环境调查、评估、监测和政策制定的系统化研究成果仍为空白的实际情况。经课题承担单位和相关专家的反复讨论，本课题组决定尽快组织出版该研究成果，尽管该成果的时效性已有损失，但是并不妨碍该成果为下一阶段乃至将来长期性的生态环境遥感调查评估提供方法参考。特别是本课题的研究成果不仅回答了青海东部城市群形成区域的生态环境本底状况、变化特征和可能的生态环境效应，还首次建立了青海东部城市群空间范围、行政区构成、人口与城镇、资源与产业以及生态环境胁迫与风险之间可能存在的定量关系和空间联系，从而为科学诊断和合理评估青海省人口密集区存在的生态环境胁迫与风险提供了科学依据。

赵霞

2017 年 2 月 24 日

于青海师范大学科技楼

前　言

《青海东部城市群生态环境十年（2000—2010）变化的遥感调查与评估》是基于《全国生态环境十年变化（2000—2010）遥感调查与评估》项目统一处理并下发的遥感解译和参数提取数据，通过全面收集青海东部城市群区域内各县市的社会经济和环境监测统计数据，在遥感解译成果野外核查的基础上，采用从现状评价→变化分析→效应评估→响应对策的技术路线，建立了从3个时间节点（2000年、2005年、2010年）、3个空间尺度（湟水干流、东部城市群、西宁市）、4个方面（现状评价、变化分析、效应评估、响应对策）和近40个指标构成的青海东部城市群生态环境十年（2000—2010）变化评估技术路线，较为科学和全面地评价了该区域生态环境的本底状况和10年变化特征，相对准确地刻画了该区域可能面临的生态环境胁迫与风险，并在此基础上针对不同尺度生态环境问题提出了切实可行的政策响应措施。主要评估结论如下：

（1）从流域尺度来看

从生态系统格局现状（2010年）来看，草地、农田和灌丛是湟水流域一级生态系统的景观基质，在二级生态系统类型中，草地仍是湟水流域最大的生态系统类型（约占1/2），其次为耕地和阔叶灌丛（约占1/5和1/10），在三级生态系统类型中，旱地、草原和草甸是湟水流域最大的生态系统类型（各占流域总土地面积的1/5左右），其次为落叶阔叶灌木林和稀疏草地（约占1/10和1/20）。

从生态系统类型的变化（构成与比例）来看，湟水流域各级生态系统的主要类型面积和份额基本稳定，在一级生态系统类型中，面积变化最大的是农田和草地，其中农田主要是减少，以转出为草地、城镇、湿地和森林为主，草地主要是增加，以由农田转入为主；在二级生态系统类型中，面积变化最大的是耕地和草地，其中耕地主要是减少，草地主要是增加。

从生态系统的景观格局特征来看，流域一级生态系统变化最显著的是斑块数（NP）和平均斑块面积（MPS），其中 NP 的变化方向是减少、MPS 的变化方向是增加，边界密度（ED）和聚集度指数（CONT）的变化较小；流域二级生态系统的变化与一级类似，但 4 个指数的变化幅度都较小；流域三级生态系统的变化趋势不同于一级和二级生态系统，主要表现为斑块数（NP）和聚集度指数（CONT）有所下降，而边界密度（ED）和平均斑块面积（MPS）呈增加趋势。从景观类型特征来看，在流域一级生态系统中，类斑块平均面积最大的是农田，在流域二级生态系统中，类斑块平均面积最大的是湖泊和耕地，在三级生态系统类型中，类斑块平均面积最大的是湖泊。

从环境质量现状（2010 年）来看，湟水流域作为青海省内最适宜人类居住和人类活动最集中的区域，长期的人口和产业集聚带来的环境污染十分严重，以 2001 年为例，当年流域废水排放量 2.59 亿 t、占全省的 70%，污染河段占 1/6，西宁以下河段水质多为劣Ⅴ类。

从环境质量状况的变化趋势来看，在 2000—2010 年期间，湟水流域多数断面的水质呈改善趋势，其中有 7 个断面的水质已达到既定的水环境功能区划目标[扎马隆、西钢桥、新宁桥、报社桥、塔尔桥、桥头桥和新宁桥（大通）]，有 3 个断面的水质优于既定的水环境功能区划目标（老幼堡、三其桥、沙塘川桥）；但仍有 6 个断面（如小峡桥、民和桥、硖门桥、润泽桥、朝阳桥、七一桥）不能达到既定的水环境功能区划目标。

从存在的主要生态环境问题来看，由于全省近 60%的人口、52%的耕地和 70%以上的工矿企业都分布于湟水流域，湟水流域的人口、城镇、经济与水土资源之间的矛盾十分突出，具体体现在以下两方面：一是适宜人类生存与发展的土地面积极其有限；二是水环境质量持续恶化，导致资源型缺水和水质型缺水并存。

从可能的生态环境效应（或胁迫）来看，湟水流域大部分县市未来可能面临更为严峻的水资源和环境资源利用效率问题，湟水流域的单位 GDP 水资源消耗量远小于全省平均值，是省内水资源利用效率较高的地区，在报告评估期（2000—2010 年）流域 1 市 7 县的水资源利用效率有大幅提升，其中西宁市的水资源利用效率提高最快，10 年间提高了近 300 倍。此外，从环境利用效率进来看，在报告评估后期（2005—2010 年），流域内各项环境污染物的单位 GDP 排放量均有所下降，流域整体环境质量有明显好转。

针对以上制约湟水流域可持续发展的问题与胁迫，提出以下响应对策：①针对流域水土资源紧缺问题，建议以内涵挖潜为主、外延增长为辅，建立资源节约型、生态友好型土地管理制度和资源节约型、环境友好型水资源管理制度。②针对流域水土流失加剧问题，建议严格限制天然绿地特别是森林、灌丛和优质草地资源的不合理利用，加大森林、草甸、沼泽、湿地、水域等重要生态用地的保育力度。③针对流域水环境质量恶化问题，建议严格环境监察执法力度，加强水环境执法透明度。

（2）从城市群尺度来看

从生态系统格局现状（2010 年）来看，与湟水流域相比，东部城市群的一级和二级生态系统类型与之相同，但三级生态系统类型减少了 2 类（运河/水渠和沙漠/沙地）。在一级生态系统类型中，草地、农田和灌丛是景观基质，在二级生态系统类型中，草地仍是东部城市群最大的生态系统类型（约占 1/2），其次是耕地和阔叶灌丛（占 29.2%和 16.0%），在三级生态系统类型中，旱地、草原、落叶阔叶灌木林和草甸是东部城市群最大的生态系统类型（在 15%～30%）。

从生态系统类型的变化（构成与比例）来看，东部城市群各级生态系统的类型构成以及面积和份额基本稳定，在一级生态系统类型中，面积增加的有 5 类（即草地、城镇、湿地、森林和灌丛），其中面积增加最多的是草地、增速最快的是城镇；面积减小的有 2 类（农田和荒漠），其中农田面积减少最多、最快；面积没变的有 2 类（即冰川/永久积雪和裸地）。在二级生态系统类型中，面积增加的有 9 类，其中草地的面积增加最大，湖泊、工矿交通、阔叶林和居住地的面积增速最快；面积减少的有 3 类，其中耕地的面积减少最多最快；面积稳定的有 3 类（即针阔混交林、冰川/永久积雪和裸地）。在三级生态系统类型中，面积增加的有 16 类，其中草原和草甸的面积增加最大，水库/坑塘、工业用地、落叶阔叶林、采矿场和居住地的面积增速最快；面积减少的有 4 类，其中面积减少最多最快的是旱地；面积稳定的三级生态系统类型有 4 类（即针阔混交林、冰川/永久积雪、裸岩和裸地）。

从不同生态系统类型之间的转化特征来看，在一级生态系统类型中，2000—2010 年间，东部城市群面积变化最大的是农田和草地，其中农田主要是减少，以转出为草地、城镇、湿地和森林为主，草地主要是增加，以由农田转入为主；面积变化较大的还有城镇，主要是增加，增加的城镇用地主要来自农田和草地；面积变化极小的是湿地、森林、灌丛和荒漠，其余 2 类（冰川/永久积雪和裸地）的面积无变化。在二级生态系统类型中，面积变化最大的是耕地和草地，其中耕地主要是减少，草地主要是增加。

从生态系统的景观格局特征来看，东部城市群一级生态系统变化最显著的是斑块数（NP）和平均斑块面积（MPS），其中 NP 的变化方向是减少、MPS 的变化方向是增加，边界密度（ED）的变化较小；二级生态系统的变化与一级生态系统类似，但 4 个指数的变化幅度有所下降；三级生态系统的变化趋势与一级和二级生态系统有较大区别，主要表现为斑块数（NP）和聚集度指数（CONT）有所下降，而边界密度（ED）和平均斑块面积（MPS）呈增加趋势。从景观类型特征来看，东部城市群一级生态系统中，类斑块平均面积最大的是冰川/永久积雪和农田；在二级生态系统中，类斑块平均面积最大的是冰川/永久积雪和耕地；在三级生态系统类型中，类斑块平均面积最大的是冰川/永久积雪和旱地。

从环境质量现状（2010 年）来看，东部城市群是青海省内排污企业最集中、污染物种类最复杂和污染物排放量最大的区域，2010 年，东部城市群污水排放量为 13 740 万 t，化学需氧量（COD）排放量为 54 804 t，氨氮（NH_3-N）排放量为 5 665 t，废气排放量为 2 789 亿 m^3，SO_2 排放量为 90 081 t，氮氧化物排放量为 67 929 t，工业固体废弃物产生量为 568 万 t，工业粉尘排放量为 71 472 t，烟尘排放量为 48 771 t。

从环境质量状况的变化趋势来看，2010 年与 2005 年相比，青海东部城市群的污水排放量减少了 2.6%、化学需氧量（COD）增加了 10.8%、氨氮（NH_3-N）增加了 15.5%，废气排放量增加了 160.7%、SO_2 排放量增加了 7.4%、氮氧化物排放量增加了 55.4%，工业固体废弃物产生量增加了 180.7%、工业粉尘排放量增加了 6.6%、烟尘排放量增加了 9.8%。

从存在的主要生态环境问题来看，东部城市群区域存在的主要问题是：农业经济与城镇建设及生态保护之间的用地矛盾突出，工业经济与水资源短缺及水环境质量恶化的矛盾日益凸显，各项污染物排放量均居全省首位，区域环境保护和治理的难度较大，具体有三：一是城市扩张带来的用地矛盾（特别是农用地和建设用地）日益突出；二是快速工业化带来的污染物排放量增加和污染治理水平较低使得城市群区域环境空气质量和水环境质量呈快速恶化态势；三是地表覆被变化（特别是不透水地面增加）带来的生态质量下降效应开始凸显。

从可能的生态环境效应（或胁迫）来看，青海东部城市群未来可能面临更为突出的人口—资源—环境的矛盾，主要表现为过去 10 年东部城市群城市扩展、地表覆被的快速变化可能导致的各类矛盾，总体而言，青海东部城市群区域是青海省人口高度密集、城市化发展最快的地区，不透水地面在 10 年间增长了 9.2%，其中中等级别（不透水率 40%～60%）的不透水地面增长最快（增加 59.8%），这表明在青海东部城市群的不透水地面中，由房屋屋顶、沥青水泥路面、停车场等坚硬质地的较高等级的人工不透水地面为主体；与此同时，农田比重呈明显的下降趋势，结合青海省耕地主要集中青海东部这一特殊情况，这样的耕地下降速度将导致极为严峻的耕地保护压力。

针对以上制约东部城市群可持续发展的问题与胁迫，提出以下响应对策：①针对城市扩展带来的用地冲突问题，建议在合理规划城市群建设梯队的基础上，合理测算不同等级城镇的建设用地规模和空间布局方向，并针对不同的用地性质实行差别化管理。②针对工业化带来的各种污染加剧问题，建议执行最严格的环境监管制度，从源头上削减污染物排放量。③针对不透水地面增加带来的城市热岛、洪水内涝等负面生态环境效应问题，建议严格执行土地用途管制和功能分区制度。

（3）从建成区尺度来看

从生态系统格局现状（2010 年）来看，由于空间范围的缩小，西宁市的各级生态系统类型均有所减少，与湟水流域相比，一级生态系统类型减少了 1 个（裸地），二级生态系统类型减少了 2 个（针阔混交林和裸地），三级生态系统类型减少了 6 个（针阔混交林、运河/水渠、沙漠/沙地、盐碱地、裸土和裸岩）。在一级生态系统类型中，草地、农田和灌丛是景观基质；在二级生态系统类型中，草地仍是西宁市最大的生态系统类型（接近 1/2），其次为耕地和阔叶灌丛（分别占 28.9%和 16.6%）；在三级生态系统类型中，旱地、草甸、草原和落叶阔叶灌木林是西宁市最大的生态系统类型（在 15%～30%）。

从生态系统类型的变化（构成与比例）来看，在 2000—2010 年，西宁市面积增加的一级生态系统类型有 4 类（即草地、城镇、湿地和森林），其中面积增加最多的是草地、增速最快的是城镇；面积减小的有 3 类（即农田、荒漠和灌丛），其中农田的面积减少最多、最快；面积没变的仅 1 类（即冰川/永久积雪）。在二级生态系统类型中，面积增加的有 7 类，其中草地的面积增加最大，湖泊、阔叶林、工矿交通和居住地的面积增速最快。在三级生态系统类型中，面积增加的有 12 类，其中面积增加较大的有 5 类（草原、草甸、居住地和工业用地）；面积减少的有 7 类，其中面积减少最多和最快的是旱地；面积稳定的仅 1 类（即冰川/永久积雪）。

从不同生态系统类型之间的转化特征来看，在一级生态系统类型中，2000—2010 年，西宁市面积变化最大的是农田和草地，其中农田主要是减少，以转出为草地、城镇、湿地、森林和荒漠为主，草地主要是增加，几乎全部由农田转入；面积变化较大的还有城镇，主要是增加，增加的城镇用地主要来自农田和草地；在二级生态系统类型中，西宁市面积变化最大的是耕地和草地，其中耕地主要是减少，草地主要是增加。

从生态系统的景观格局特征来看，西宁市（含 3 县）一级生态系统变化最显著的是斑块数（NP）和平均斑块面积（MPS），其中 NP 的变化方向是减少、MPS 的变化方向是增加，并且二者的增减幅度一致（均为 1.4%），边界密度（ED）和聚集度指数（CONT）的变化较小；二级生态系统的变化与一级生态系统类似，但 NP 和 MPS 的变化幅度变小（均为 1.0%），ED 和 CONT 的减少幅度差异变大（分别为 0.2%和 0.8%）；三级生态系统的变化趋势不同于一级和二级生态系统，主要表现为斑块数（NP）和边界密度（ED）有所增加，而平均斑块面积（MPS）和聚集度指数（CONT）呈减小趋势。从景观类型特征来看，西宁市一级生态系统中，类斑块平均面积最大的是农田，在二级生态系统中，类斑块平均面积最大的是耕地，在三级生态系统类型中，类斑块平均面积最大的是冰川/永久积雪和旱地。

从环境质量现状（2010 年）来看，西宁市是青海省污染物排放最为集中的地区，2010 年，西宁市污水排放量分别占东部城市群、湟水流域和全省的 85.5%、85.5%和 44.9%，COD 排放量分别占 62.8%、62.5%和 41.4%，氨氮排放量分别占 81.7%、81.1%和 55.0%；废气排放量分别占 88.8%、86.9%和 62.7%，SO_2 排放量分别占 83.8%、75.8%和 52.6%，氮氧化物排放量分别占 83.8%、73.7%和 51.6%；西宁市工业固体废物产生量分别占 69.0%、65.0%和 22.0%，工业粉尘排放量分别占 63.9%、63.5%和 46.8%，烟尘排放量分别占 62.8%、61.1%和 40.0%。

从环境质量状况的变化趋势来看，西宁市环境空气质量的主要污染物是悬浮颗粒物和扬尘，酸雨尚未成为环境空气污染因子；2000—2010 年，西宁市城市区域环境噪声的平均等效声级达到国家环境质量 I 类区昼间 55 dB 的标准，声环境质量较好；城市交通噪声的平均等效声级为 70.5 dB，超出 70 dB 的标准，有轻微的道路交通噪声污染。

从存在的主要生态环境问题来看，作为典型的内陆干旱河谷型城市，西宁市的建成区受“三川汇聚、两山对峙”的地形特征影响，城市空间天生具有沿河流呈带状扩展的特征，城市发展面临的主要生态环境问题是城市扩张的水土资源约束和内陆干旱河谷型城市的大气污染和水污染问题，具体有三：一是西宁市作为典型的河谷型城市，土地资源约束是限制城市扩市提位的首要问题；二是西宁市作为典型的内陆干旱城市，水资源短缺将成为制约城市可持续发展的主要瓶颈；三是西宁市特别是中心城区的水污染、大气污染、噪声污染和城市热岛等环境胁迫日益明显，已成为影响城市人居环境质量的主要问题。

从可能的生态环境效应（或胁迫）来看，西宁市未来可能面临日益突出的资源、能源消耗和环境污染问题，具体而言，西宁市多年平均的水资源开发强度为 60.4%，大约是全省平均水平的 7.8 倍；能源消耗主要集中在六大高耗能行业，大通县、湟中县和城北区等重点区域是规模以上工业节能降耗的重点。西宁市城市热岛效应凸显，以 7 月均值为例，极高值区（35～38.8℃）主要集中于西宁市中心城区，高值区（30～35℃）呈环状包围在中心城区外围，次高值区（25～30℃）主要分布在城市/镇外围区域，大致呈同心圆状包围在高值区外部；中值区（20～25℃）进一步远离市区中心，主要为西宁市周边海拔较高的浅山丘陵区；低值区（＜20℃）主要呈斑块状填充在中值区的空隙，主要分布在西宁市外围的中高山地带。

针对以上制约西宁市可持续发展的问题与胁迫，提出以下响应对策：①针对城市发展的土地资源（特别是建设用地）约束问题，一方面，应在合理规划城市空间功能的基础上、积极拓展城市发展空间，提升城市有效发展空间；另一方面，应在合理测算西宁市市区人口容量的基础上，按照集约、紧凑、节约用地的原则进行改造和闲置土地清理，实现中心城区的高效集约式发展。②针对城市发展的水资源约束问题，应在降低主要行业和居民用水消耗的基础上，着力解决水源匮乏、水质恶化、水资源浪费等问题。③针对西宁市（特别是中心城区）日益突出的大气污染、噪声污染和城市热岛效应等问题，应分门别类地加大环境监管力度。

需要指出的是，本课题的研究和成果的出版是在项目承担单位青海师范大学和青海省生态环境遥感监测中心的全力支持下，在青海省环境监测站、青海省水文水资源局、青海省气象局、青海省统计局等相关单位的热情帮助下，在课题组全体成员的共同努力下取得的。尽管课题组成员殚精竭力，力求科学、准确、全面和严谨地完成评估任务，但受数据、知识、技能和时限等方面的限制，书中纰漏、错误和局限在所难免，恳请读者批评指正。

全书共五章，由赵霞负责制定编写大纲和各章主要研究内容，承担统稿和定稿任务。课题组成员分工如下：第一章引言、第四章效应评估和第五章评价结论与政策建议由赵霞主持撰写，葛劲松、曹广超和陈克龙协助；第二章现状评价和第三章变化趋势由唐文家和崔玉香主持撰写，张妹婷、张紫萍和王欣烨协助；许长军负责全书所有图件的审核，山中雪、温豪、王亭波、杨燕和黄彦丽完成了全书所有图件的制作，吴金玲、董凤翎、霍轶群、杨臻康、杨柳和张晓红完成了全书所有地图类图件的审查和后期编辑。

作者

2017 年 2 月

目 录

1 引言

城市是人类活动最集中的区域，也是对环境影响最强烈的区域，城市发展的过程本质上就是人类经济社会活动驱动的城市土地利用改变和生态格局演变的过程，由此引发的生态环境问题已经威胁到城市的可持续发展。目前，我国正处在城市化中期加速发展阶段，预计到2030年，我国城市化率将达到65%以上，城市人口达10亿人左右，城市化与资源、环境及生态之间的矛盾将日益加剧。如何依据生态系统原理，认识城市生态环境的主要问题、揭示城市生态系统的演变规律、促进城市区域的可持续发展，是我国当前迫切需要加以研究和解决的重大现实问题。

城市群是在城镇化过程中，在特定的城镇化水平较高的地域空间里，以区域网络化组织为纽带，由若干个密集分布的不同等级的城市及其腹地通过空间相互作用而形成的城市—区域系统。在我国，随着城市化进程的快速发展，国内学术界出现了众多与城市群相关的概念[①]，如大城市连绵区、都市连绵区、大都市连绵带、大都市区、都市圈、大都市圈、城镇群体、城镇集聚区、城镇密集区、大城市地区、城市经济区、城市协作区、城市联盟、都会经济区、大城市走廊、大型城市走廊等，其中使用频率（或认可度）比较高的主要有城市带、都市圈和城市群。三者的区别主要在于城市带强调空间的带状分布，如沿海或沿交通基础设施；都市圈强调经济的圈层辐射或空间结构的圈层分布；城市群强调有相互联系的城市群体。在这三个概念中，由于城市群是一个地理学空间概念与经济学区域概念的集合体，其下涵盖了城镇集群、城镇密集区、城镇体系等一系列基层概念，是比较符合我国城市化进程特点的称谓。

---

① 陈美玲. 城市群相关概念的研究探讨. 城市发展研究，2011，3（18）：5-8.

青海东部是青海省内自然条件最好的地区，其中湟水干流区域是省内水电交通等基础设施最完善、人口最密集、城镇最集中和工业化发展最迅速的地区，也是全国“兰—西—格”经济带的重要组成部分和青藏高原经济发展的核心区域。选取这一区域进行城镇化发展与生态环境关系的探讨，有助于刻画青海省城镇化发展的空间扩张规律，揭示高原城镇化发展与区域生态环境质量之间的关系，识别城市化可能带来的生态环境胁迫和风险，为青海省城市化区域的生态环境管理提供依据。

1.1 评估背景

根据《全国生态环境十年变化（2000—2010 年）遥感调查与评估项目实施方案》，城市群评估的重点是在区域尺度上阐明生态系统变化与城市扩展之间的关系，揭示城市化发展带来的生态系统胁迫与风险；在城市尺度上阐明生态系统变化与环境质量之间的关系，揭示城市环境质量恶化的生态机理，从而提出城市化区域的生态环境问题及对策，为促进城市区域的可持续发展和改善人居环境提供依据。

基于以上要求，青海东部城市群生态环境评估（2000—2010）的目标是明确 2000—2010 年城市群生态系统格局与环境质量的变化，评价 2000—2010 年西宁市的生态环境综合质量、城市化的生态环境效应评估，提出城市化生态环境问题及对策。

1.2 评估范围

根据青海省区域经济发展格局及相关发展规划，青海东部是青海城市发展的重要地域，因此，本次调查与评价中以青海东部作为主要对象，其中城市群的范围按照《青海省“十二五”规划专题研究报告：东部城市群[①]》中的界定，以西宁市、湟中县、湟源县、大通县、平安县、乐都县、互助县、民和县等 1 市 7 县作为评估范围；建成区的范围根据青海省城市发展现状，以西宁市 1 市 3 县及西宁市区为评估范围；与此同时，考

① 《青海省“十二五”规划》东部城市群规划专题. http：//www.qhfgw.gov.cn/srwgh/ghzt/dbcsq.shtml.

虑到以水土资源为核心的资源利用效率和生态环境承载力具有流域尺度的变化规律，因此，本次报告还将湟水源头的海晏县纳入了评估范围，具体理由如下：

从自然条件看，青海东部是青海省内发展条件最好的区域，自然地理意义上的青海东部指青海南山以东、黄南山地以北的东部季风区，地貌上呈现“四山夹三谷”的排布形势，从北向南依次为：冷龙岭—大通河谷地—达坂山—湟水谷地—拉脊山—黄河谷地—黄南山地，土地面积约 3.5 万 km^2，占全省总土地面积的 4.85%（张忠孝，2004）。这里平均海拔 1 700～3 500 m，年降水量 250～550 mm，6—9 月降水量站全年降水量的 70%左右；年平均气温 3.0～8.7℃，日照时数 2 586.6～2 913.9 h，≥0℃积温在 2 000 ℃以上，作物生长季 180～240 天（杨芳等，2006）。

从经济区位看，青海东部是国家“兰—西—格经济带”的重要组成部分，是青海乃至青藏高原经济发展的核心区域。经济地理意义上的青海东部即河湟谷地，除西宁市（含大通、湟中、湟源 3 县）和海东地区（互助、平安、乐都、民和、循化、化隆）外，还包括共和、贵德、尖扎、祁连、海晏、门源等县，这里不仅是青海政治、经济和文化中心，也是省内最重要的粮食生产基地和二三产业最发达的地区，集中了约全省 70%的人口、73%的耕地、80%的粮食产量和 70%的油料产量（张发录，2002）。

从交通区位看，青海东部地处古丝绸之路的南路，兰青、青藏铁路横贯区内，航空运输通往国内一些主要城市，是连接青藏高原腹地与内地的门户和通道。区内县县、县乡、乡村公路畅通并已基本形成网络，公路等级高于省内其他地方，西宁至民和的高速公路正在建设之中。2010 年年底，《青海东部城市群交通规划》[①]（以下简称《规划》）已启动编制，规划将以兰新第二双线铁路、绕城高速公路、城市轨道交通、西宁火车站综合改造、曹家堡机场二期扩建工程等重大项目建设为依托，实现各节点城市间交通网络化、园区道路高标准化。可以预见，随着《规划》批准实施，青海东部城镇群间的内部联系、对外交通和辐射带动作将得到增强。

从城镇化水平看，青海东部是青海城市化发展的核心区域。根据《青海省“十二五”

①青海东部城市群首个交通发展规划工作启动.http：//www.qhnews.com，西海都市报，2011-03-08 07:22。

规划重点前期研究成果：加快青海城镇化发展研究》[①]（以下简称《规划》），截至 2008 年年底，全省共有各类城镇 140 个，其中大城市 1 个、小城市 2 个、建制镇 137 个、城镇人口 226.5 万人、城镇化率 40.9%（与同期全国平均城镇化率 45.7%相差 4.8 个百分点）；分地区城镇化率依次为：海西 62.1%，西宁 56.58%，海北 28.21%，青南地区（黄南、果洛、玉树）20.46%，海南 14.63%，海东 12.19%。从城镇人口的空间分布看，省内人口规模较大、经济功能较好的城镇主要集中在东部地区、黄河流域和青藏线沿线，其中西宁市和海东地区土地面积仅占全省面积的 2.8%，人口却占全省总人口的 67.5%；目前，西宁、海东等东部地区人口集聚较高，人口城镇化进程明显加快，据统计，2000—2007 年，东部地区总人口增加了 17.7 万人，城镇人口增加了 30.6 万人，是青海城镇人口增加最快的区域。

从相关规划看，《青海省“十二五”规划重点前期研究成果：加快青海城镇化发展研究》指出，“十二五”期间，青海城镇化发展的重点是结合全省主体功能区、“四区两带一线”的区域布局以及三江源国家生态保护综合试验区、游牧民定居工程等，走“点状城镇化”与“网络城镇化”相结合的发展道路；其中东部城市群地区应充分发挥西宁市的增长极作用，走集聚型城镇化发展道路，即通过发展壮大湟中、湟源、大通、平安、乐都、互助、循化、化隆、贵德等城镇，打造以西宁为中心的 2 小时城镇圈，引导人口特别是牧区人口向西宁市 2 小时城镇圈集聚，推进西宁市与海东地区及其他周边地区的城镇一体化发展，拓展全省城市发展的新空间。

从《青海省“十二五”规划专题研究报告：东部城市群》[②]看，该报告与不久前西宁市政府通过的《西宁市 2030 年城市空间总体发展规划》中，明确规定了青海东部城市群及西宁未来 20 年的规划市域范围和城市发展目标，将以西宁为中心的东部城市群范围划定为“一核一带一圈”。其中“一核”即核心区，指西宁市主城区；“一带”主要指平安、乐都、民和城镇发展带；“一圈”即以西宁为中心的一小时经济圈，主要包括大通、湟中、湟源、互助。“一核一带一圈”的功能定位为：“一核”是引领城市群发展

---

① 《青海省“十二五”规划》重点前期研究成果：加快青海城镇化发展研究. 2011-04-18.http：//www.qhfgw.gov.cn/srwgh/zdqqyjcg/t20110418_365169.shtml.

② 《青海省“十二五”规划》东部城市群规划专题. http：//www.qhfgw.gov.cn/srwgh/ghzt/dbcsq.shtml.

的龙头。青海省政治、经济、文化中心，高原旅游目的地，青藏高原、中国西部现代化中心城市，青藏高原重要的宜居城市；“一带一圈”是承接产业梯级转移的重要地区，全省重要的现代制造业、新型建材、职业教育示范基地，城市群“菜篮子”主要生产、供应和保障基地，全省重要的宜居宜业地区。

总之，青海城镇化进程中以省会西宁市为中心的东部河湟谷地城镇化发展较快，人口规模集聚迅速，城镇地域相互交叉甚至连成一片，城镇之间经济功能互补和产业分工合作的经济带格局已初具雏形，是未来最具发展潜力和经济基础的城市群形成区域。

综上所述，本次报告确定的评估范围为湟水干流流经的1市8县（图1.2-1），即西宁市、海晏县、湟中县、湟源县、大通县、平安县、乐都县、互助县、民和县，具体评估过程将按湟水流域、东部城市群和西宁市建成区三个尺度分别评估（表1.2-1）。

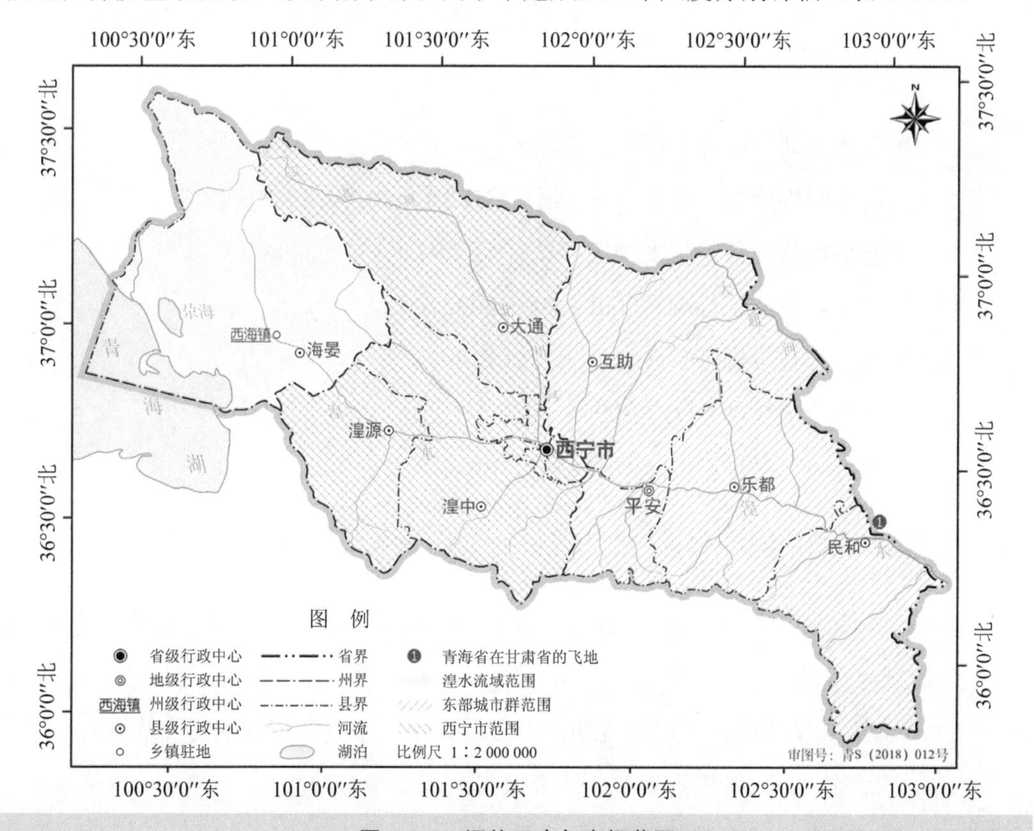

图1.2-1　评估尺度与空间范围

表 1.2-1　评估尺度与空间范围表

评估尺度	空间范围（行政辖区）	面积/km^2
流域	湟水干流流经的 1 市 8 县，即西宁市、海晏县、湟中县、湟源县、大通县、平安县、乐都县、互助县、民和县	20 474
城市群	相关规划中界定的青海东部城市群（1 市 7 县），即西宁市、湟中县、湟源县、大通县、平安县、乐都县、互助县、民和县	16 020
建成区	西宁市 1 市 3 县，即西宁市、湟中县、湟源县、大通县	7 553

1.3　评估依据

1.3.1　法律法规和技术标准

（1）《中华人民共和国环境影响评价法》（2003 年 9 月 1 日）;

（2）《环境影响评价技术导则——总纲》（HJ 2.1—2011）;

（3）《生态环境状况评价技术规范（试行）》（HJ/T 192—2006）;

（4）《地表水环境质量标准》（GB 3838—2002）;

（5）《环境空气质量标准》（GB 3095—2012）;

（6）《声环境质量标准》（GB 3096—2008）;

（7）《土壤环境质量标准》（GB 15618—1995）。

1.3.2　相关规划和统计公报

（1）《全国生态环境十年变化（2000—2010 年）遥感调查与评估项目技术指南》（以下简称《指南》）;

（2）青海省人民政府《国民经济和社会发展第十二个五年规划纲要（草案）》;

（3）《青海省“十二五”规划专题研究报告：东部城市群》;

（4）《青海省东部城市群发展总体规划》;

（5）《西宁市国民经济“十二五”发展规划》；

（6）《湟水流域水环境综合治理规划（2011—2015）》；

（7）《青海省水功能区划》；

（8）《青海省生态功能区划》；

（9）2000—2011 年青海省统计年鉴、西宁市统计公报、环境统计公报。

1.4 评估内容

根据以上目标，此次城市群评估的内容共 4 项，即现状评价、变化评估、效应评估和响应对策。

1.4.1 现状评价

主要是依据相关标准、技术规范和《指南》要求，按湟水流域、东部城市群和西宁市建成区三个尺度，对各区域 2010 年的生态系统格局与环境质量状况进行评估，回答各级生态系统类型的面积、分布及比例，以及各类环境要素的质量状况和主要污染物的排放特征，为变化趋势和效应评估奠定基础。

1.4.2 变化趋势

主要利用 2000 年、2005 年和 2010 年三期的遥感解译、统计资料和环境监测数据，分析 2000—2005 年、2005—2010 年、2000—2010 年三个时期的态系统格局与环境质量变化特征。其中流域尺度的分析以生态系统格局和湟水干流的水质变化为主，城市群尺度的分析以生态系统格局和污染物排放量的变化为主，建成区尺度以生态系统格局和环境空气以及声环境质量的变化为主。

1.4.3 效应评估

主要分析 2000—2010 年期间土地利用格局和环境质量变化可能会带来的生态风险

与资源胁迫。其中流域尺度主要分析水资源利用效率和环境利用效率，城市群尺度主要分析城市扩张带来的地表覆被和生态质量等方面的变化，西宁市（建成区）尺度主要分析人口和产业集聚带来的资源压力和环境污染以及下垫面变化带来的城市热岛效应。

1.4.4 响应对策

主要是通过分析流域、城市群和重点城市建成区的生态环境问题，揭示城市化和工业化带来的共性生态环境问题和不同尺度上的生态环境问题差异，辨识流域、城市群和建成区等不同尺度上生态环境问题的形成与发展动力，并提出相应的生态环境管理建议。

1.5 评估方法

1.5.1 评估指标体系

依据《全国生态环境十年变化（2000—2010 年）遥感调查与评估项目实施方案》，生态环境评估的指标包括城市扩张、生态质量、环境质量、资源环境效率、生态环境胁迫等 5 方面。根据数据可得性，本专题的评价指标体系如下（表 1.5-1）。

表 1.5-1 评估指标体系

评价目标	评价内容	评价指标	评价尺度
城市扩张	地表性质	不透水地面与透水地面面积比	城市群
	农田动态	耕地面积占国土面积的比例	城市群
	城市密度	单位建设用地人口数	城市群
	城市化水平	城市化率	城市群
生态质量	生态系统类型与结构	各生态系统类型面积、斑块数	流域/城市群/西宁市
	生态系统动态	各生态系统类型面积变化比	流域/城市群/西宁市
	植被覆盖	NDVI	城市群
	生态承载能力	人均绿地面积	城市群

评价目标	评价内容	评价指标	评价尺度
环境质量	河流水质	监测断面中III类以上断面比例	流域
	空气质量	空气质量达二级标准的天数	西宁市
资源环境效率	水资源利用效率	单位 GDP 水耗（不变价）	流域
	环境利用效率	单位 GDP 污染物排放量	流域
生态环境胁迫	水资源开发强度	国民经济用水量占可利用水资源量	西宁市
	能源利用强度	单位国土面积能源消费量	西宁市
	经济活动强度	单位国土面积 GDP	西宁市
	污染物排放强度	单位国土面积污染物排放量	西宁市
	热岛效应	温度变异系数	西宁市

1.5.2 生态系统分类体系

根据原国家环保总局下发的资源卫星遥感解译成果，本报告的生态系统格局分析采用三级分类体系（表 1.5-2），其中一级类 9 个、二级类 19 个、三级类 41 个，9 个一级类分别为森林、灌丛、草地、湿地、农田、城镇、荒漠、冰川/永久积雪和裸地。

表 1.5-2 生态系统分类体系

生态系统一级类		生态系统二级类		生态系统三级类	
代码	名称	代码	名称	代码	名称
1	森林	11	阔叶林	111	常绿阔叶林
				112	落叶阔叶林
		12	针叶林	121	常绿针叶林
				122	落叶针叶林
		13	针阔混交林	131	针阔混交林
		14	稀疏林	141	稀疏林
2	灌丛	21	阔叶灌丛	211	常绿阔叶灌木林
				212	落叶阔叶灌木林
		22	针叶灌丛	221	常绿针叶灌木林
		23	稀疏灌丛	231	稀疏灌木林

生态系统一级类		生态系统二级类		生态系统三级类	
代码	名称	代码	名称	代码	名称
3	草地	31	草地	311	草甸
				312	草原
				313	草丛
				314	稀疏草地
4	湿地	41	沼泽	411	森林沼泽
				412	灌丛沼泽
				413	草本沼泽
		42	湖泊	421	湖泊
				422	水库/坑塘
		43	河流	431	河流
				432	运河/水渠
5	农田	51	耕地	511	水田
				512	旱地
		52	园地	521	乔木园地
				522	灌木园地
6	城镇	61	居住地	611	居住地
		62	城市绿地	621	乔木绿地
				622	灌木绿地
				623	草本绿地
		63	工矿交通	631	工业用地
				632	交通用地
				633	采矿场
7	荒漠	71	荒漠	711	沙漠/沙地
				712	苔藓/地衣
				713	裸岩
				714	裸土
				715	盐碱地
8	冰川/永久积雪	81	冰川/永久积雪	811	冰川/永久积雪
9	裸地	91	裸地	911	沙漠/沙地
				912	裸岩
				913	裸土
				914	盐碱地

1.5.3 数据来源与处理

青海东部城市群生态环境评估需收集的数据共三大类，即社会经济统计数据、环境监测数据和遥感数据，其中社会经济统计数据（包括国土面积、人口、GDP、产值和资源能源消耗量等）主要来自各类统计年鉴和统计公报；环境监测数据（包括水环境、大气环境、声环境和固体废弃物等）主要来自青海省环境保护厅和环境监测局等相关部门；水文气象数据（包括降水、气温、水资源量等）主要来自气象和水文部门的监测数据以及相关文献；遥感数据（包括2000年、2005年、2010年研究区的生态系统类型、结构、比例和动态等方面的信息）采用项目组下发的解译数据。各类数据的来源、精度和处理方法均按照国家实施方案要求执行。

2　现状评价（2010 年）

2.1　湟水流域

湟水河是青海的母亲河，发源于海晏县包呼图河北部的洪呼日尼哈，流经海晏、湟源、湟中、西宁、平安、乐都、民和后于甘肃省永登县境内汇入黄河（图 2.1-1）。湟水流域地处青海东北部，地理位置介于 36°02′N（民和与化隆县交界处康疙瘩岭，海拔 3 808.3 m）～38°20′N（天峻县托勒南山），98°54′E（天峻县托勒南山）～103°22′E（兰州西固区达川入黄河口）。海拔在 1 565 m（兰州市西固区达川入黄河口）～5 254 m（门源县冷龙岭岗什卡峰），流域面积 32 863 km²，其中湟水干流区流域面积 17 730 km²，支流大通河流域面积 15 130 km²。湟水干流在青海省境内（不含大通河流域）的流域面积为 16 120 km²，占全省土地总面积的 2.2%（表 2.1-1）。

表 2.1-1　湟水水系及其区域组成

流域名称	水系组成		青海省		甘肃省	
	面积/km²	比例/%	面积/km²	比例/%	面积/km²	比例/%
湟水流域	32 860	100	29 063	88.4	3 797	11.6
湟水干流	17 730	54.0	16 120	90.9	1 610	9.0
大通河流域	15 130	46.0	12 943	85.5	2 187	14.5

注：引自谢有仁（2011）[①].

①谢有仁. 湟水流域水系组成及分布特征.水利科技与经济，2011，17（1）：72-73.

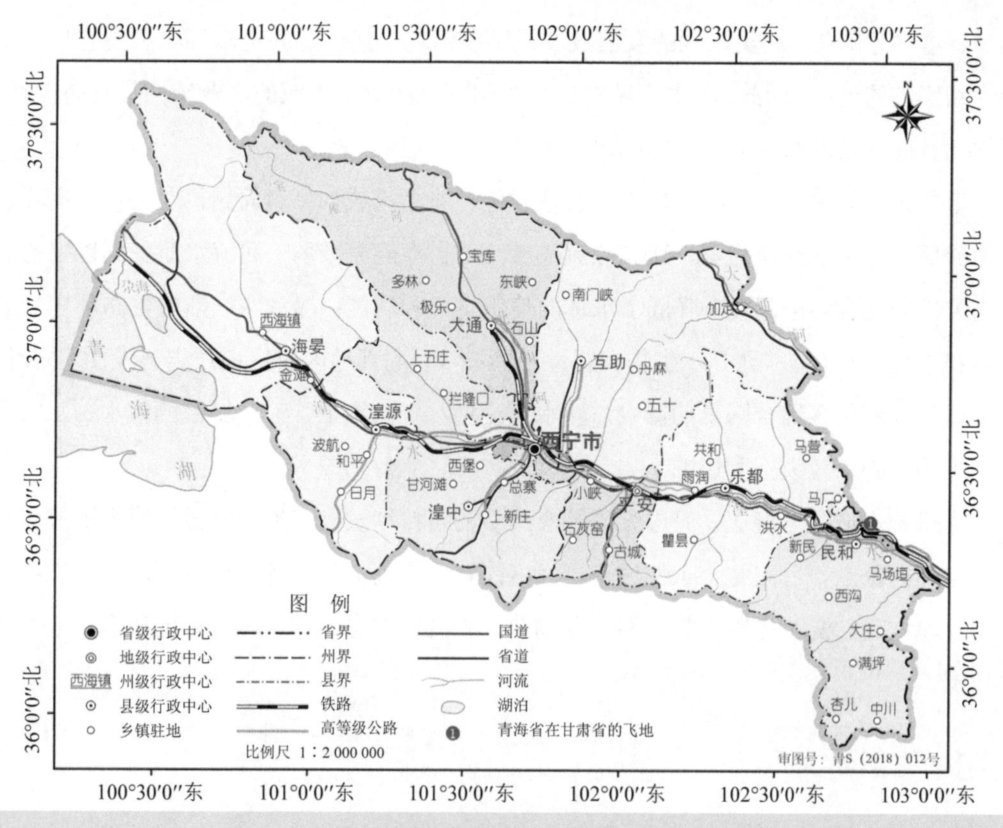

图 2.1-1 湟水流域空间范围及行政区构成（2010 年）

湟水水域集饮用、灌溉、工业用水、纳污、景观休闲等多功能于一体，是青海人民赖以生存和发展的重要基础。湟水流域是青海省人口最集中的多民族聚居区，在青海经济发展中起着龙头和中心作用。2010 年，全省近 60%的人口，52%的耕地和 70%以上的工矿企业分布于湟水流域，粮食产量占全省的 62%，工业产值占全省的 66%。湟水干流地区是青海省的政治、经济、文化和交通中心，它东接兰州，西通柴达木盆地，南连川藏，北达河西走廊，地理位置极为重要，在柴达木盆地开发和青海经济发展中占着“强东拓西”的战略位置，肩负着经济建设与战略转移的重任，是国家西部大开发战略的重要基地。

湟水流域工业经济的主体是资源开发性产业，目前，流域主要有化工、冶金、煤炭、食品、建材等工业，这类工业的发展过程是不断消耗自然资源并使水环境和生态环境不断受到影响的过程。因此，湟水流域的自然资源禀赋造成了流域的产业结构具有高能耗、高物耗、高污染及水环境受到影响的基本特征。

近年来，随着青海省经济建设的快速发展，湟水流域水环境问题日益突出，主要表现为流域水生生态环境脆弱，河流径流量减少，自净能力减弱，河流水质受到以氨氮有机物为主的复合污染，大大降低了水体的使用价值和功能；湟水两岸陆生生态环境受到破坏和干扰，水土流失加剧，生物多样性不断减少，局部地区时有地质灾害发生。同时，受全球气候变化等综合因素的影响，湟水支流枯水频次增加，沿湟城镇的饮水、工农业生产等均受到了较大不利影响。

为维护流域生态健康，促进流域社会经济的可持续发展，本次报告将湟水干流作为流域评估的重点，旨在结合东部城市群发展态势，合理估计和评估湟水流域（干流）的生态环境本底、资源环境承载力和发展趋势，为流域生态保护、环境管理和资源配置提供依据。

2.1.1 生态环境本底

2.1.1.1 自然条件

（1）地形地貌

湟水流域地处青藏高原东北边缘，位于青藏高原和黄土高原的过渡地带，平面上呈北西西—南东东向的不规则狭长形态，长 230 km、宽 50～100 km、西宽东窄。整体地势西北高、东南低，南、西、北三面环山，南有拉脊山、北有达坂山、西有团保山和日月山。流域内地形复杂，既有古老变质岩、火成岩组成的巍峨高山、中高山，又有中生界、新生界碎屑岩充填的高原盆地，还有黄土覆盖的低山丘陵和和河谷平原，河流上游以峡谷（有巴燕峡、扎马隆峡、小峡、大峡、老鸦峡等）居多，中下游以宽谷为主。

湟水流域内地形复杂多样，山地占总土地面积的 80%以上，按气候、植被以及农业生产特点的不同，可分为川水、浅山、脑山、石山林区等 4 种地貌单元（熊有平，2012[①]）。湟水河干流南北两岸，支沟发育、地形切割破碎、支沟之间为黄土或石质山梁；沟底与山梁顶部，高差一般在 300～400 m 以上，山坡较陡。山梁平地较少，多为坡地，地表大部分为疏松的黄土覆盖于第三纪红土层之上。河谷海拔高程在 1 565～2 200 m，两岸有宽阔的河谷阶层，当地称为川水地区，水热条件较好，农业生产历史悠久，是青海省东部地区的主要农业区。河谷两侧是海拔高程 2 200～2 700 m 的丘陵和低山地区，当地称为浅山地区，分布有大量的旱耕地，水土流失严重。海拔 2 700 m 以上山区，当地称为脑山地区，气候阴冷潮湿，有少量的旱耕地。海拔更高靠近南北分水岭地带，成为石山林区，气候冷湿，林草植被覆盖较好，是流域重要的水源涵养区。各区（地貌单元）的基本特征简述如下：

①川水区（河谷平原）

位于流域中部海拔 1 565～2 200 m 的河谷平原地区，东起湟水汇入黄河的兰州市西固区达川，西至湟源巴燕峡，东西长 200 km 以上，依附水系呈树枝状分布于黄土低山丘陵之间。湟水干流及较大支流的河谷平原，一般宽 2～5 km，有些小支谷，宽仅 200～300 m。平原大都由Ⅲ、Ⅳ级阶地构成，Ⅴ级以上的高阶地，则多分布在现代河谷平原边缘，或低山丘陵的前缘，遭受强烈侵蚀切割，已不具平原形态。

川水区为湟水干、支流的河谷地带，一般由多级阶地组成，村庄、工厂、城镇、铁路、公路、农田等都坐落于Ⅱ～Ⅲ级阶面上，土壤以栗钙土为主，气候温和，灌溉设施完善，灌溉保证率高，人多地少，是青海省、甘肃省蔬菜、油料、果类的主要生产基地之一。由于地势低平、交通便利、取用水方便，该地区也是省内各项基础设施最为完善和工业最为集中的区域。

②浅山区（低山丘陵）

位于河谷两侧海拔 2 200～2 700 m 的黄土高原低山梁峁丘陵地区，相对高差 300～500 m，是现代侵蚀作用最强的地段。沟间分水岭呈脊状，切割深度达 600 m，沟谷极为发育，沟道短促，坡度大（谷坡 30°～60°），沟脑常溯源侵蚀至峁顶，横断面多呈“V”

①熊有平. 湟水流域川水区、浅山区、脑山区和石山林区划分及特点.水利科技与经济，2012，18（2）：14-15.

字形，沟间形成狭长的梁峁地形，多悬谷、滑坡、崩塌等地貌形态和地质灾害，水土流失严重。

浅山区为湟水流域旱耕地的主要分布区，面积约占流域的 1/2。土层深厚，植被稀少，高山平地和阴坡多为农耕区。但由于沟壑纵横、水源贫乏、地力瘠薄、水土流失严重，该区的农业产量并不高，贫困人口相对集中，社会经济基础相对薄弱。

③脑山区（湿凉气候区）

位于湟水支流的南北分水岭附近，为湟水支流的源头地区，面积约占流域的 1/3，海拔在 2 800～3 200 m，切割深度 250～400 m，谷坡 10°～20°，山脊山梁坡度 5°左右。山体多为谷宽沟浅的低山丘陵，外形浑圆、波状起伏、冲沟切割不深，沟谷横断面多呈“U”形和半弧形，沟底较平坦，土壤、地形、气候均宜农耕。植被较好，局部山坡生长次生林，放牧草场占很大的比重，耕垦轻微，地广人稀，降水丰富，也是流域地表水主要产流区和湟水支流的发源地。

④石山林区（林草水源涵养区）

位于湟水干流的南北高海拔石山林草区，是湟水较大支流的发源地和水源涵养区。海拔大多在 3 200～4 400 m，这里由于地壳上升和水流长期冲刷，形成沟谷深切，山体陡峭，岩石裸露，地势起伏相对平缓，气候温凉湿润，植被良好，为石山森林草场区，是宜林宜牧之地。

（2）河流水系

湟水河是黄河在青海省内最大的一级支流，发源于祁连山支脉大坂山南麓，上游正源为麻皮寺河，在海晏与支流哈利涧汇合后称西川河，流经湟源进入西宁盆地，与最大的支流北川河相汇后，南接南川河，北纳沙塘川河，穿过小峡、大峡、老鸦峡，在民和县享堂与大通河汇合后，于甘肃省永登县境内注入黄河。

湟水干流全长 374 km，青海境内长 349 km，落差 2 830 m，河床一般宽 100～200 m，峡谷地带仅 30～50 m。沿途接纳了大小支流 100 余条，多年天然径流量为 21.3 亿 m^3，平均流量为 67.54 m^3/s。干流河道多为砂砾石河床，两岸多为阶地。河道平均坡降 3.50‰～14.8‰，在上游及峡谷处较大，平原区较小。河道弯曲率 1.07～1.34，大峡以下较大。地表径流主要来源于降水和地下水补给。年径流深 100～200 mm，中高山及低山丘陵区后缘的脑山区水源较丰富，径流系数达 0.40～0.50。

据统计，湟水干流有流域面积＞10 km^2 的大小一级支流 94 条，连同众多的次一级支沟，构成羽毛状、树枝状水系。流域河网密度 0.153 km/km^2，河系不均匀系数 0.80～0.90。流域面积在 10～50 km^2 支流 41 条，50～100 km^2 支流 19 条，100～300 km^2 支流 21 条，300～500 km^2 支流 7 条，500～1 000 km^2 支流 3 条，1 000～10 000 km^2 支流 2 条，即北川河和沙塘川，＞10 000 km^2 支流 1 条，即大通河。从年平均流量看，湟水一级支流中除大通河外，有多年平均流量＞0.50 m^3/s 的一级支流 25 条（表 2.1-2），其中流量在 0.50～1.0 m^3/s 的有 11 条，1.0～2.0 m^3/s 的有 7 条，＞2.0 m^3/s 的有 7 条；其中，北川河的流量最大，多年平均流量达 20.1 m^3/s。

表 2.1-2 湟水一级支流的流量分级

级别	支流名称及流量/（m^3/s）	条数
0.5～1.0	盘道沟（0.706）、康缠川（0.804）、甘河沟（0.538）、实惠沟（0.75）、哈拉直沟（0.75）、红崖子沟（0.83）、三合沟（0.95）、白沈家沟（0.822）、上水磨沟（0.888）、虎狼沟（0.718）、下水磨沟（0.62）	11
1.0～2.0	大南川（2.0）、小南川（1.32）、白沈家沟（1.47）、岗子沟（1.332）、米拉沟（1.08）、松树沟（1.05）、巴州沟（1.20）	7
＞2.0	哈利涧河（2.44）、药水河（2.58）、西纳川（4.87）、北川河（20.1）、沙塘川（3.69）、引胜沟（3.46）、隆治沟（2.04）	7

（3）水文地质

湟水流域在地质构造上位于祁连山褶皱系中间隆起带南部，在大地构造上，处于祁吕贺兰“山”字形构造前弧西翼多字形褶皱带的达坂山、日月山、拉脊山等隆起带和海晏、湟源、日月、大通、西宁、民和等盆地坳陷带（或槽地）内，主要构造线为北西西向。在燕山运动时期，本区发生了断裂凹陷，形成了许多山间盆地，沉积了较厚的第三系红层，喜马拉雅运动使第三系地层发生了平缓的褶皱和断裂以后，又受长期的侵蚀和剥蚀，第四纪又堆积了较厚的黄土。

湟水流域周边及内部中高山、低山丘陵区古老坚硬，裂隙较发育的变质岩及碳酸盐类岩石，所特有的裂隙溶洞及构造断裂所形成的破碎带，盆地内碎屑岩类岩石的孔隙裂隙，以及松散岩类砂砾卵石、黄土、黄土类土所具有的的孔隙等，为地下水的蓄存集聚，提供了空间条件。大量降水、特别是中高山区较丰富的降水，为地下水的形成提供了较丰富的补给来源。据资料显示，湟水流域的地下水一般分为 4 种类型，即：①松散岩类孔隙潜水；②松散岩类孔隙裂隙水；③碳酸盐岩类碎屑岩裂隙溶洞水；④前中生界基岩裂隙水。其中：①主要分布在河谷平原地区，是流域内最丰富的地下水资源；②主要分布在流域内各个盆地内，以大气降水补给为主，水质较差；③主要分布在一些构造、岩溶等富水性强的地段，一般具有极好的水质和较大的流量；④主要分布在流域边缘元古界变质岩以及各期侵入岩构成的中低山区，其补给主要受大气降水补给，水质较好。

湟水河水水温，一般随着气温的变化而变化，在 0℃～24℃，水温随着海拔增高而降低。河水总硬度 5.30～20.15 德国度；pH 值 7～9，一般多属矿化度小于 0.50 g/L 的 HCO_3^-Ca、$HCO_3 \cdot SO_4^-Ca \cdot Na$（Ca、Mg）型弱碱性淡水。从水中离子总量看，湟水河水在中高山区属于矿化度＜0.2 g/L 的弱矿化水，盆地内侧属于矿化度 0.2～0.5 g/L 的中矿化水。河水矿化度，在年内随河水流量的大小，而呈反向变化。自上游至中下游段（湟水西宁小峡西口以上为上游，西宁小峡西口至民和县川口镇享堂村大通河入湟口以上为中游，民和县川口镇享堂村大通河入湟口以下至兰州市西固区达川入黄河口为下游），从多年离子动态来看，年离子径流量，随着河水年平均流量的变化而变化，随着流程的增长而增高。河水中的盐分，主要来自对第三系红层中盐分的溶滤。在西宁以下，河水矿化度，从乐都为 0.58 g/L 到民和增至 0.67 g/L。

（4）气候、土壤与植被

湟水流域气候为典型的大陆性气候，由于流域地势西高东低，受盆地、高山等复杂地形影响，气候垂直变化明显，且地域差异大；愈向上游气温愈低，降水量增大，蒸发量减小，多潮湿沼泽地。流域年平均气温 0.6℃～7.9℃，最高气温 34.7℃，最低气温−32.6℃。年降水量 300～500 mm，局部地区可达 600 mm。湟水干流谷地 6—9 月降水占全年降水量的70%左右，且多暴雨。无霜期西北部山区仅31天，东南部丘陵区为130～180天（表2.1-3）。

表2.1-3 青海省湟水流域（干流）各县气候条件

县/市	纬度（N）	经度（E）	高程变化/m	年均温/℃	7月均温/℃	1月均温/℃	年降水量/mm	年蒸发量/mm	年日照时数/h	无霜期/d
西宁市	36°13′～37°30′	100°52′～101°57′	2 200	7.8	17.2	−8.9	380	1 363	2 280	166
大通县	36°43′～37°23′	100°51′～101°56′	2 280～4 622	4.9	15.8	−9.2	509	1 763	2 637	94
湟中县	36°13′～37°03′	101°09′～101°54′	2 225～4 489	5.1	13.9	−10.9	528	1 000	2 571	130
湟源县	36°20′～36°53′	100°54′～101°25′	2 470～4 898	3.0	13.9	−10.5	404	1 452	2 724	82
互助县	36°30′～37°09′	101°46′～102°45′	2 100～4 374	3.4	19.3	−9.0	483	1 236	2 600	114
平安县	36°15′～36°34′	101°49′～102°01′	2 066～4 166	7.6	19.2	−5.6	310	1 836	2 864	218
乐都县	36°20′～36°53′	100°54′～101°25′	1 850～4 480	6.9	18.6	−7.2	334	1 614	2 781	144
民和县	36°20′～36°53′	100°54′～101°25′	1 650～4 220	8.7	20.3	−10.0	361	1 805	2 641	184
海晏县	36°44′～37°39′	100°23′～101°20′	2 910～4 583	1.5	11.6	−12.9	377	1 582	2 980	43

湟水流域的河谷盆地、河漫滩，土壤主要为熟化程度较高的灌淤型栗钙土，其次是灌淤型灰钙土，还有少量的潮土、草甸土、盐土和新积土；浅山区，主要为淡栗钙土和灰钙土，母质以黄土、第三纪红土为主，质地为粉砂壤、轻壤或黏壤土质，有机质含量1%左右，土壤肥力偏低；脑山区，主要为暗栗钙土、黑钙土，有机质含量1%～6%，土壤肥力较好。

湟水流域的植物区系是在兼具温性、寒温和高寒类型的生态环境下逐渐形成的。湟水流域的植被主要有寒温性常绿针叶林、暖温性常绿针叶林、落叶阔叶混交林、温性落叶灌木林、高寒落叶灌木林、常绿革质叶高寒灌木林、温性草原植被、高寒草甸植被以及河谷和山地杂类草草甸植被、高山流石坡稀疏植被，另外，还有较大面积的人工林和农业植被。

2.1.1.2 水土资源

（1）土地资源

从土地资源数量与分布来看，根据《青海省土地利用总体规划（2006—2020 年）》（青政[2010]25 号文[①]，以下简称《规划》），青海省的土地生态环境十分脆弱，具有国土空间大、适宜开发面积小，生态价值空间大、适宜生活和生产空间小的特点。省内东部地区（即西宁和海东地区），平均海拔 2 100 m，年降水量 450～500 mm，年平均气温 6.5℃，湟水河贯穿全区并汇入黄河，较省内其他地区风景秀丽、气候宜人，是青海省主要宜居地区。据不完全统计，该区集中了全省近 70%的耕地和 60%以上的 GDP 总量，全省城镇、住宅、交通、水利、耕地和工业等各项建设主要集中于此，再加上人类活动和垦殖历史悠久，可供开发利用的土地空间非常有限。

根据 30 mDEM 制作的湟水流域高程分带图（图 2.1-2），流域内海拔 2 000 m 以下区域仅占 2.1%（426.0 km^2），海拔 2 000～3 000 m 的地区占 45.1%（9 224.9 km^2），海拔 3 000～4 000 m 的地区占 20.0%（4 098.7 km^2），海拔 4 000 m 以上的地区占 3.8%（777.9 km^2）；若按川浅脑划分，流域内海拔 2 200 m 以下的川水地区占 6.1%，海拔 2 200～2 700 m 的浅山地区占 25.2%，海拔 2 700～3 200 m 的脑山地区占 29.0%，海拔 3 200 m 以上的石山林区占 39.6%。由此可见，湟水流域内适宜生存和建设的空间极小，这使得该区域内经济社会发展与资源环境保护之间的用地矛盾非常突出。

① 青政[2010]25 号文.青海省人民政府关于印发《青海省土地利用总体规划（2006—2020 年）》的通知.

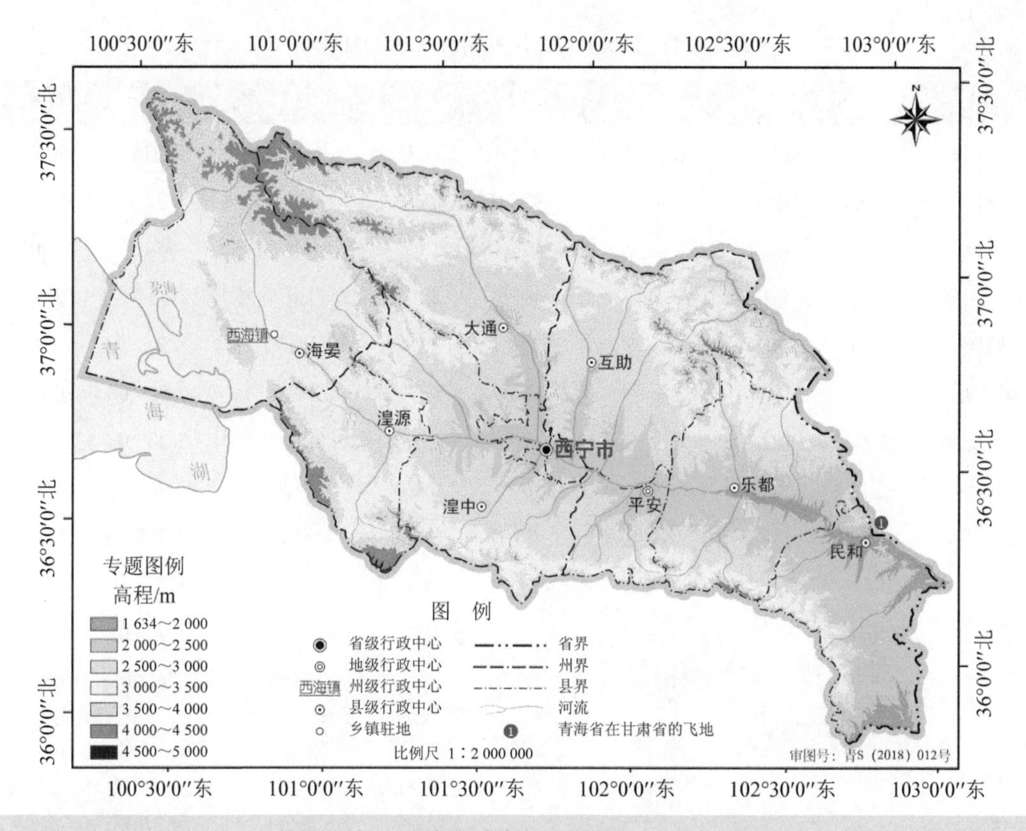

图 2.1-2 湟水流域高程分带图（2010 年）

从土地资源开发利用现状来看，根据原环境部下发的遥感解译数据（表 2.1-4），2010 年，湟水流域（干流 1 市 8 县）的土地利用现状（LUCC）可粗略分为：生产用地 4 769.3 km^2（鉴于生产性草地难于分离，此处仅指农田），占流域土地面积（20 473.9 km^2）的 23.3%；生活用地 432.0 km^2（指城镇、工矿、交通等人工建设用地），占 2.1%；生态用地 14 314.5 km^2（指森林、灌丛、草地和湿地之和），占 69.9%；未利用土地 958.1 km^2（指荒漠、永久冰川/积雪和裸地之和），占 4.7%。

表 2.1-4　湟水流域土地利用现状（2010 年）

LUCC	面积/km²	比例/%	LUCC	面积/km²	比例/%	LUCC	面积/km²	比例/%
生产用地	4 769.3	23.3	未利用地	958.1	4.7	生态用地	14 314.5	69.9
农田	4 769.3	100.0	荒漠	925.0	100.0	森林	777.7	100.0
旱地	4 769.3	100.0	裸土	122.3	13.2	常绿针叶林	754.5	97.0
生活用地	432.0	2.1	裸岩	497.6	53.8	落叶阔叶林	15.9	2.0
城镇	432.0	100.0	沙漠/沙地	304.1	32.9	针阔混交林	7.3	0.9
采矿场	2.6	0.6	盐碱地	1.0	0.1	灌丛	2 809.0	100.0
草本绿地	5.2	1.2	冰川/永久积雪	7.4	100.0	落叶阔叶灌木林	2 809.0	100.0
工业用地	35.2	8.2	冰川/永久积雪	7.4	100.0	草地	9 965.3	100.0
灌木绿地	3.6	0.8	裸地	25.7	100.0	草甸	4 087.2	41.0
交通用地	28.9	6.7	裸土	20.7	80.6	草原	4 478.1	44.9
居住地	356.4	82.5	裸岩	5.0	19.4	稀疏草地	1 400.0	14.0
						湿地	762.6	100.0
						草本沼泽	152.0	19.9
						河流	38.7	5.1
						湖泊	557.0	73.0
						水库/坑塘	14.4	1.9
流域面积	20 473.9	100.0				运河/水渠	0.5	0.1

从土地资源的供需平衡分析来看，展望未来（2020 年），根据《规划》中规定的土地利用调控指标（表 2.1-5），若按流域各类土地面积占全省各项指标的比例不变推算，未来 10 年（2011—2020 年），湟水流域耕地保有量将减少 3 419 hm²，建设用地将增加 5 414 hm²，即使假定所有减少的耕地都转变为建设用地，尚有近 1 995 hm² 的用地缺口。如果考虑流域现状（2010 年）人均城镇工矿用地仅为 121 m²（人口按流域总人口计算，用地按建设用地用规模计算），远低于全省平均水平（2010 年为 178 m²，2020 年为 176 m²），则可以预见未来流域内的建设用地将有大幅增长，流域内生产用地（主要是耕地）和生活用地（主要是城镇建设用地）的矛盾将进一步加剧。

表 2.1-5 湟水流域土地利用规划及供需平衡分析

青海省土地利用主要调控指标				湟水流域（干流）指标		
指标属性		2010年	2020年	2010年		2020年
		规划值	规划值	LUCC值	占全省	同比推算值
总量指标	耕地保有量/hm²	540 000	536 000	461 620	0.85	458 201
	林地面积/hm²	2 787 440	3 211 729	262 300	0.09	302 226
	牧草地面积/hm²	40 515 600	40 718 000	798 950	0.02	802 941
	建设用地总规模/hm²	343 200	391 400	38 550	0.11	43 964
	城乡建设用地规模/hm²	112 000	127 400	33 810	0.30	38 459
增量指标	建设占用农用地规模/hm²	20 000	60 000			
	建设占用耕地规模/hm²	6 700	21 242			
效率指标	人均城镇工矿用地/m²	178	176	121		
	二三产业地均产值/(万元/hm²)	24.93	67.59	216		
湟水流域用地指标分析						
耕地减少量/hm²		3 419				
建设用地增加量/hm²		5 414				
建设用地总缺口量/hm²		1 995（假定建设的耕地全部转化为建设用地）				
人均城镇工矿用地缺口量/m²		57（按2010年指标计算）				

（2）水资源

从水资源总量来看，湟水流域水资源的主要补给来源是大气降雨，流域多年平均降雨量 496.6 mm，与黄河流域平均值相差不大；但平均水面蒸发量达 800～1 300 mm，属半干旱区。根据《青海省水资源调查评价报告（2004）[①]》，湟水流域（按流域面积 16 006 km² 计）年平均降水量为 79.5 亿 m³，地表水水资源量 21.00 亿 m³，水资源总量为 22.23 亿 m³，平均流量为 67.5 m³/s，径流系数为 0.26，产水系数为 0.28，产水模数为 13.89 万 m³/km²。按人口和耕地平均计，湟水流域人均水资源量 750 m³，仅为全国平均水平的 30%左右，每公顷占有水量 7 070 m³，仅为全国平均水平的 1/4，属水资源贫乏

① 青海省水文水资源局.青海省水资源调查评价报告，2004.

的地区（徐劼等，2000[①]）。

从水资源的时空分布来看，湟水流域的径流量年内分配不均，4—9月径流量约占全年的80%，1—2月径流量不足10%。最大年径流与最小年径流之比干流为2.75～3.58，支流为2.7～6.8。径流由降水和冰雪融水混合补给，径流深变化范围在50～300 mm。河道平均比降8.4%，河宽30～100 m，砂砾石河床。地下水资源10.6亿m^3，冰川储量12.5亿m^3，冰期6～7个月。从站点监测数据看，上游降水量年际变化小，植被覆盖度高，水源涵养能力强，海晏、黑林、桥头、峡门等站极值比较小；西宁以下各支流，黄土分布面积较广，植被比较稀疏，自然涵蓄能力相对较弱，降水的年际变化相对也大，径流的年际变化也大，巴州沟最大年径流为最小年径流的6.8倍，引胜沟为3倍，小南川为5倍。此外，从径流量的地区分布来看，湟水流域水资源在地域上的分布规律与降水基本一致，呈现由河谷向山区递增的趋势，径流量主要来自海晏以下区域，海晏以上径流深最小（仅为34 mm），海晏～石崖庄为156 mm，石崖庄～西宁最大（为167 mm，是海晏以上的4.8倍），西宁～民和为121 mm，支流北川河、引胜沟（山区）年平均径流深达200 mm。

从水资源承载力看（相震等，2005[②]），湟水流域年平均降水量为437.3 mm，降水量主要集中在夏季，平均降水变率为15%。流域多年降水量和水资源分布的状况差异较大（表2.1-6），最大592.1 mm，最小264.4 mm。按土地面积计算，大气自然水量平均为11.02亿m^3/a，最大为19.66亿m^3/a，最小为4.63亿m^3/a。每人每年占有的自然水量平均为3 390 m^3/人·a，与全国平均水平相比少41%。由于湟水流域的人口密度相对较大，使流域各地区的每人每年拥有的水储量均小于全国平均水平，只有全国平均数的4%～7.4%，而且各地区水资源年储量、人年均拥有水储量分布值差异也很大。

①徐劼，李万寿.湟水流域水资源可持续开发利用与保护对策.青海大学学报（自然科学版），2000，18（6）：32-35，69.
②相震，王连军，吴向培.青海湟水流域水资源承载状况及水质评价.环境科学与技术，2005，28（12月增）：96-98.

表 2.1-6 湟水流域主要站点水资源状况

站点	平均年降水量/mm	大气自然水量/亿 m^3	水资源年储量/亿 m^3	人均年拥有水量/m^3
西宁	368.2	12.3	1.1	120.0
大通	513.8	15.4	4.2	1 260.0
湟中	528.5	11.9	3.3	830.0
湟源	405.3	6.5	1.1	870.0
互助	592.1	19.7	6.2	2 000.0
乐都	334.3	9.4	0.7	250.0
民和	361.5	6.4	0.7	240.0

从水资源开发利用现状来看，湟水流域是青海省政治、经济、文化、交通的中心，流域内人口、经济占全省近 70%，但与此同时，湟水流域水资源短缺、水环境恶化、水土流失严重，社会经济发展与生态环境的矛盾十分突出。根据《青海省水资源调查评价报告（2004）》，湟水流域多年平均水资源量仅 22.2 亿 m^3，仅占全省水资源总量的 3.5%；流域 2001 年用水量达 13.0 亿 m^3，占全省的 47.8%。与此同时，由于青海省的人口、工业企业主要集中在湟水流域，湟水流域的废水排放量约占全省总量的 70%。以 2001 年为例，湟水流域废水年排放量达 2.59 亿 t，污染河段占 1/6，西宁以下河段水质多为劣Ⅴ类。因此，湟水流域的水资源短缺已由单一的资源型缺水演变为资源型缺水和水质型缺水并重。

此外，从水资源开发利用特点来看，引湟灌溉是流域水资源利用的主要途径，根据 1990—1998 年统计资料，流域水利设施总供水量 715 亿～1 016 亿 m^3，平均为 910 亿 m^3，其中地表水约占 88%，地下水约占 12%。按国民经济各行业分析，农业用水（包括农村人畜用水）约占 81.6%，工业用水约占 15.2%，城镇生活用水约占 1.95%，其他用水约占 1.25%。目前，湟水流域的水资源开发利用率达 60%，是省内水资源利用率最高的地区，远远超过了国际上水资源开发利用的合理标准（≤40%），由此导致灌溉用水高峰季节，湟水下游经常出现河道断流，生产、生活用水和生态环境都受到严重影响。

从水资源供需平衡分析来看，根据《青海省水资源调查评价报告（2004）》，湟水流域多年平均水资源可利用量为 7.9 亿～11.54 亿 m^3，水资源可利用量约占水资源总量的 35.5%～51.9%。从需水量来看，目前，湟水流域的耗水量已接近该区水资源可利用量。从水资源供给来看，目前，黄河流域分配给青海省的水资源配额只有 14.1 亿 m^3，随着全省社会经济的快速发展，省内黄河流域、特别是湟水流域的用水将越来越紧张，需要增加用水指标和提高用水效率。

从流域水资源供需平衡状况来看，根据徐劼等（2000[①]）的分析，湟水流域年需水量 12.5 亿 m^3（按 1996 年计），可供水量约 11.0 亿 m^3，缺水 1.5 亿 m^3，现状（2000 年）缺水约 4.0 亿 m^3，预计 2020 年将达到 8.0 亿～10.0 亿 m^3。此外，根据李晖等（2008[②]）对流域水资源需求量的分析，青海省湟水干流地区在实施常规节水情形下，2010 年经济社会发展总需水量将达到 15.1 亿 m^3，2020 年为 18.4 亿 m^3，2030 年将达到 19.8 亿 m^3，30 年累计增长 7.78 亿 m^3，其中城镇需水累计新增 5.94 亿 m^3，农村新增 1.84 亿 m^3。需水结构（农业∶工业∶生活）将由 2000 年的 64.6∶22.7∶12.7 调整到 2030 年的 46∶32∶22。用水效率（单位水体 GDP 产出量）也将由 2000 年的 10.4 元/m^3 提高到 2030 年的 65.6 元/m^3，30 年间将提高 6.3 倍。

2.1.2 生态系统格局

从生态系统格局来看（表 2.1-7），湟水流域共有一级生态系统类型 9 个（森林、灌丛、草地、湿地、农田、城镇、荒漠、冰川/永久积雪和裸地）、二级生态系统类型 15 个（阔叶林、针叶林、针阔混交林、阔叶灌丛、草地、沼泽、湖泊、河流、耕地、居住地、城市绿地、工矿交通、荒漠、冰川/永久积雪和裸地）、三级生态系统类型 26 个（落叶阔叶林、常绿针叶林、针阔混交林、落叶阔叶灌木林、草甸、草原、稀疏草地、草本沼泽、湖泊、水库/坑塘、河流、运河/水渠、旱地、居住地、灌木绿地、草本绿地、工业用地、交通用地、采矿场、裸土、裸岩、沙漠/沙地、盐碱地、冰川/永久积雪、裸土和裸岩）。

---

①徐劼，李万寿. 湟水流域水资源可持续开发利用与保护对策.青海大学学报（自然科学版），2000，18（6）：32-35，69.
②李晖，张学培，王晓贤.湟水流域水资源状况分析及规划研究.水土保持应用科技，2008（2）：15-17.

表 2.1-7 湟水流域生态系统格局现状（2010 年）

一级类型	面积/km²	比例/%	二级类型	面积/km²	比例/%	三级类型	面积/km²	比例/%
森林	777.7	3.80	阔叶林	15.9	0.08	落叶阔叶林	15.9	0.08
			针叶林	754.5	3.69	常绿针叶林	754.5	3.69
			针阔混交林	7.3	0.04	针阔混交林	7.3	0.04
灌丛	2 809.0	13.72	阔叶灌丛	2 809.0	13.72	落叶阔叶灌木林	2 809.0	13.72
草地	9 965.3	48.67	草地	9 965.3	48.67	草甸	4 087.2	19.96
						草原	4 478.1	21.87
						稀疏草地	1 400.0	6.84
湿地	762.6	3.72	沼泽	152.0	0.74	草本沼泽	152.0	0.74
			湖泊	571.4	2.79	湖泊	557.0	2.72
						水库/坑塘	14.4	0.07
			河流	39.2	0.19	河流	38.7	0.19
						运河/水渠	0.5	0.00
农田	4 769.3	23.29	耕地	4 769.3	23.29	旱地	4 769.3	23.29
城镇	432.0	2.11	居住地	356.4	1.74	居住地	356.4	1.74
			城市绿地	8.8	0.04	灌木绿地	3.6	0.02
						草本绿地	5.2	0.03
			工矿交通	66.7	0.33	工业用地	35.2	0.17
						交通用地	28.9	0.14
						采矿场	2.6	0.01
荒漠	925.0	4.52	荒漠	925.0	4.52	裸土	122.3	0.60
						裸岩	497.6	2.43
						沙漠/沙地	304.1	1.49
						盐碱地	1.0	0.00
冰川/永久积雪	7.4	0.04	冰川/永久积雪	7.4	0.04	冰川/永久积雪	7.4	0.04
裸地	25.7	0.13	裸地	25.7	0.13	裸土	20.7	0.10
						裸岩	5.0	0.02
合计	20 473.9	100.00	合计	20 473.9	100.00	合计	20 473.9	100.00

在一级生态系统类型中，草地是湟水流域最大的生态系统类型，其面积接近流域总土地面积的 1/2；其次为农田和灌丛，分别占 23.3%和 13.7%；荒漠、森林、湿地和城镇分别占 4.5%、3.8%、3.7%和 2.1%，裸地和冰川/永久积雪面积最小，仅占 0.13%和 0.04%。从空间分布上看（图 2.1-3），森林、灌丛和草地主要分布在流域外围，农田主要沿河谷延伸分布在沟岔谷地的中上部，城镇高度集中于湟水干支流的河谷地区，湿地主要沿河流谷地呈线状分布（仅海晏县所属的青海湖地区呈集中连片的面状分布），冰川/永久积雪仅在流域西北部高山地区有零星分布，荒漠集中分布在青海湖周围，在湟水干支流源头的高山地区也有零星分布。

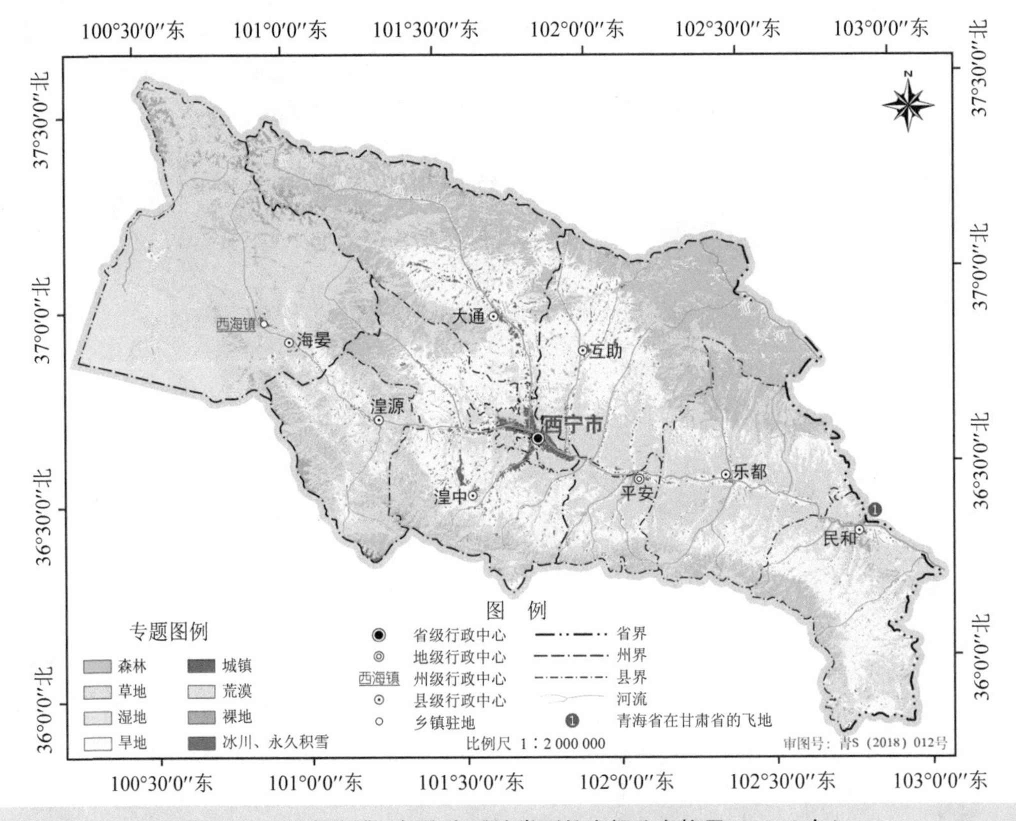

图 2.1-3 湟水流域一级生态系统类型的空间分布格局（2010 年）

在二级生态系统类型中，草地仍是湟水流域最大的生态系统类型（占 48.7%），其次是耕地和阔叶灌丛（分别占 23.3%和 13.7%），再次为荒漠、针叶林、湖泊和居住地（分别占 4.5%、3.7%、2.8%和 1.7%），其余 8 类（阔叶林、针阔混交林、沼泽、河流、城市绿地、工矿交通、冰川/永久积雪和裸地）的面积均不足流域土地面积的 1%。从空间分布上看（图 2.1-4），草地、阔叶灌丛、针叶林和针阔混交林呈镶嵌状分布在流域周边的高山上，阔叶林和针阔混交林呈斑块状零星散布其间；耕地仍沿河谷延伸，分布在城镇和湟水干支流两岸的坡地上；河流主要沿湟水水系呈树枝状延伸，沼泽主要集中于湟水干支流的上游河源地区，湖泊集中分布于海晏县的青海湖区域和各县市水库（如大通黑泉水库、互助南门峡水库和湟中蚂蚁沟水库等）；居住地和城市绿地集中分布在湟水干支流的低平河谷地区，工矿交通主要沿河谷和居民地延伸；冰川/永久积雪主要分布在流域西北部的高山地区，荒漠主要集中在青海湖周边和民和等地的部分干河谷中，裸地主要分布在流域周边山地。

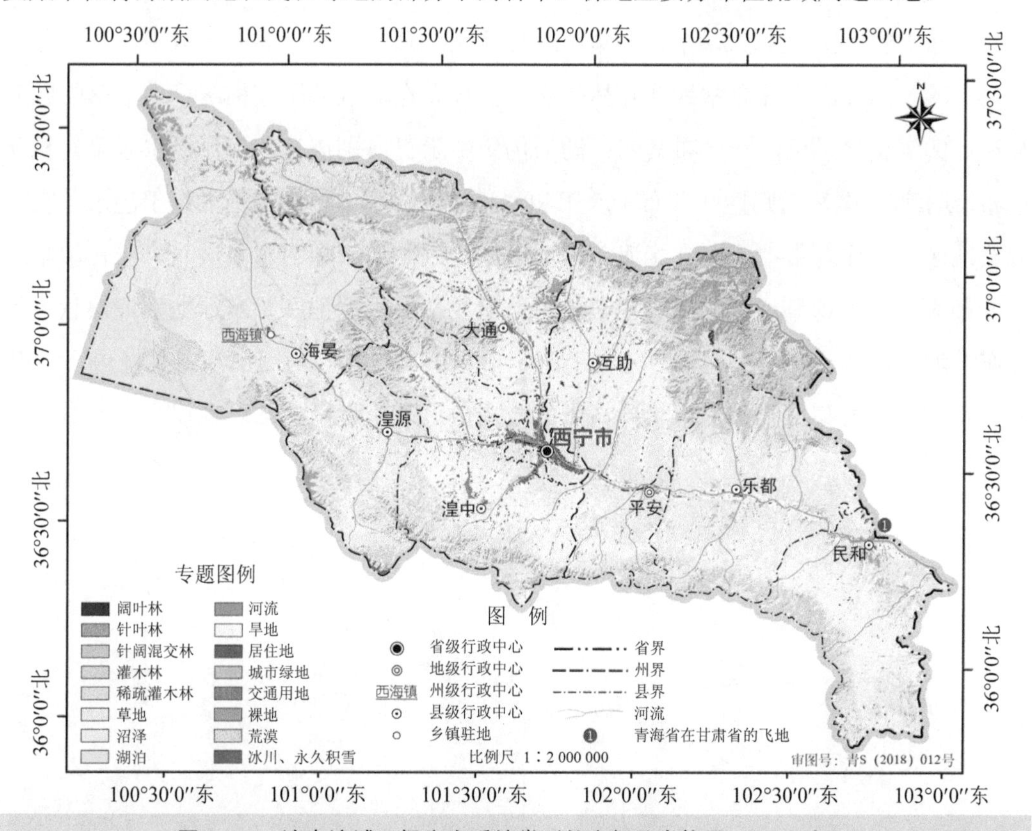

图 2.1-4 湟水流域二级生态系统类型的空间分布格局（2010 年）

在三级生态系统类型中，旱地、草原和草甸是湟水流域最大的生态系统类型（分别占流域总土地面积的 23.3%、21.9%和 20.0%），其次为落叶阔叶灌木林和稀疏草地（分别占 13.7%和 6.8%），再次为常绿针叶林、湖泊、裸岩、居住地和沙漠/沙地（分别占 3.7%、2.7%、2.4%、1.7%和 1.5%），其余 16 类（落叶阔叶林、针阔混交林、草本沼泽、水库/坑塘、河流、运河/水渠、灌木绿地、草本绿地、工业用地、交通用地、采矿场、裸土、盐碱地、冰川/永久积雪、裸土、裸岩）的面积均不足流域土地面积的 1%。由此可见，从景观类型来看，旱地、草原、草甸和落叶阔叶灌木林是湟水流域的优势景观（生态系统类型的面积均占流域总土地面积的 1/10 以上），而落叶阔叶林、针阔混交林、水库/坑塘、运河/水渠、灌木绿地、草本绿地、采矿场、盐碱地、冰川/永久积雪、裸岩等为劣势景观（生态系统类型的面积均小于流域总土地面积的 1/100）。从空间分布上看（图 2.1-5），旱地呈集中连片状围绕湟水干流分布在流域中部，草原、草甸、落叶阔叶灌木林和常绿针叶林呈交错状分布在流域外围，稀疏草地、落叶阔叶林和针阔混交林呈斑块状散布其间；湖泊仍集中于青海湖周边，河流沿水系呈树枝状展布，运河/水渠呈规则性状分布于农田和河流之间，草本沼泽零星散布于湟水干支流源头地区；居住地集中于干支流河谷的低平地区，交通用地沿水系展布、居住地附近密度最大，采矿场呈点状散布于各交通用地沿线；灌木绿地和草本绿地呈斑块状零星分布于城镇内部；工业用地集中分布于西宁市北部大通县和西南部湟中县境内；冰川/永久积雪、裸岩和裸土呈交错状分布于流域周边的高山地区，盐碱地仅见于流域干流地势低洼处。

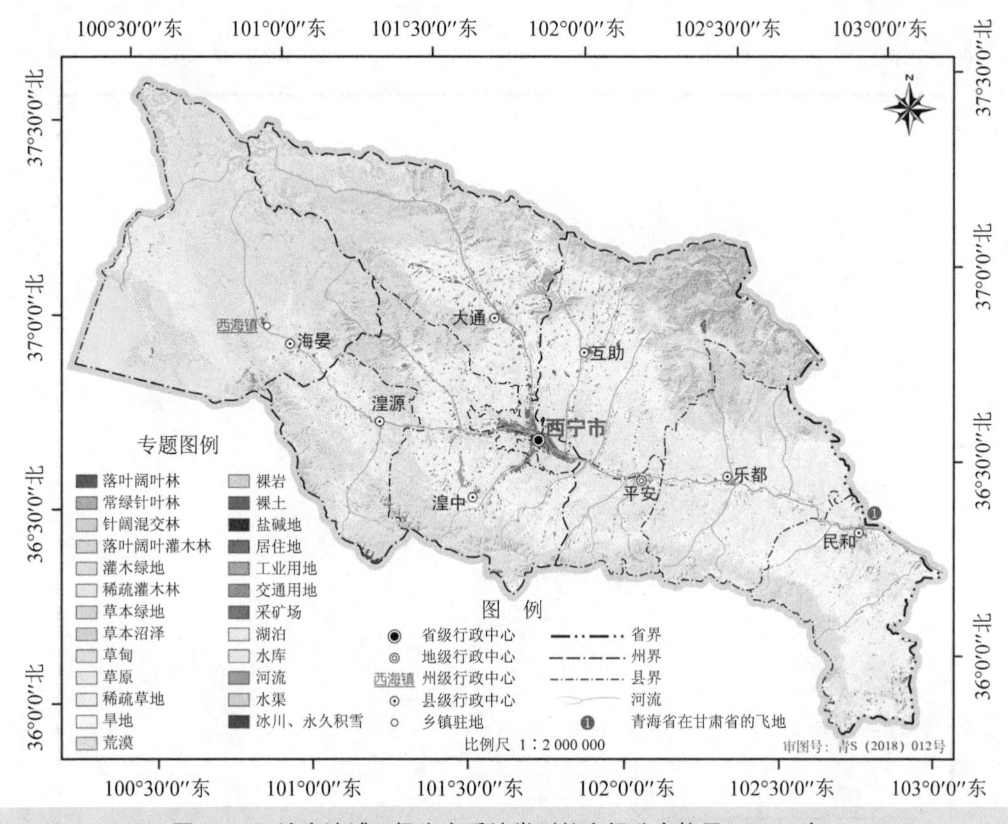

图 2.1-5 湟水流域三级生态系统类型的空间分布格局（2010 年）

2.1.3 环境质量状况

根据青海省环境监测数据，2010 年，湟水流域 17 个监测断面中，达到Ⅰ～Ⅲ类水质的断面 9 个，占监测断面的一半以上（52.9%）；Ⅳ～Ⅴ类水质的断面 5 个，接近监测断面数的 1/3（29.4%）；劣Ⅴ类水质的断面 3 个，接近监测断面数的 1/5（17.6%）。对比流域水环境功能区划确定的水质目标（图 2.1-6），湟水流域 17 个监测断面的达标率为 64.7%。从湟水干流 6 个监测断面来看，Ⅰ～Ⅲ类水质的断面 2 个，Ⅳ～Ⅴ类水质的断面 3 个，劣Ⅴ类水质的断面 1 个。对比流域水环境功能区划确定的水质目标，湟水干流 6 个监测断面的达标率为 66.7%。

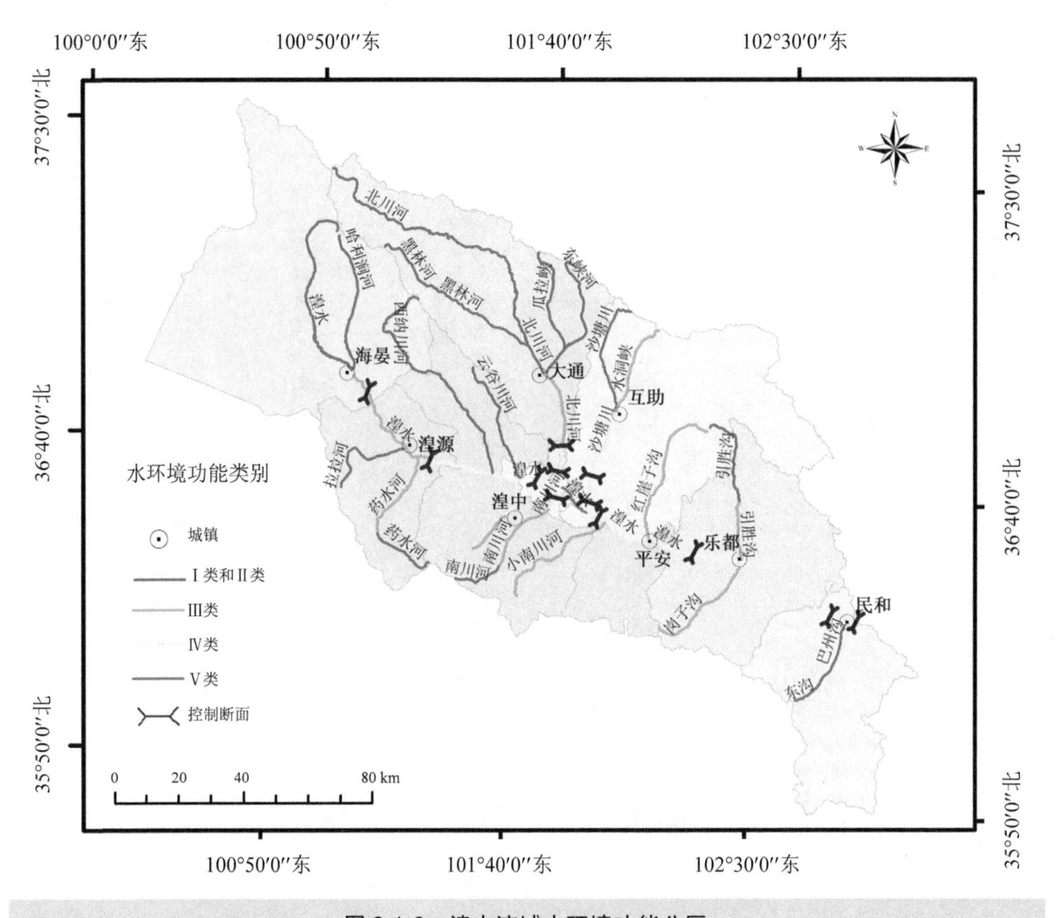

图 2.1-6 湟水流域水环境功能分区

从主要污染物和污染河段来看（表 2.1-8），湟水干流西宁段及其支流南川河汇入湟水前污染最严重，北川河次之，沙塘川河污染相对较轻。主要污染物为氨氮，湟水干流氨氮超标率 56.7%，北川河、南川河 2 条支流氨氮超标率分别为 51.4%、50.0%，主要超标断面为小峡桥、朝阳桥、七一桥和民和桥，年均浓度超标倍数范围为 0.15～1.5。

表 2.1-8 湟水流域各县市地表水水质现状（2010 年）

河流名称	断面名称	水环境功能	现状水质类别	主要污染指标
湟水干流	扎马隆	III	II	—
	西钢桥	IV	III	—
	新宁桥	IV	IV	—
	报社桥	V	V	—
	小峡桥	IV	劣 V	氨氮、五日生化需氧量
	民和桥	IV	V	氨氮
北川河	硖门桥	I	II	高锰酸盐指数
	塔尔桥	II	II	—
	桥头桥	II	II	—
	新宁桥（大通）	III	III	—
	润泽	III	IV	石油类
	润泽桥	III	IV	氨氮
	朝阳桥	IV	劣 V	氨氮、五日生化需氧量
沙塘川河	三其桥	IV	III	—
	沙塘川桥	IV	III	—
南川河	老幼堡	III	II	—
	七一桥	IV	劣 V	氨氮、五日生化需氧量

2.1.4 主要的生态环境问题

总结上述分析，由于全省近 60%的人口、52%的耕地和 70%以上的工矿企业都分布于湟水流域，可以预见，随着东部城市群人口、城镇和产业的进一步集聚，该区域未来的人口、城镇、经济与水土资源的矛盾将更加突出，其中约束城市发展的空间资源（土地资源）、制约国民经济发展的水资源短缺和影响人民生活水平的环境污染等问题将日益突出，以下对上述问题进行总结。

2.1.4.1 河流泥沙与水土流失

（1）现状与危害

湟水流域在历史上曾经是森林茂盛、野生动物种类繁多、生态环境良好的地区，但由于人类活动、气候变暖以及不合理的开发利用，使得流域生态质量在近代以来呈明显恶化趋势，目前，湟水流域是青海省内水土流失最严重的地区。据估算，湟水流域年输沙量约 2 451 万 t，占青海省输入黄河泥沙总量的 36.2%。通过对湟水民和站、西宁站 50 多年水沙组成分析，湟水民和站多年平均实测径流量 14.96 亿 m^3，多年平均输沙量 1 644 万 t，多年平均含沙量 9.98 kg/m^3；湟水西宁站多年平均径流量 10.2 亿 m^3，多年平均输沙量 343 万 t，多年平均含沙量 3.46 kg/m^3；这说明湟水 79.2%泥沙来源于西宁以下地区，61.7%水量来源于西宁以上上游地区，湟水具有水沙异源的特点。

从河流泥沙的危害来看，湟水流域水少沙多，工农业生产开发强度高，气候干旱，植被覆盖度低，多年平均输沙量高，是造成湟水水体浑浊的主要原因。近年来，沿湟开矿、采石、采砂数量猛增，由于缺乏统一规划和合理布局，既加重了水土流失，又增加了土地整治的难度。加上沿湟 200 余家采砂、洗砂场生产，大量泥沙也影响了河流水体水质。通过对湟水干流通海采（洗）砂石料场集中区的水质监测发现，通海采（洗）砂石料场集中区下游 300 m 的高锰酸钾指数、COD、氨氮、悬浮物等四项指标的浓度分别是其上游 50 m 处的 1.19 倍、1.31 倍、1.57 倍和 2.21 倍。此外，湟水谷地多数工矿企业沿河傍沟就水而建，河流沟道成了弃土弃渣、倾倒垃圾、排放污水的场所。山区筑路修桥，开山炸石，就近向沟道弃土弃渣，直接增加了河流泥沙。根据青海省水土保持局 2006 年的不完全调查统计，湟水谷地因经济建设，每年排弃土/石、废渣 1.28×10^8 t，直接增加河流泥沙约 650×10^4 t，增加的河流泥沙占湟水流域年输沙量的 22.8%，抵消了部分水土保持措施所减少的土壤侵蚀量。

据资料，湟水流域的水土流失以水力侵蚀为主，重力侵蚀和风力侵蚀次之。流域内除次生林地及小于 5° 的台地外，大部分面积存在着水力侵蚀，重力侵蚀主要是坡面滑塌和沟岸崩塌，在湟水中下游尤为严重；风力侵蚀主要发生在草原区，面积不大。水力侵蚀以面蚀为主兼有沟蚀，面蚀主要发生在农耕地和荒山荒坡；沟蚀则以沟头前进、沟底下切、沟岸扩张三种形式为主，流域内的浅山丘陵地貌主要是沟蚀造成的。据估算，湟水流域的多年平均输沙模数为 1 075 t/（km^2/a），目前，水土流失面积约 1.3 万 km^2（占流域面积 3/4），具有量大、面广、区域差异大和大部分属强度侵蚀区等特点，侵蚀模数由西向东增大（表 2.1-9）。强度水土流失区分布在中低浅山区，并以阳坡侵蚀最为强烈，年均土壤侵蚀模数为 5 000 t/km^2；中度水土流失多分布在浅山中部地区，年均土壤侵蚀模数为 2 000 t/km^2；轻度水土流失多分布在浅山向脑山过渡地带，年均土壤侵蚀模数为 500 t/km^2。

表 2.1-9　湟水流域水土流失现状

分布区	数量/个	小流域名称	小流域面积/km^2	水土流失面积/km^2	占流域面积/%
西宁市	7	西郊南山、火烧沟、铁骑沟、东郊南山、西郊北山、东郊北山、东郊西山	30 816	13 990	45.4
大通县	7	景阳沟、石山、朔北、药草、斜沟、桥西、清平	30 503	20 249	66.4
湟中县	4	云谷川、石灰沟、衍沟、喇家沟	30 996	14 176	45.7
湟源县	8	三沟、城郊南北、胡思洞、大高陵、莫合尔、莫多吉、巴汉、小高陵	33 246	18 152	54.6
互助县	9	朱尔沟、东家沟、白崖、东山、双树、安定、东沟、边滩、直沟	43 143	24 923	57.8
平安县	7	古城、且尔甫、三合、沙沟、索尔干、寺台、石灰窑	30 833	17 199	55.8
乐都县	4	引胜沟、双塔沟、碱沟、峰堆沟	24 650	14 662	59.5
民和县	7	前河沟、满坪、马营、马洒沟、巴州、新民、松树	34 129	19 854	58.2
总计	53	-	258 316	143 205	55.4

注：表格引自：《湟水流域水环境综合治理规划（2011—2015）》2012 年 1 月发布。

从水土流失的危害来看，主要有两方面。生态环境方面，水土流失造成了地表破碎、沟壑发育、土壤贫瘠、河流泥沙含量、水库渠道淤塞、自然灾害频繁等问题；社会经济方面，严重的水土流失不仅淤埋冲毁了水库、塘坝、农田、灌渠，还危害城镇、工矿、交通等，还造成了生产生活环境恶化、农业产量低而不稳、贫困程度加深等一系列社会经济问题。总之，湟水流域作为青海省政治、经济、文化和交通中心以及青海东部地区最重要的生态屏障，长期以来，脆弱的生态环境和不合理的人类活动一起加剧了流域水土流失的发生和发展，为流域生态环境的恢复和可持续发展保护带来严重危害。

（2）成因与防治

影响湟水流域水土流失的因素是复杂的，主要有两方面。首先是自然环境方面，湟水流域位于青藏高原和黄土高原的过渡地带，因湟水流经地区岩性和地质构造的不同而形成了山地、丘陵、峡谷、盆地等多种地貌，其中黄土低山丘陵沟壑是最主要的地貌形态，沟壑纵横、沟坡陡峻是该类地貌的主要特征；再加上流域暴雨集中且强度较大（6—10 月降雨约占全年降雨量的 3/4）、地表植被稀疏，使湟水流域成为青海省内水土流失最严重、地质灾害最严重、生态环境最脆弱的地区。从土壤侵蚀的表层原因（土壤）来看，本区土壤大部分为第四纪的风成黄土，具有结构疏松、空隙度大、柱状节理发育、抗蚀性差等特点，极易被侵蚀剥离，形成滑坡、崩塌、泻溜等各种重力地质现象；从土壤侵蚀的深层次原因（地质）来看，受青藏高原造山运动的影响，本区高于东部黄土高原千余米，形成黄土厚度小、河道比降大、侵蚀基准面高差大、地质应力强烈等特点，为泥石流、滑坡、崩塌和地面沉陷等地质灾害的形成提供了充分条件。其次是人类活动方面，由于湟水流域是青海省最重要的人类聚居地，农耕历史悠久，受人口增长和社会经济发展等多方面因素的驱动，流域内许多不宜开垦的土地（如灌木林地、牧草地等）都被开垦耕地，特别是浅山地区的荒山荒坡被开垦为坡耕地后（目前，流域内坡耕地约占农用地的 1/2 以上），原生植被破坏严重，加之耕作粗放（多采用顺坡耕作方式），使水土流失日益加重。此外，过度放牧、滥砍滥伐和不合理的生产建设等也是造成水土流失的重要原因；据不完全统计，流域内一般年份缺柴 3 个月，为解决薪柴困难，大约 90% 的农户采取过砍树掘根、挖烧草皮等植被破坏活动，造成了部分地区土层裸露；另外，工矿、修路、掘金、挖沙等不合理的人类活动也极大地加剧了水土流失。

为治理日益严重的水土流失问题，目前，流域内已实施了退耕还林还草、天然林保护、“三北”防护林体系建设等一系列重大生态建设工程。据不完全统计，自 2000 年至

2005 年，湟水流域各县（市）累计完成退耕还林草面积 14.7 万 hm^2、天然林保护面积 40.06 万 hm^2（其中有林地面积 10.07 万 hm^2、灌木林面积 26.79 万 hm^2、未成林造林地 3.2 万 hm^2）、“三北”防护林工程造林面积 87.2 万 hm^2，这些工程的实施使流域森林资源得到了休养生息和有效保护，林草覆盖率不断提高，水土流失得到了有效遏制，局部生态有明显改善。

2.1.4.2 水资源短缺与水环境容量有限

在水资源供需平衡方面，研究表明（徐劼等，2000[①]），湟水河水量明显减少，河流自净能力差是湟水流域水污染严重的主要原因；此外，沿湟部分小水电工程引水造成河段脱水，也是影响河流水质的重要因素。据资料，湟水在历史上可以进行木材水运，但现在水量急剧减少，目前流域内缺水近 4 亿 m^3，预计到 2020 年缺水将达到 10.71 亿 m^3。湟水流域（不含大通河）水资源总量仅占全省的 3.5%，水资源利用率却达到了 65%以上，民和水文站 2001—2010 年实测平均径流量为多年天然径流量的 66%。

但随着社会经济的快速发展，流域内工农业用水量急剧增加，部分河段工农业生产及生活用水超过其承载能力，尤其是西宁段以下河流的自然净化和水环境承载能力明显降低。从全省各县市水资源数据来看（表 2.1-10），2010 年湟水流域 1 市 8 县水资源总量为 27.582 3 亿 m^3，总用水量为 12.403 8 亿 m^3，水资源总体盈余，但西宁市（不含三县）水资源短缺严重，2010 年人均水资源量仅 55.8 m^3，人均用水量达 302.5 m^3，人均缺水约 246.7 m^3；相比之下，海晏县的人均水资源量极为丰富，高达 12 499.7 m^3，人均水资源盈余超过 1 万 m^3。由此可见，由于水资源和人口城镇的空间分布不匹配，导致流域内部分地区特别是西宁市的用水矛盾极其突出。

①徐劼，李万寿. 湟水流域水资源可持续开发利用与保护对策. 青海大学学报（自然科学版），2000，18（6）：32-35，69.

表 2.1-10　湟水流域各县市水资源匹配状况（2010 年）

县市	水资源量/亿 m^3			总用水量/亿 m^3	水资源供需匹配状况/m^3		
	地表水	地下水	水资源总量		人均水资源量	人均用水量	人均水资源余缺
西宁市	0.2	0.3	0.5	2.7	55.8	302.5	246.7
大通县	6.3	0.2	6.5	2.0	1 423.9	440.9	983.0
湟中县	2.9	0.6	3.5	1.9	745.1	411.2	333.8
湟源县	1.7	0.1	1.8	0.7	1 300.1	527.8	772.4
互助县	4.8	0.1	4.9	1.2	1 291.2	316.8	974.4
平安县	0.7	0.0	0.7	0.7	604.1	548.7	55.4
乐都县	2.9	0.0	2.9	1.5	1 014.7	524.8	489.9
民和县	2.4	0.0	2.4	1.4	591.6	347.3	244.3
海晏县	3.9	0.5	4.4	0.2	12 499.7	659.1	11 840.6
流域合计	25.9	1.7	27.6	12.4	863.0	388.1	474.9

在水环境容量方面，根据青海省政府发布的《湟水流域水污染防治规划》，湟水河污染主要物是氨氮（NH_3-N）、生化需氧量（COD）等有机物，个别河段六价铬（Cr^{+6}）、挥发酚等超标，且干流超标河段数大于支流。水质污染河长的 90%均发生在进入西宁市后的各河段，如西宁市区、团结桥、小峡桥等 3 个干流河段和南川河口、朝阳桥 2 个支流河段，其中小峡河段的 NH_3-N 在枯水期超标 4.1 倍，南川河口在丰水期 NH_3-N 超标 12.5 倍，COD 超标 3.7 倍，此河段为污染最严重的河段。据测算（侯佩玲等，2012[①]），目前，七一桥、朝阳桥、小峡断面水质为劣Ⅴ类，按近十年流域实测平均径流量测算湟水流域 COD 容量为 3.8 万 t，NH_3-N 为 0.18 万 t；如以达到Ⅳ类水体为目标，即使流域 13 986 万 t 废污水全部处理达标，COD 排放总量为 4.45 万 t、NH_3-N 为 0.398 万 t，COD 排放量仍超过其水环境容量的 17%，NH_3-N 排放总量则是其水环境容量的 2.34 倍。

从流域各县市来看（表 2.1-11），根据《湟水流域水环境综合治理规划（2011—2015 年）》，若以 2010 年为现状年、2015 年为目标年，按各控制单元水质达到“十二五”规

①侯佩玲.湟水流域水污染变化与治理对策.青海环境，2012（9）：107-111.

划水质类别要求，工业源 COD 和 NH_3-N 新增量采用排放强度法预测、生活源 COD 和 NH_3-N 新增量采用产污系数法预测、农业源 COD 和 NH_3-N 新增量采用 2010 年数据时，2015 年，流域（1 市 8 县）的 COD 和 NH_3-N 排放量将分别比现状年（2010 年）增加 0.25 倍和 0.22 倍，在保持纳污能力不变的情况下，流域平均的 COD 和 NH_3-N 削减率将达 38.1%和 54.2%，其中除乐都县的水环境容量尚能基本满足排污需求外，其余各县市均需大幅削减 COD 和 NH_3-N 排放量，特别是西宁市（不含 3 县）、大通县、互助县和民和县，其 COD 削减率分别为 63.6%、89.8%、80.9%和 55.5%，NH_3-N 削减率分别为 83.5%、94.5%、84.5%和 71.8%。

表 2.1-11　湟水流域各县市主要水污染物环境容量

流域分区	县市	COD/（t/a）					NH_3-N/（t/a）				
		2010 年排放量	2015 年排放量	纳污能力	最低应削减量	最低应削减率/%	2010 年排放量	2015 年排放量	纳污能力	最低应削减量	最低应削减率/%
海北段	海晏县	499	632	463	169	26.8	64	77	41	36	46.7
	小计	499	632	463	169	26.8	64	77	41	36	46.7
西宁段	西宁市	27 564	37 212	13 549	23 663	63.6	3 190	3 926	649	3 277	83.5
	大通县	7 889	9 081	929	8 151	89.8	655	724	40	684	94.5
	湟源县	1 756	2 056	1 516	540	26.3	124	144	65	79	54.8
	湟中县	5 842	6 840	7 719	−879	0.0	434	476	375	101	21.2
	小计	43 051	55 189	23 714	7 869	44.9	4 403	5 269	1 128	1 035	63.5
海东段	平安县	3 964	4 759	3 151	1 608	33.8	203	273	135	138	50.5
	互助县	5 431	6 460	1 237	5 223	80.9	300	382	59	323	84.5
	乐都县	4 600	5 497	7 057	−1 560	0.0	238	312	302	10	3.2
	民和县	5 244	6 230	2 771	3 459	55.5	332	422	119	303	71.8
	小计	19 239	22 946	14 216	2 183	42.5	1 072	1 389	616	193	52.5
流域合计		62 789	78 768	38 393	3 407	38.1	5 539	6 735	1 785	421	54.2

注：表中数据引自《湟水流域水环境综合治理规划（2011—2015）》。

2.2 东部城市群

2.2.1 城市群概况

根据《青海省“十二五”规划专题研究报告：东部城市群》，青海省东部城市群由1市（西宁市）7县（大通、湟中、湟源、互助、平安、乐都、民和）组成（图2.2-1）。该区是青海省乃至青藏高原经济发展的核心地区，目前这一区域已形成了以西宁市为中心，大通、湟中、湟源、平安、互助、乐都、民和等新城在内的沿湟水轴线型城镇密集区（李勇，2011[①]），各个城镇的主导功能已出现明显的分化（表2.2-1），区域城镇总体的资源、人口、经济和社会发展水平较高，已初步具备了城市群发展的基础。考虑到这一区域由于城镇的高度集中而带来的人口、产业的高度集聚和环境资源消耗的高度叠加效应，以下从人口与城镇、资源与产业两方面对青海东部城市群的发展现状及可能存在的生态环境问题进行剖析，旨在为青海东部城市群的可持续发展提供生态环境支撑。

表2.2-1　东部城市群城市层级及功能定位

层级	城市/城镇	功能定位
第一层级	西宁市	青藏高原现代化中心城市，全省政治、经济、科技、文化和商贸中心，辐射带动全省发展
第二层级	海东市/乐都	湟水流域区域性次中心城市，湟水流域重要的商贸、物流、教育和文化传播中心，辐射带动周边地区发展
第三层级	大通、湟中、湟源、互助、平安、民和、海晏	大通、湟中、湟源、互助和平安县建设成为西宁市的卫星城；民和、海晏等县重点发展商贸、教育、文化、公共服务等，辐射带动全县经济社会发展

①李勇. 青海省两河流域城市带战略构想. 攀登，2011，30（4）：74-79.

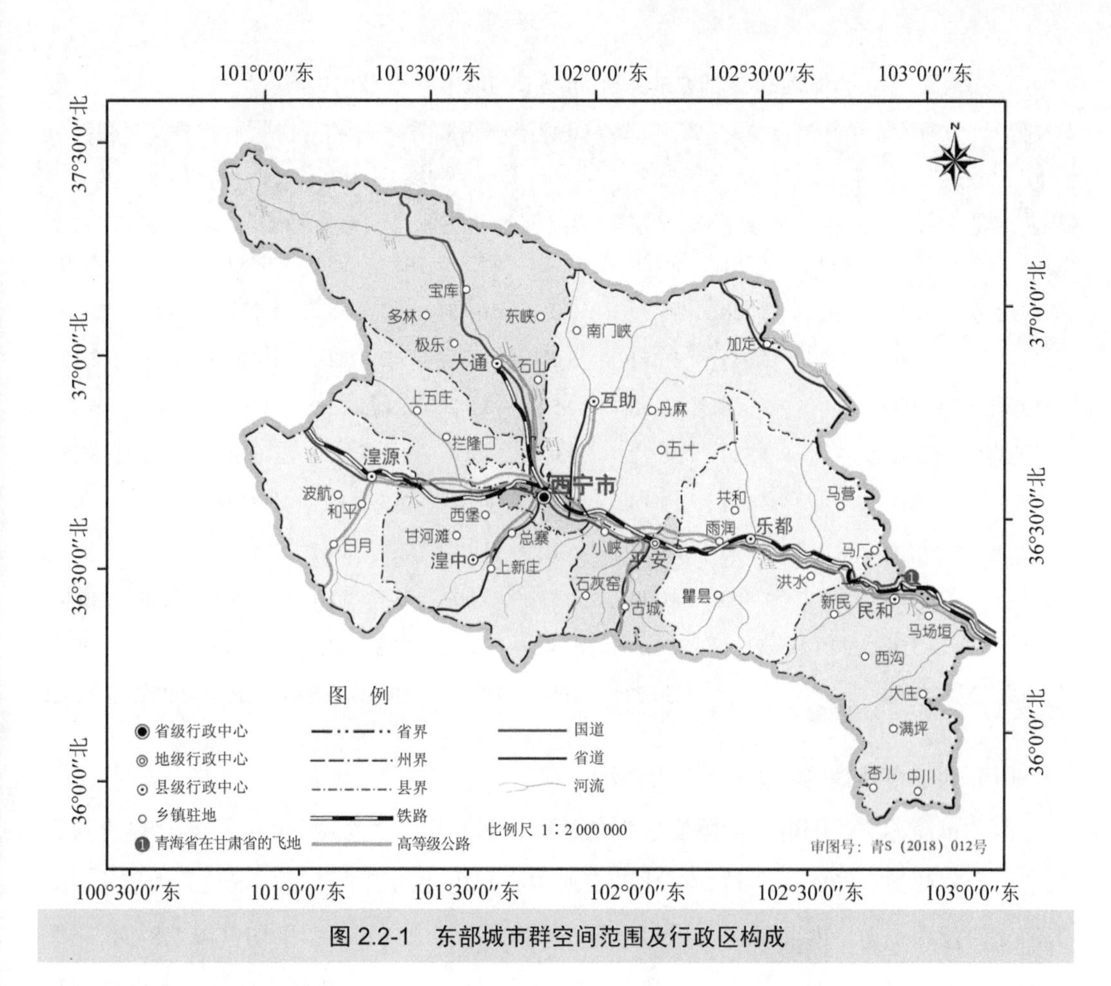

图 2.2-1 东部城市群空间范围及行政区构成

2.2.1.1 人口与城镇

据统计（表 2.2-2），2010 年，青海东部城市群各县市行政区面积 15 556 km^2，约占全省土地面积的 2.2%；人口 316.1 万人，约占全省总人口的 57.4%，其中城镇人口 132.72 万人，约占全省城镇人口总数的 67.3%；平均城市化水平约为 42%，比全省平均水平（35.8%）高出近 7 个百分点；公路里程和高等级公路里程约占全省的 1/4，铁路里程约占全省的 14.1%。由此可见，青海东部城市群不仅是全省名副其实的人口与城镇聚集区，而且是交通等各项基础设施发展最好的区域，以下按西宁市及辖区三县和海东四县分别介绍。

表 2.2-2　东部城市群各县市人口与城镇情况（2010 年）

县/市	行政区面积/km²	建成区面积/km²	城镇海拔/m	总人口/万人	占全省比例/%	城镇人口/万人	占全省比例/%	城市化率/%	公路里程/km	高等级公路/km	铁路里程/km
西宁市	356	43.0	2 261	90.29	16.4	85.80	43.5	95.0	658.0	—	42.0
大通县	3 090	9.0	2 720	45.30	8.2	16.15	8.2	35.7	3 622.0	30.0	36.0
湟中县	2 700	6.0	2 645	46.74	8.5	10.34	5.2	22.1	1 126.0	26.0	23.0
湟源县	1 509	8.0	2 666	13.68	2.5	3.54	1.8	25.9	439.0	49.0	60.0
互助县	3 321	7.6	2 520	38.27	7.0	3.47	1.8	9.1	1 659.2	61.2	31.5
平安县	750	8.0	2 114	12.18	2.2	4.28	2.2	35.1	745.9	40.2	14.0
乐都县	2 050	8.0	2 000	28.24	5.1	4.14	2.1	14.7	1 326.7	52.4	76.0
民和县	1 780	7.5	1 800	41.40	7.5	5.00	2.5	12.1	1 688.0	25.0	16.0
以上合计	15 556	97.1	—	316.10	57.4	132.72	67.3	42.0	11 264.8	283.8	298.5
全省	722 300	—	—	550.23	100	197.12	100	35.8	45 819.0	985.2	2 123.2

（1）西宁市及辖区三县

西宁市简称宁，因取“西陲安宁”之意而得名，素有“海藏咽喉”之称，是青海省省会，全省政治、经济、科技、文化、交通中心和主要的工业基地。地处青海省东部，黄河支流湟水上游，四面环山，三川会聚，市区海拔 2 261 m，年平均气温 7.8℃，夏季平均气温 18.3℃，素有“夏都”美誉。地势自北向南倾斜，西北高东南低，东西狭长形似一叶扁舟，湟水及其支流南川河、北川河由西、南、北汇合于市区，向东流经全市，总面积（不含三县）356 km²（占全省的 0.05%）。随着西部大开发和现代化交通设施的建设，兰青、青藏铁路和 315 国道、109 国道贯穿全境，兰西、西湟、西塔高速公路快速便捷，10 多条直飞航线连着全国部分大中城市，再加上兰—西—拉（兰州—西宁—拉萨）通讯光缆工程等国家重大项目的建成运营，西宁市已成为青藏高原最重要的交通枢纽和通信中心。西宁市（不含三县）现辖城东区、城中区［含城南新区（含湟中县总寨镇）］、城西区、城北区、海湖新区、国家经济开发区和高新技术开发区（生物科技产业园区）。据统计，2010 年，西宁市（不含三县）建成区面积 43 km²；总人口 90.29 万人

（占全省的 16.0%），其中城市人口 85.80 万人（占全省的 34.1%），乡村人口 4.49 万人，城市化率 95.0%。

大通县是 1986 年经国务院批准成立的回族土族自治县，属西宁市辖县，地处青海省东部，位于青海省东北部大坂山之南、湟水之北、黄土高原西端与祁连山脉相衔接的过渡区。县境南北宽约 85 km，东西长 95 km，总面积 3 090 km^2（占全省的 0.43%），海拔在 2 280～4 622 m，整体地势西北高、东南低。境内三面环山，北有大坂山，西有娘娘山，东北有兰雀山，中部为盆地（西北窄、东南宽）。北川河、宝库河、黑林河、东峡河是县境内的主要河流，也是注入湟水河的一级支流。大通县现辖 9 镇（桥头、城关、东峡、塔尔、黄家寨、长宁、多林、景阳、新庄）11 乡（青林、青山、逊让、极乐、宝库、斜沟、良教、向化、桦林、朔北、石山）。县城桥头镇海拔 2 720 m，距西宁市 35 km、距西宁飞机场 60 km，227 国道线、宁大铁路、宁大高速公路、兰新铁路第二双线贯穿全境，县乡公路连通全县，以“四纵三横”为主框架的公路路网格局基本形成，交通优势突出。据统计，2010 年，大通县建成区面积 9 km^2，总人口 45.30 万人（占全省的 8.0%），其中城市人口 16.15 万人（占全省的 6.4%），乡村人口 29.15 万人，城市化率 35.7%。

湟中县于 2000 年 1 月划归西宁市管辖，县境西、南、北三面环围西宁市。位于青海省东部，境内三面环山，祁连山余脉娘娘山雄踞西北，拉脊山脉绵亘西南，境内沟谷错纵、山川相间，地形地貌比较复杂。县境南北宽约 91 km，东西长 68 km，总面积 2 700 km^2（占全省的 0.37%），地势南、西、北高而东南略低。湟水由西向东横贯县境中部，大南川、西纳川、云谷川等十四条河流呈扇形从南、西、北三面山区汇集于湟水。湟中县现辖 10 镇（田家寨、上新庄、鲁沙尔、甘河滩、共和、多巴、拦隆口、上五庄、李家山、西堡）5 乡（群加、土门关、汉东、大才、海子沟）。县城鲁沙尔镇海拔 2 645 m，距西宁市 25 km，青藏铁路、109 国道、西湟一级公路、西久公路穿境而过，西塔高速公路直达县城，22 条县乡公路纵横交错，全县乡乡通油路、村村通公路，交通十分便利。据统计，2010 年，湟中县建成区面积 6 km^2，总人口 46.74 万人（占全省的 8.3%），其中城市人口 10.34 万人（占全省的 4.1%），乡村人口 36.40 万人，城市化率 22.1%。

湟源县地处黄土高原与青藏高原交界处的日月山下，是湟水源头，也是沟通东部农区与西部牧区以及汉藏贸易的重要枢纽，于 2000 年 12 月划归西宁市管辖。县境南北宽约 62 km，东西长 41 km，总面积 1 509 km^2（占全省的 0.21%），全县海拔在 2 470～4 898 m，湟水河自西向东横贯境内，药水河由南向北在县城东南汇入湟水河，除药水河沿岸有两条比较狭长的河谷地带外，全县均为山区地形。湟源县现辖 2 镇（城关、大华）7 乡（东峡、日月、和平、波航、申中、巴燕、寺寨）。县城城关镇海拔 2 666 m，距省会西宁 52 km，地处西宁一小时经济圈中，是环青海湖旅游和西宁旅游圈的重要节点，青藏铁路、109 国道、315 国道和青新公路穿境而过，是通往海西、海南、海北、玉树、西藏等地的必经之地，素有“海藏通衢”、“海藏咽喉”之称。据统计，2010 年，湟源县建成区面积 8 km^2，总人口 13.68 万人（占全省的 2.43%），其中城市人口 3.54 万人（占全省的 1.4%），乡村人口 10.14 万人，城市化率 25.9%（各区县情况详见表 2.2-1）。

（2）海东四县

互助县位于青海省东部，地处湟水谷地北侧和大通谷地西南侧，湟水河自西向东流经境南，大通河自西北向东南流经县境东部。县境南北宽约 64 km，东西长 86 km，总面积 3 321 km^2（占全省的 0.46%）。大板山支脉青石岭自西北向东南贯穿全境，把全县自然地分为两大地形单元，习惯上把青石岭西南部统称为前山，称巴扎和加定藏族乡为北山或后山。县境南端是平均海拔 2 100 m 的湟水河谷盆地，向北是海拔 2 400～3 500 m 的丘陵、中高山，中北部是海拔 4 242～4 374 m 的龙王山、仙米达坂山和东砚山。互助土族自治县是全国唯一的土族自治县，现辖 8 镇（威远、丹麻、高寨、南门峡、加定、五十、五峰、塘川）11 乡（红崖子沟、哈拉直沟、松多、东山、东和、东沟、林川、台子、西山、蔡家堡、巴扎）。县城威远镇海拔 2 520 m，距西宁市 40 km，青藏铁路、109 国道、兰西高速公路、宁互一级公路穿境而过，全县乡乡通油路、村村通公路，交通十分便利。据统计，2010 年，互助县建成区面积 7.6 km^2，总人口 38.27 万人（占全省的 6.79%），其中城镇人口 3.47 万人（占全省的 1.38%），乡村人口 34.80 万人，城市化率 9.1%。

平安县位于青海省东部，地处湟水中游南侧，境内大部分地区为山区，地形复杂，沟壑纵横，湟水河自西向东流经全境，地势南高北低，由西南向东北倾斜，大部分地区海拔 2 066～2 300 m。县境南北长 33.6 km，东西宽 23 km，总面积 750 km^2（占全省的 0.10%）。高山分布在本县南部，自西向东横亘有阿伊山、泥旦山、顶帽山、青沙山、八宝山，海拔 3 100～4 166 m。有东沟、六道沟、老虎沟、东叉沟、西叉沟等 12 条沟岔，沟岔水系沿高山北麓分别流出，汇入祁家川沟、白沈沟和巴藏沟三条大沟，成为山峦起伏、山川相间的主要河谷地带。平安县现辖 3 镇（平安、小峡、三合）5 乡（洪水泉、石灰窑、古城、沙沟、巴藏沟）。县城平安镇县城海拔 2 114 m，距西宁市 35 km、距兰州市 195 km、距西宁曹家堡机场 8 km，青藏铁路、109 国道、平阿高速、京藏高速、平临公路穿境而过，交通十分便利。据统计，2010 年，平安县建成区面积 8.0 km^2，总人口 12.18 万人（占全省的 2.2%），其中城镇人口 4.28 万人（占全省的 1.7%），乡村人口 7.90 万人，城市化率 35.1%。

乐都县位于青海省境东部，地处湟水河中下游，湟水河自西向东流经全境。以湟水为界，北部和南部分属祁连山地槽褶皱系的隆起带和拉脊山地向斜褶皱带，在西部大峡隆起带与东部老鸦峡之间形成乐都盆地，总的地势为南北高中间低，海拔 1 850～4 480 m。县境南北长 76 km，东西宽 64 km，总面积 2 050 km^2（指未建海东市前，占全省的 0.28%）。乐都县现辖 7 镇（碾伯、高庙、洪水、雨润、高店、寿乐、瞿昙）12 乡（达拉、共和、中岭、李家、马营、芦花、马厂、中坝、下营、蒲台、峰堆、城台）。县城碾伯镇海拔 1 994 m，距西宁市 63 km、距兰州市 168 km、距曹家堡飞机场 36 km，兰青铁路、兰西高速、109 国道横贯全县，交通便利。据统计，2010 年，乐都县建成区面积 8.0 km^2，总人口 28.24 万人（占全省的 5.0%），其中城镇人口 4.14 万人（占全省的 1.6%），乡村人口 24.1 万人，城市化率 14.7%。

民和县位于青海省东部边缘，素有“青海东大门”之称。地处黄土高原向青藏高原过渡地带，祁连山系的达板山和拉脊山余脉构成县境地架，总地势西北高、东南低、西南部多高山，平均海拔 1 650～4 220 m。境内山峦重迭、地形复杂，地貌特征大致可概括为“八条大沟（松树沟、米拉沟、巴州沟、隆治沟等）九道山（如北部阿拉古山、南部的小积石山等），两大谷地（湟水与黄河自西向东，流经县境北部和南部，形成湟水、黄河两大谷地）三大垣（塘尔塬、巴州塬、罗巴塬）”。县境南北长 69 km，东西宽 32 km，总面积 1 780 km^2（占全省的 0.25%）。民和县现辖 8 镇（川口、巴州、古鄯、马营、满坪、官亭、李二堡、峡门）14 乡（马场垣、松树、新民、核桃庄、北山、总堡、隆治、西沟、大庄、转导、前河、甘沟、中川、杏儿）。县城川口镇地处湟水流域河谷地带，平均海拔 1 780 m，距西宁 130 km，距兰州 120 km，青藏铁路、109 国道、兰西高速公路以及正在建设中的兰新铁路二线穿境而过，川官、川杨三级公路横贯东西南北，区位优势和交通条件优越。据统计，2010 年，民和县建成区面积 7.5 km^2，总人口 41.4 万人（占全省的 7.3%），其中城镇人口 5 万人（占全省的 2.0%），乡村人口 36.4 万人，城市化率 12.1%。

2.2.1.2 资源与产业

据统计（表 2.2-3），2010 年，青海东部城市群（1 市 7 县）国民生产总值 864.20 亿元，占全省的 64.0%。其中第一产业增加值 53.46 亿元，占全省的 39.6%；第二产业增加值 470.32 亿元，占全省的 63.2%；第三产业增加值 340.43 亿元，占全省的 72.3%；第二产业中工业产值约占 66.4%。与全省 10∶55∶35 的产业结构（三次产业的产值比）相比，青海东部城市群地区的产业结构（6∶54∶39）中第一产业份额相对较低、第三产业份额相对较高，显示出这一区域在全省国民经济中服务业和工业高度集中的特点。为全面认识东部城市群区域的资源条件与产业（特别是工业）现状，以下按西宁市及辖区三县和海东四县分别介绍。

（1）西宁市及辖区三县

西宁市依托优越的地理位置和区位条件，已成为带动全省国民经济发展的引擎和火车头（表 2.2-4）。目前，西宁地区（含 3 县）的国民生产总值接近全省的 1/2，地方财政收入和固定资产投资额均约占全省的 1/3、社会商品零售总额和旅游业收入约占全省的 2/3、房地产投资和交通邮电仓储业的产值均占全省的 4/5 以上，全省 90%的调入商品和 80%的调出商品经西宁中转，对全省其他州、地、市、县有较强的吸引力和辐射力。

表 2.2-3 东部城市群各县市资源与产业情况（2010 年）

县/市	国民生产总值/万元	第一产业增加值/万元	农业/万元	林业/万元	牧业/万元	渔业/万元	农业服务业/万元	第二产业增加值/万元	工业/万元	第三产业增加值/万元	产业结构/三次产值比	工业占第二产业比重/%
西宁市	4 403 121	26 581	14 932	767	9 621	3	1 258	1 823 626	1 546 368	2 552 914	1∶41∶58	84.8
大通县	807 691	85 122	38 734	747	44 531	—	1 110	614 685	547 293	107 884	11∶76∶13	89.0
湟中县	900 235	102 844	67 323	763	34 283	—	475	678 733	584 097	118 658	11∶76∶13	86.1
湟源县	170 752	30 100	12 837	386	16 461	9	407	90 575	76 261	50 077	18∶53∶29	84.2
互助县	461 610	119 343	59 475	2 402	54 415	—	3 051	171 701	137 731	170 566	26∶37∶37	80.2
平安县	257 013	28 228	20 406	661	6 828	27	306	104 485	73 085	124 300	11∶41∶48	69.9
乐都县	353 126	75 800	49 374	935	24 087	72	1 332	119 222	88 040	158 104	21∶34∶45	73.8
民和县	1 288 485	66 592	43 541	1 744	19 615	—	1 692	1 100 140	70 966	121 753	5∶85∶9	6.5
以上合计	8 642 033	534 610	306 622	8 405	209 841	111	9 631	4 703 167	3 123 841	3 404 256	6∶54∶39	66.4
全省	13 504 300	1 349 200	—	—	—	—	—	7 446 300	6 136 500	4 708 800	10∶55∶35	82.4

表 2.2-4　东部城市群西宁市（含 3 县）各项经济指标（2010 年）

地区	财政一般性预算收入/亿元	地方财政收入/亿元	中央/省级财政收入/亿元	固定资产投资总额/亿元	房地产投资/亿元	社会商品零售总额/亿元	交通邮电仓储/亿元	旅游业收入/亿元
西宁地区	67.75	34.52	33.23	403.02	95.40	231.76	50.37	45.56
青海省	204.97	110.21	94.76	1 068.73	108.19	346.03	61.26	71.02
西宁占全省/%	33.1	31.3	35.1	37.7	88.2	67.0	82.2	64.2

具体到各县市来说（表 2.2-5），西宁市（不含 3 县）具有明显的“三二一”型经济结构（三次产值比为 1∶41∶58），表现出其作为区域中心城市的基本特征，首先是第三产业产值比重最高（分别占东部城市群的 75%和全省的 54.2%）；其次是第二产业，其产值分别占东部城市群的 38.8%和全省的 24.5%，其中工业产值尤为突出（分别占东部城市群的 49.5%和全省的 25.2%）；第一产业产值比重最低（分别占东部城市群的 5.0%和全省的 2.0%）。从国民经济总量来看，西宁市（不含 3 县）的国民生产总值（以下简称为 GNP）在全省中具有举足轻重的地位（分别占东部城市群的 51.0%和全省的 32.6%）。目前，西宁工业已形成以机械、轻纺、化工、建材、冶金、皮革皮毛、食品为支柱的工业体系。未来，根据《西宁市国民经济和社会发展“十二五”规划纲要》，“十二五”期间（2011—2015 年），西宁市将继续实行工业强市战略，以建设国家级循环经济试点园区和国家级高新技术产业开发区为载体，重点发展甘河工业园区和南川工业园区，提升发展东川工业园区和生物科技产业园区，充分发挥开发区集聚要素和产业集群的优势，大力发展新能源、新材料、有色金属、装备制造、化工、高原生物、特色轻纺、民族文化等八大产业集群，力争开发区工业增加值占全市的比重达到 70%，使园区成为全市经济发展的重要支撑。

大通县是全省最大的工业县，工业基础雄厚，2010 年第二产业增加值占东部城市群的 13.1%和全省的 8.3%，其中工业产值占东部城市群的 17.5%和全省的 8.9%。目前，境内有工业企业 231 家，规模以上工业企业 28 家，其中有中国铝业青海分公司、桥头铝电有限公司、青海华鼎重型机床有限责任公司等 21 家中央和省属大中型企业，已形成有色金属、火力发电、新型建材、化工和机械装备制造为主导的工业体系，工业对国民经济增长的贡献率达 67.8%，其中占工业总产值比重较大的主要工业产品有：电解铝（产值占工业总产值的 61.2%，以下同）、铝合金（7.1%）、发电量（6.7%）、金属切割机床（3.8%）、水泥（3.7%）、铁合金（3.5%）、原煤（2.2%）、化工产品（烧碱、氯化钠、盐酸、磷肥、农药等，1.3%）、碳化硅（0.4%）、标砖（0.3%）等。此外，大通县也是全省矿产资源较丰富的县域，目前境内已探明矿藏 31 种、矿产地 129 处，其中煤、石英石等储量可观、品质较高，探明原煤储量 1.02 亿 t，石英石 16 亿 t，石灰石 5 000 万 t。未来，按照青海省委、省政府和西宁市委、市政府对大通县的发展定位，“十二五”期间，大通县要成为全省经济转型发展的先导区和重要的新型工业基地、全省重要的水源基地、菜篮子基地和生态旅游休闲基地，工业在全县国民经济体系中的地位将得到进一步加强。

湟中县是青海省的农业大县，现有耕地面积约 7 万 hm^2，占全省耕地总量（约 54 万 hm^2）的 13%，第一产业增加值分别占东部城市群的 19.2%和全省的 7.6%，第一产业对全县国民经济的贡献率达 10.5%；第二产业发展较快，目前第二产业增加值分别占东部城市群的 14.4%和全省的 9.1%，超过大通县而居地区第三（仅次于西宁市和民和县）；相比之下，第三产业份额较低，分别占东部城市群的 3.5%和全省的 2.5%。总体来看，湟中县正处于快速工业化和传统农业大县并重的发展阶段，第三产业发展相对滞后。湟中县矿产资源比较丰富，县境内主要有丹麻彩玉、石灰石、白云岩、硅石、矿泉水、砂石、黏土、地热、花岗岩、三岔（金、铜、镍）等 10 多种矿产资源。探明石灰石储量 1.22 亿 t、白云岩储量 1 982.3 万 t、硅石储量 841.22 万 t、镁质黏土矿 2 893.75 万 t、红黏土储量 837.37 万 t。目前，湟中县的甘河工业园区（属西宁经济技术开发区）已基本形成以有色金属、建材、农产品加工、化工、轻纺为主的新型工业体系，每年可向社会提供电解铝 10 万 t、电解锌 4 万 t、电解铅 5 万 t、硫酸 6 万 t、磷酸二铵 12 万 t、硅铁 3 万 t、水泥 20 万 t、藏地毯 12 万 m^2、白酒 5 600 t、食用植物油 5 600 t。未来，按照青海省委、省政府和西宁市委、市政府对湟中县的发展定位，“十二五”期间，湟中县将承接全省工业布局的转移，成为青海省现代生态农业的集中示范区、新型工业基地和青藏高原特色文化旅游的主要目的地，同时湟中县也将成为西宁城市功能拓展的重点区域，甘河工业园区将发展成为全省重要的工业发展基地和工业经济增长极。

湟源县地处湟水源头、农牧区接合部，是丝绸南路著名的唐蕃古道和茶马互市地区，农业、手工业和商贸业发达。据统计，2010 年，湟源县完成国民生产总值 17.07 亿元，其中第一产业增加值 3.01 亿元，第二产业增加值 9.06 亿元，第三产业增加值 5.00 亿元，一二三产业的产值比为 18∶53∶29；在第二产业中，工业产值占 84.2%。与西宁市其他两县（大通县和湟中县）相比，产业结构明显地偏向第一产业和第三产业（大通县和湟中县的产业结构均为 11∶76∶13），而第二产业相对落后。据资料显示，湟源县的矿产资源主要有石英石、石灰石、大理石、花岗岩、云母、磷块岩、菱镁石、红黏土等，现有的工业企业多从事冶炼、水泥等三高（高能耗、高水耗、高污染）生产加工。未来，按照青海省委、省政府和西宁市委、市政府对湟源县的发展定位，“十二五”期间，湟源县将加快传统农业向现代农业转型，主动承接省内工业园区的产业链延伸，积极打造日月山、丹噶尔古城等旅游品牌，努力把湟源建设成青海省重要的高原绿色农牧业示范基地、环青海湖文化旅游名县、湟水河上游生态示范县、新兴工业和物流的发展基地。

表 2.2-5 东部城市群各县市资源与产业情况（2010 年）

县/市	GNP 比重/%		一产增加值比重/%		二产增加值比重/%		工业增加值比重/%		三产增加值比重/%	
	占城市群	占全省	占城市群	占全省	占城市群	占全省	占城市群	占全省	占城市群	占全省
西宁市	51.0	32.6	5.0	2.0	38.8	24.5	49.5	25.2	75.0	54.2
大通县	9.3	6.0	15.9	6.3	13.1	8.3	17.5	8.9	3.2	2.3
湟中县	10.4	6.7	19.2	7.6	14.4	9.1	18.7	9.5	3.5	2.5
湟源县	2.0	1.3	5.6	2.2	1.9	1.2	2.4	1.2	1.5	1.1
互助县	5.3	3.4	22.3	8.8	3.7	2.3	4.4	2.2	5.0	3.6
平安县	3.0	1.9	5.3	2.1	2.2	1.4	2.3	1.2	3.7	2.6
乐都县	4.1	2.6	14.2	5.6	2.5	1.6	2.8	1.4	4.6	3.4
民和县	14.9	9.5	12.5	4.9	23.4	14.8	2.3	1.2	3.6	2.6
以上合计	100.0	64.0	100.0	39.6	100.0	63.2	100.0	50.9	100.0	72.3
全省		100.0		100.0		100.0		100.0		100.0

（2）海东四县

互助县是全国商品粮基地县和生态建设示范县，也是青海省最大的农业生产县和全省粮油、生猪、禽蛋的生产基地。现有耕地面积约 7 万 hm^2，占全省耕地总量（约 54 万 hm^2）的 13%，现有可利用草场约 10.7 万 hm^2、森林约 13.1 万 hm^2，木材蓄积量居青海省第二。据统计，2010 年，互助县实现国民总产值 46.16 亿元，其中第一产业增加值 11.93 亿元，第二产业增加值 17.17 亿元，第三产业增加值 17.06 亿元，一二三产业的产值比为 26∶37∶37，产业结构具有明显的农业指向，第一产业增加值分别占东部城市群的 22.3%和全省的 8.8%。互助县矿产资源丰富，已发现矿种 40 个、矿床点 139 处（其中以建材及非金属居多，金属矿种有铁、锰、铜等，燃料矿种有煤、油页岩等），主要矿产有煤炭、芒硝、硫铁、岩金、石膏、磷、白云岩、黏土、石灰石、红柱石、玄武岩等，目前正在开采的有煤、硫铁、石灰石、石膏等，其中石膏的探明储量达 1.3 亿 t、石灰石的探明储量为 1.7 亿 t、芒硝的探明储量为 6 亿多 t、石英石矿储量为 1 068 万 t、白云岩储量有 1 218 万 t。互助县的工业发展以当地资源为依托，已初步形成了具有民族地方特色的工业体系，现有酿造、建材、印刷、造纸、采矿、冶炼、搪瓷、地毯、农副产品加工等工业企业，此外，互助县还是青海省最著名的青稞酒生产基地，年生产白酒约 7 000 t。未来，根据《互助县 2011 年政府工作报告》，互助县将继续坚持“工业强县、农业稳县、旅游活县、城镇兴县、生态美县”的战略方针，农业方面全力推进传统农业向现代农业的转变，将互助县打造成全省重要的“菜篮子、油瓶子、种袋子”；工业方面积极壮大园区经济，努力将红崖子沟工业园区打造成有色金属加工、硅材料加工和化工产业基地，将塘川工业集中区打造成新型建材基地，将互助绿色产业园区打造成为全国最大的青稞酒生产基地和高原绿色食品加工基地；旅游方面紧紧围绕“传奇王国、乡村夏都、浪漫酒城、彩虹故乡”的定位，努力打造高原生态旅游名县和全国休闲避暑度假胜地。

平安县地处湟水河中游，气候温和、土地肥沃，但由于土地面积有限（全县土地总面积 750 km^2），各项资源和产业规模较小。据统计，2010 年，平安县实现国民生产总值 25.70 亿元，其中，第一产业增加值 2.82 亿元，第二产业增加值 10.45 亿元，第三产业增加值 12.43 亿元，一二三产业产值比为 11∶41∶48，是东部城市群中为数不多的以第三产业为主导的产业结构类型（乐都县也属此类）。据报道，2012 年，平安县人均 GDP 达到 3.3 万元（5 226 美元），顺利跨上 5 000 美元台阶，标志着居民消费开始从温饱型向享受型、发展型的小康阶段升级。境内已探明的矿产资源有 18 种，主要品种有石膏、钙芒硝、铁、镍、磷、石灰石、透辉石、黑云母、高龄土、花岗岩、煤、砂金等，全县已初步形成了以金属冶炼、农产品加工、建筑产品生产、酿造、食品为主的产业格局。未来，根据《平安县加快融入西宁一小时城镇群步伐》文件①，平安县将在青海东部城市群建设中，积极承接西宁东川工业园区乃至整个西宁产业的东扩，逐步形成以现代工业和物流业为核心的产业发展格局；同时充分利用毗连机场和西宁城区的区位优势，发挥平安县作为海东和青南地区人流、客流、货流的转乘和集散地功能，把平安县打造成具有较强辐射力的现代物流园区。

乐都县是青海省农业生产大县，素有“蔬菜瓜果之乡”的美称，是全省最大的蔬菜生产基地和重要的粮食生产基地，现有耕地面积约 2.5 万 hm^2，占全省耕地总量（约 54 万 hm^2）的 4.6%。据统计，2010 年，乐都县实现国民总产值 35.31 亿元，其中第一产业增加值 7.58 亿元，第二产业增加值 11.92 亿元，第三产业增加值 15.81 亿元，一二三产业的产值比为 21∶34∶45，产业结构具有明显的农业指向，第一产业增加值分别占东部城市群的 14.2%和全省的 5.6%。乐都县矿产资源丰富，已探明的矿产资源达 30 余种，其中储量较大的非金属矿产有石英石（10 多亿 t）、白云石（4 900 万 t）、石膏（8 000 余万 t）、大理石（5 000 余万 t）和坝玉、滑石、蛇纹石、陶粒黏土、石墨、红柱石等；金属矿产中，砂金、铁、铜、铬、铅、锌等有较好的开发前景。目前，全县已形成冶金、机械、建材、卷烟、化工饮食等行业为重点的工业体系，工业产值占第二产业产值的比重为 73.8%。未来，根据《乐都县国民经济和社会发展第十二个五年规划纲要》，乐都县将抓住东部城市群建设和海东市建设的机遇，深入实施“现代农业稳县、新型工业强县、生态宜居立县、科技教育兴县、文化旅游活县”发展战略，加快城市建设步伐，着力打造全省新型工业化先行区、现代农业示范区和生态宜居的海东地区中心城市。

①刘韬. 平安县加快融入西宁一小时城镇群步伐. 来源：平安县人民政府：http：//www.hdpa.gov.c；创建时间：2010 年 9 月 3 日。

民和县是青海的东大门，地处西宁、兰州 1 小时经济圈内，同时受到西宁和兰州两大城市的辐射带动作用，是青海省经济发展最快的县域之一。据统计，2010 年，民和县实现国民总产值 128.85 亿元，是全省唯一的一个 GNP 超过百亿元大关的县域，其中第一产业增加值 6.66 亿元，第二产业增加值 110.01 亿元，第三产业增加值 12.18 亿元，一二三产业的产值比为 5∶86∶9，产业结构具有明显的第二产业指向，第二产业增加值分别占东部城市群的 23.4%和全省的 14.8%，是东部城市群中仅次于西宁市（分别为 38.8%和 24.5%）的县域。据调查，民和县境内有较丰富的矿产资源，全县已探明藏有黑色金属、有色金属、贵金属、非金属、燃料等矿种 15 种，主要有锰、褐铁矿、赤铁矿、铜、金、石灰石、大理岩、白云岩、花岗岩、石英石、石膏、煤、石油、天然气、矿泉水等。目前，全县已形成以水泥、碳化硅、硅、煤炭、电石、铁合金等为主的工业体系。未来，根据《民和县国民经济和社会发展第十二个五年规划纲要》，民和县将抓住青海东部城市群建设、“兰—西—格”经济带建设等机遇，坚持工业强县、城镇化主导和东向发展战略，着力打造“兰—西—格”经济区新兴工业基础原材料基地、商贸物流基地、休闲旅游基地和西宁兰州地区的绿色农畜产品供应基地，努力实现东引西联的跨越式发展。

2.2.2 生态系统格局

从生态系统格局来看，东部城市群生态系统类型的构成为：一级类 9 个、二级类 15 个、三级类 24 个（表 2.2-6）。东部城市群共有一级生态系统类型 9 个（森林、灌丛、草地、湿地、农田、城镇、荒漠、冰川/永久积雪和裸地）、二级生态系统类型 15 个（阔叶林、针叶林、针阔混交林、阔叶灌丛、草地、沼泽、湖泊、河流、耕地、居住地、城市绿地、工矿交通、荒漠、冰川/永久积雪和裸地）、三级生态系统类型 24 个（落叶阔叶林、常绿针叶林、针阔混交林、落叶阔叶灌木林、草甸、草原、稀疏草地、草本沼泽、湖泊、水库/坑塘、河流、旱地、居住地、灌木绿地、草本绿地、工业用地、交通用地、采矿场、裸土 1、裸岩 1、盐碱地、冰川/永久积雪、裸土 2 和裸岩 2）。与湟水流域相比，东部城市群的一级生态系统和二级生态系统类型与之相同，但三级生态系统类型减少了 2 类（运河/水渠和沙漠/沙地）。

表 2.2-6　东部城市群生态系统格局现状（2010 年）

一级类型	面积/km²	比例/%	二级类型	面积/km²	比例/%	三级类型	面积/km²	比例/%
森林	743.1	4.64	阔叶林	15.9	0.10	落叶阔叶林	15.9	0.10
			针叶林	719.9	4.49	常绿针叶林	719.9	4.49
			针阔混交林	7.3	0.05	针阔混交林	7.3	0.05
灌丛	2 559.2	15.97	阔叶灌丛	2 559.2	15.97	落叶阔叶灌木林	2 559.2	15.97
草地	7 102.7	44.34	草地	7 102.7	44.34	草甸	2 486.6	15.52
						草原	3 548.8	22.15
						稀疏草地	1 067.3	6.66
湿地	61.1	0.38	沼泽	16.3	0.10	草本沼泽	16.3	0.10
			湖泊	12.8	0.08	湖泊	0.6	0.00
						水库/坑塘	12.2	0.08
			河流	32.0	0.20	河流	32.0	0.20
农田	4 683.2	29.23	耕地	4 683.2	29.23	旱地	4 683.2	29.23
城镇	401.8	2.51	居住地	344.6	2.15	居住地	344.6	2.15
			城市绿地	8.8	0.06	灌木绿地	3.6	0.02
						草本绿地	5.2	0.03
			工矿交通	48.4	0.30	工业用地	33.6	0.21
						交通用地	12.9	0.08
						采矿场	1.9	0.01
荒漠	435.9	2.72	荒漠	435.9	2.72	裸土 1	104.1	0.65
						裸岩 1	331.8	2.07
						盐碱地	0.05	0.00
冰川/永久积雪	7.4	0.05	冰川/永久积雪	7.4	0.05	冰川/永久积雪	7.4	0.05
裸地	25.7	0.16	裸地	25.7	0.16	裸土 2	20.7	0.13
						裸岩 2	5.0	0.03
合计	16 020.0	100.00	合计	16 020.0	100.00	合计	16 020.0	100.00

在一级生态系统类型中，草地是东部城市群最大的生态系统类型，其面积占城市群总土地面积的 44.3%；其次为农田和灌丛，分别占 29.2%和 16.0%；再次为森林、荒漠和城镇，分别占 4.6%、2.7%和 2.5%；湿地、裸地和冰川/永久积雪面积最小，分别占 0.38%、0.16%和 0.05%。从空间分布上看（图 2.2-2），东部城市群一级生态系统类型的空间分布格局与湟水流域类似，所不同的是，荒漠呈点状零星分布在城市群周边的山地中（即没有了分布在青海湖周围的集中连片状荒地）。

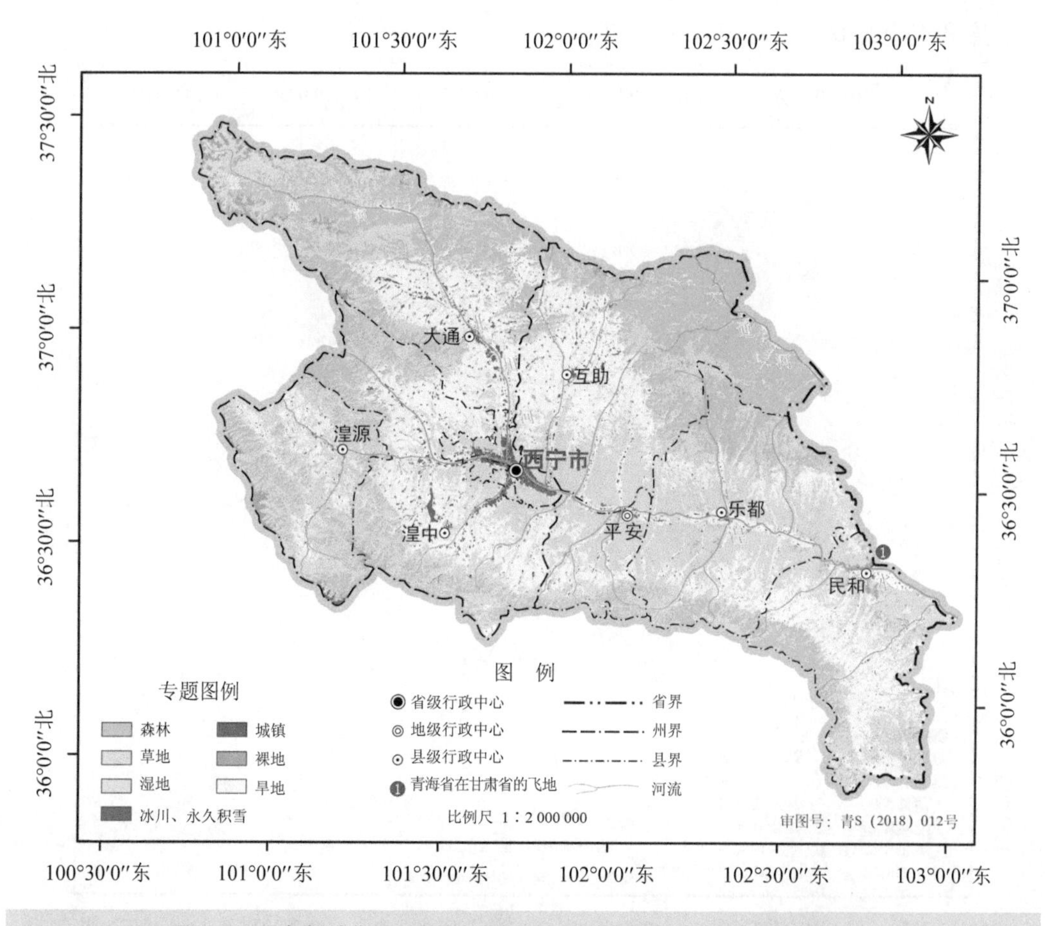

图 2.2-2 东部城市群一级生态系统类型的空间分布格局（2010 年）

在二级生态系统类型中，草地仍是东部城市群最大的生态系统类型（占 44.3%），其次为耕地和阔叶灌丛（分别占 29.2%和 16.0%），再次为针叶林、荒漠和居住地（分别占 4.5%、2.7%和 2.2%），其余 9 类（阔叶林、针阔混交林、沼泽、湖泊、河流、城市绿地、工矿交通、冰川/永久积雪和裸地）的面积均不足城市群土地面积的 1%。从空间分布上看（图 2.2-3），东部城市群二级生态系统类型的空间分布格局也与湟水流域相似，所不同的是荒漠仅分布在流域周边山地和局部干河谷中（即没有了青海湖周边的大片荒漠），湖泊仅出现在各县市各类水库和饮用水水源地附近（如大通黑泉水库、互助南门峡水库和湟中蚂蚁沟水库等）。

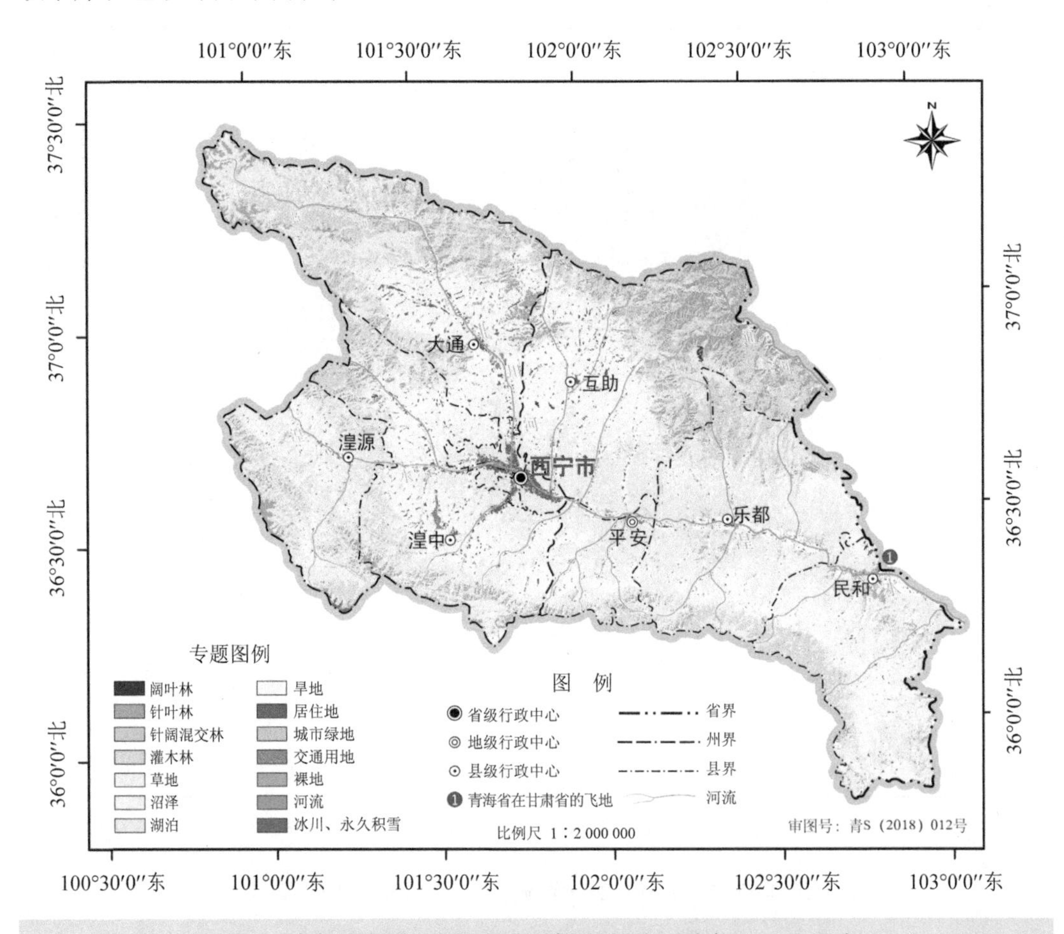

图 2.2-3 东部城市群二级生态系统类型的空间分布格局（2010 年）

在三级生态系统类型中，旱地、草原、落叶阔叶灌木林和草甸是东部城市群最大的生态系统类型（分别占城市群总土地面积的 29.2%、22.2%、16.0%和 15.5%），其次为稀疏草地和常绿针叶林（分别占 6.7%和 4.5%），再次为居住地和裸岩（分别占 2.2%和 2.1%），其余 16 类（落叶阔叶林、针阔混交林、草本沼泽、湖泊、水库/坑塘、河流、灌木绿地、草本绿地、工业用地、交通用地、采矿场、裸土、盐碱地、冰川/永久积雪、裸土、裸岩）的面积均不足流域土地面积的 1%。从空间分布上看（图 2.2-4），东部城市群三级生态系统类型的空间分布格局仍与湟水流域相似，所不同的是没有了运河/水渠和沙漠/沙地，并且湖泊也仅见于各县市水源地附近，裸土和裸岩则仅见于城市群周边的山地（即没有了青海湖周边的大片荒漠）。

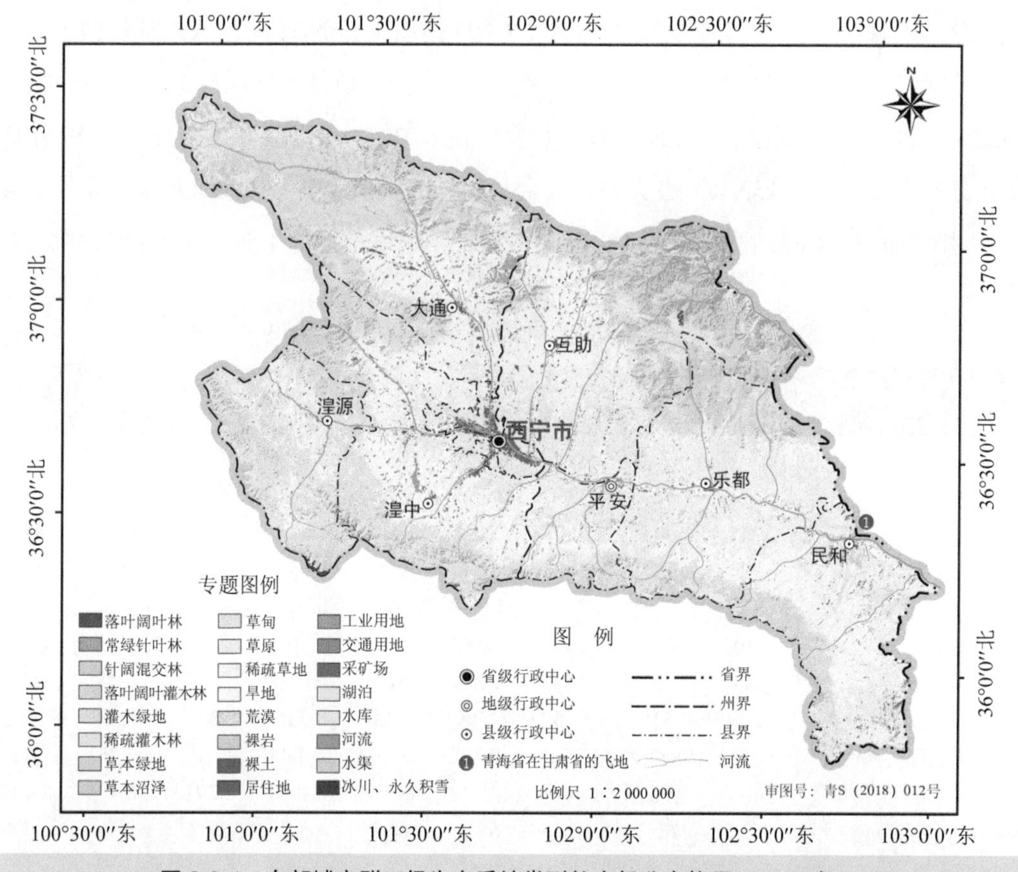

图 2.2-4 东部城市群三级生态系统类型的空间分布格局（2010 年）

2.2.3 环境质量状况

由于缺乏环境质量状况数据，本报告对于城市群区域的环境质量状况仅从污染物排放量角度进行分析。

（1）水污染物

根据青海省环境监测部门数据，2010 年，青海东部城市群污水排放量为 13 740 万 t，其中工业源占 34.5%，生活源占 65.5%；化学需氧量（COD）排放量为 54 804 t，其中工业源占 53.6%，生活源占 46.4%；氨氮（NH_3-N）排放量为 5 665 t，其中工业源占 23.1%，生活源占 76.9%。

分县市看（表 2.2-7），废水排放总量、COD 排放量和 NH_3-N 排放量都是西宁市最高（分别占城市群的 62.1%、40.7%和 57.8%），其次是大通县（分别占 15.0%、16.9%和 13.9%），剩余县中除湟中县的 NH_3-N 排放量（占 8.0%）、互助县和民和县的 COD 排放量（分别占 11.0%和 15.9%）较大外，其余县的排放量都较小，排放量最小的是湟源县（废水排放总量、COD 排放量和 NH_3-N 排放量分别占城市群的 1.5%、1.9%和 1.9%）。

表 2.2-7　东部城市群各县市的水污染物排放量（2010 年）

县市	污水排放量/万 t			COD 排放量/t			NH_3-N 排放量/t		
	工业源	生活源	小计	工业源	生活源	小计	工业源	生活源	小计
西宁市	2 357	6 178	8 535	9 278	13 039	22 317	429	2 845	3 274
大通县	1 339	721	2 060	6 233	3 007	9 240	407	382	789
湟中县	355	347	702	297	1 524	1 821	271	184	455
湟源县	2	201	203	126	915	1 041	1	107	108
互助县	381	351	732	4 329	1 686	6 015	86	197	283
平安县	10	288	298	138	1 168	1 306	6	150	156
乐都县	88	397	485	2 202	2 126	4 328	31	248	279
民和县	209	516	725	6 799	1 937	8 736	80	241	321
城市群合计	4 741	8 999	13 740	29 402	25 402	54 804	1 311	4 354	5 665
全省	9 031	13 578	22 609	44 714	38 386	83 100	2 271	6 134	8 405
城市群占全省百分比/%	52.5	66.3	60.8	65.8	66.2	65.9	57.7	71.0	67.4

（2）大气污染物

根据青海省环境监测部门数据，2010 年，青海东部城市群废气排放量为 2 789 亿 m^3，全部为工业废气（生活源未统计）；SO_2 排放量为 90 081 t，其中工业源占 96.5%，生活源占 3.5%；氮氧化物排放量为 67 929 t，其中工业源占 76.7%，生活源占 23.3%。

分县市看（表 2.2-8），废气排放总量、SO_2 排放量和氮氧化物排放量都是大通县最高（分别占城市群的 43.6%、52.3%和 54.8%），其次是湟中县（分别占 22.9%、18.5%和 12.3%）和西宁市（分别占 17.4%、12.0%和 15.5%），剩余县中除互助县 SO_2 排放量较大（占 7.5%）外，其余县的排放量都较小，排放量最小的是平安县（废气排放总量、SO_2 排放量和氮氧化物排放量分别占城市群的 0.9%、2.4%和 1.8%）。

表 2.2-8 东部城市群各县市的大气污染物排放量（2010 年）

县市	废气排放量/亿 m^3			SO_2 排放量/t			氮氧化物/t		
	工业源	生活源	小计	工业源	生活源	小计	工业源	生活源	小计
西宁市	486	—	486	9 824	976	10 800	1 917	8 617	10 534
大通县	1 217	—	1 217	46 126	967	47 093	35 564	1 674	37 238
湟中县	638	—	638	16 407	269	16 676	7 682	701	8 383
湟源县	138	—	138	517	424	941	414	372	786
互助县	99	—	99	6 451	312	6 763	3 138	418	3 556
平安县	26	—	26	1 972	166	2 138	674	550	1 224
乐都县	137	—	137	2 911	32	2 943	1 629	2 264	3 893
民和县	49	—	49	2 695	32	2 727	1 098	1 217	2 315
城市群小计	2 789	0	2 789	86 903	3 178	90 081	52 116	15 813	67 929
全省合计	3 952	—	3 952	133 149	10 282	143 431	77 630	32 727	110 357
城市群占全省百分比/%	70.6	—	70.6	65.3	30.9	62.8	67.1	48.3	61.6

（3）固体废弃物

根据青海省环境监测部门数据，2010 年，青海东部城市群工业固体废弃物产生量为 568 万 t，工业粉尘排放量为 71 472 t；烟尘排放量为 48 771 t，其中工业源占 77.5%，生活源占 22.5%。

分县市看（表 2.2-9），固体废弃物产生量、工业粉尘排放量和烟尘排放量最高的是大通县（分别占城市群的 27.6%、20.6%和 38.4%），其次是湟中县（分别占的 21.1%、13.0%和 11.2%）、平安县（分别占 25.2%、2.6%和 10.9%）与西宁市（分别占 16.5%、4.7%和 9.3%），剩余县中除湟源县的工业粉尘排放量（占城市群的 25.6%）较大外，其余县的排放量都较小，排放量最小的是民和县（固体废弃物产生量、工业粉尘排放量和烟尘排放量分别占城市群的 0.9%、11.6%和 5.4%）。

表 2.2-9　东部城市群各县市的固体废弃物排放量（2010 年）

县市	工业固体废物产生量/万 t	工业粉尘排放量/t	烟尘排放量/t		
			工业源	生活源	小计
西宁市	94	3 359	1 200	3 341	4 541
大通县	157	14 721	15 095	3 627	18 722
湟中县	120	9 306	4 432	1 021	5 453
湟源县	21	18 271	307	1 611	1 918
互助县	17	8 101	6 273	686	6 959
平安县	143	1 860	5 126	173	5 299
乐都县	11	7 559	2 919	328	3 247
民和县	5	8 295	2 448	184	2 632
城市群小计	568	71 472	37 800	10 971	48 771
全省合计	1 783.3	97 519.9	51 896.2	24 633	76 529
城市群占全省百分比/%	31.9	73.3	72.8	44.5	63.7

2.2.4 主要的生态环境问题

总结上述分析，由于全省近 60%的人口、52%的耕地和 70%以上的工矿企业都分布于湟水流域，可以预见，随着东部城市群人口、城镇和产业的进一步集聚，该区域未来的人口、城镇、经济与水土资源的矛盾将更加突出，其中约束城市发展的空间资源（土地资源）、制约国民经济发展的水资源短缺和影响人民生活水平的环境污染等问题将日益突出，以下对上述问题进行总结。

2.2.4.1 城镇建设用地与基本农田保护以及生态用地之间的矛盾突出

根据青海省第二次土地调查数据，截止 2009 年底，青海省耕地面积为 58.8 万 hm^2（882 万亩，其中基本农田 43.4 万 hm^2（651 万亩），其中 90.8%的耕地分布在北纬 35°以北、东经 99°以东的青藏高原和黄土高原过渡地带，面积达 53.4 万 hm^2（801 万亩）。青海省耕地的总体特征是“总量少、平地少、水浇地少、坡地多、旱地多”，按坡度划分，2 度以下占 33.5%、2～6 度占 15.9%、6～15 度占 35.4%、15～25 度占 14.3%、25 度以上占 0.9%。从耕地的灌溉情况来看，全省耕地主要以无灌溉设施的旱地为主，面积约 40.2 万 hm^2（603 万亩）、占 68.4%，有灌溉设施的水浇地面积仅 18.6 万 hm^2（279 万亩）、占 31.6%。从耕地资源的生态区位来看，有 0.5 万 hm^2（8 万亩）耕地位于东部地区 25 度以上陡坡，需要根据国家退耕还林、还草的安排逐步退耕；有 1.6 万 hm^2（24 万亩）耕地实地已不耕种，呈长期撂荒状态。从人均耕地数量来看，全省人均耕地 0.102 hm^2（1.53 亩），与全国人均耕地 0.101 hm^2（1.52 亩）持平，但耕地质量和复种指数明显低于全国水平。

综合考虑现有耕地数量、质量与城镇发展和生态用地等用地需求，青海省东部地区的耕地保护形势仍十分严峻，人均耕地少、耕地质量不高、耕地后备资源不足与城镇建设用地增加、生态用地需求大等矛盾仍很突出。特别是城市群腹地的基本农田保护与城镇建设用地矛盾十分突出，这是由于人口密集、经济发达、城市化和工业化水平较高的城市群体空间通常也位于耕地质量较高、光温水资源协调性较好的地区，优质农田更易在快速城市化进程中因城市用地扩张和基础设施建设而大量流失，因此，如何在快速城市化进程中协调好城镇空间扩张与基本农田保护以及生态用地保育之间的矛盾，已成为各级政府迫切需要研究和解决的重大问题。

2.2.4.2 污染物排放量大，收集处理水平低

青海东部是青海城镇最密集和工业最发达的地区，也是省内碳化硅、水泥、铁合金等高污染企业分布最为集中的地区，区内的各项污染物排放量在全省居于前列。以 2010 年为例，城市群区域废水排放量为 13 740 万 t，约占全省的 60.8%；化学需氧量（COD）排放量为 54 804 t，约占全省的 65.9%；氨氮（NH_3-N）排放量为 5 665 t，约占全省的 67.4%。废气排放量为 2 789 亿 m^3，约占全省废气排放量的 70.6%；SO_2 排放量为 90 081 t，约占全省的 62.8%；氮氧化物排放量为 67 929 t，约占全省的 61.6%；工业固体废弃物产生量为 568 万 t，约占全省的 31.9%；工业粉尘排放量为 71 472 t，约占全省的 73.3%；烟尘排放量为 48 771 t，约占全省的 63.7%。

从污染物处理水平来看（以水污染物为例），有资料显示，湟水干流、北川河、南川河和沙塘川的主要污染物均为氨氮、悬浮物和生化需氧量，表现出典型的城市水污染水特征，即生活污水是流域水污染的最主要来源，在主要水污染物中，生活源的氨氮排放量约占其总排放量的 4/5 以上，远超其水环境容量而成为主要污染指标。据不完全统计，湟水干流每天约有 10 万 t 城镇生活污水未经处理直排湟水河，未来随着区内人口快速增长和人民生活水平的日益提高，生活污水产生量还将大幅度增长。而从水污染治理现状来看，区内各城镇污水处理厂运行水平较低，污水管网配套建设滞后于污水处理厂建设速度，目前的污水处理具有明显“五低”特征，即污水收集率低、污水处理率低、污水处理厂正常运转效率低、城镇污水回用率低和污水处理标准低。据统计，2010 年，西宁市污水收集处理率为 75.5%，每天仍有近 5 万 t 生活污水未经处理直排入河；沿湟 8 个县城生活污水收集率仅为 44.7%，每天约有 4.5 万 t 生活污水未经收集处理；与此同时，大部分沿湟小城镇及农村的生活废水未经处理直排入河。此外，部分污水处理厂有效运转率低，经常出现不达标排放现象。西宁市第一、第二及城南污水处理厂的污水处理标准较低，目前仍采用二级排放标准，无除氮脱磷功能，导致污水处理厂处理后的出

水氮磷浓度较高。目前，区内重点企业废水达标率不足 80%，每年约有 1 050 万 t 未达标废水排入湟水，影响水体水质。

2.3 西宁市建成区

西宁市是青海省的省会，是全省的政治、经济、文化中心，全市南北长 130.8 km，东西宽 94.8 km，市区土地面积 350 km^2。黄河的一级支流湟水河自西向东贯穿全市，湟水河干流在西宁市境内的流程为 95.5 km，占干流总长的 25.5%，流域面积 7 334.6 km^2，多年平均径流量 12.5 亿 m^3。流域主要由大的一级支流云谷川河、北川河、南川河、沙塘川河呈倒树叉状汇集而成，全市河道两岸保护区总长有 41.5 km，是一个典型的河网型城市（图 2.3-1）。

西宁市建成区受“三川汇聚、两山对峙”的地形特征影响，城市空间天生具有沿河流呈带状扩展的特征（张志斌等，2008①）。市区辖城东、城中、城西、城北 4 个区以及正在建设的西宁（国家级）经济技术开发区和海湖新区，2010 年建成区面积约 66 km^2。

2.3.1 西宁市概况

2.3.1.1 自然条件与城镇发展

（1）自然条件

西宁市简称宁，取“西陲安宁”之意而得名。西宁市位于青藏高原东部、黄河支流湟水上游，地处黄土高原与青藏高原、农业区与牧业区的接合部，是青藏高原的东方门户，地理位置十分重要，古有“西海锁钥”之称。西宁市四面环山，三川会聚，地势自北向南倾斜，西北高、东南低，东西狭长、形似一叶扁舟，湟水及其支流南川河、北川河由西、南、北汇合于市区，向东流经全市，境内主要由湟水干流及北川河、南川河、沙塘川河、药水河、西纳川河等支流构成全市的河流水系。

①张志斌，袁寒.西宁城市空间结构演化分析.干旱区资源与环境，2008，22（5）：36-41.

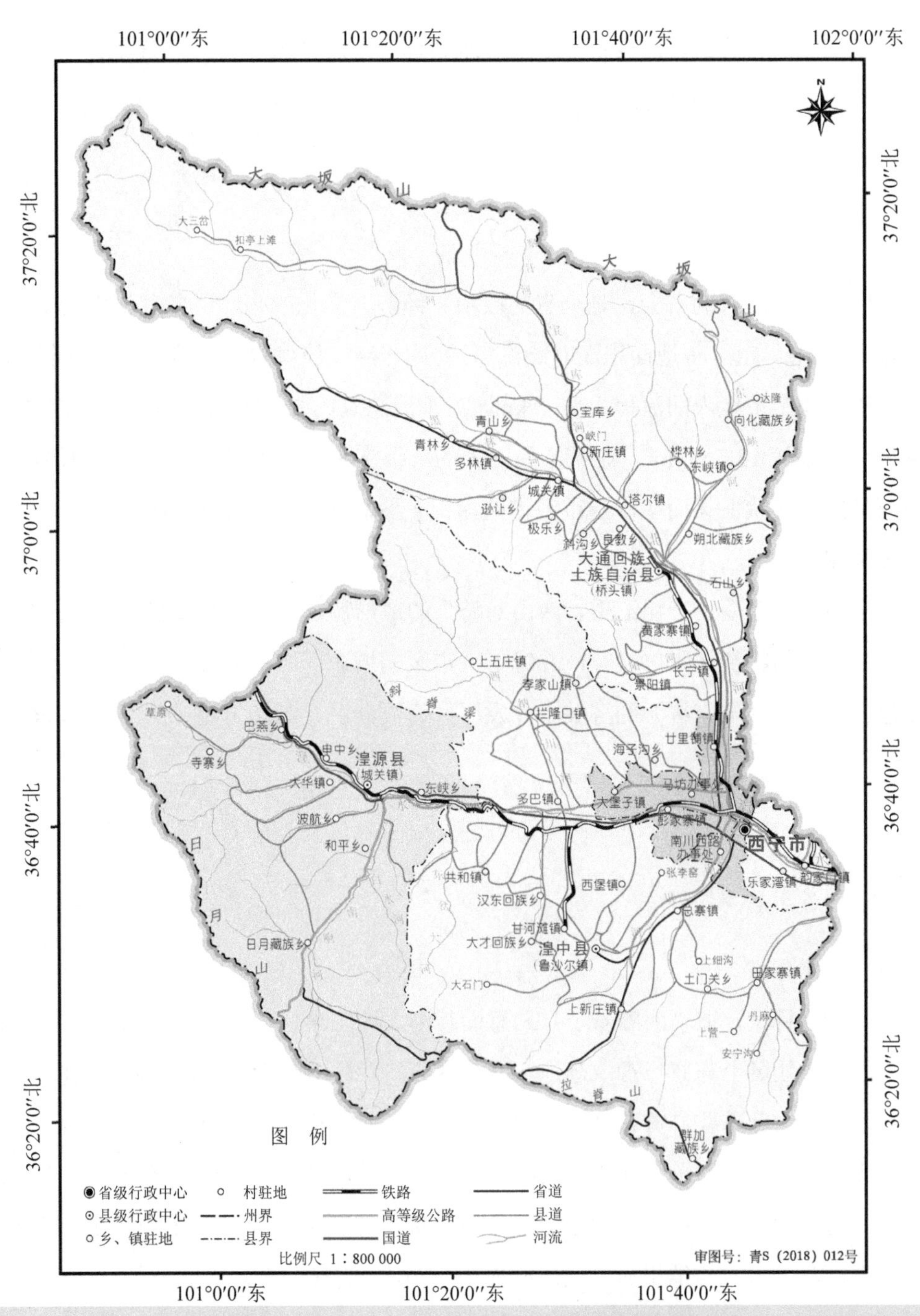

图 2.3-1　西宁市（含 3 县）空间范围及行政区构成

西宁市属大陆性高原半干旱气候，气压低、日照长、雨水少、蒸发量大、太阳辐射强、日夜温差大、无霜期短、冰冻期长、冬无严寒、夏无酷暑，是天然的消夏避暑胜地。市区海拔 2 261 m，年平均降水量 380 mm，蒸发量 1 363.6 mm，年平均日照时数 1 939.7 h，年平均气温 7.6℃，最高气温 34.6℃，最低气温−18.9℃，夏季平均气温 17℃～19℃，有“中国夏都”之称。西宁市区主导风向为东南风，平均风速为 1.97 m/s，最大风速为 27 m/s，最大风向频率为 23.1%，历年平均气压为 73.3 kPa。

从水土资源状况来看（表 2.3-1），西宁市（含辖区 3 县）现有耕地约 14.6 万 hm^2，其中水浇地、浅山地、脑山地和临时性耕地分别占总耕地面积的 25%、33%、34%和 8%，人均耕地约 0.9 亩[①]。拥有天然草场约 33.7 万 hm^2，其中 90%以上为可利用草场；现有围栏草场约 6.5 万 hm^2，水产养殖面积近 100 hm^2。从人均耕地来看，西宁市（含辖区 3 县）的人均耕地为 1.1 亩，西宁市辖区人均耕地为 0.1 亩，大通县人均耕地 1.9 亩，湟中县人均耕地 2.1 亩，湟源县人均耕地约 2.1 亩。

表 2.3-1 西宁市水土资源及人口密度现状（2010 年）

指标	西宁市辖区	大通县	湟中县	湟源县	西宁市（含 3 县）	青海省
国土面积/km^2	356	3 090	2 700	1 509	7 655	722 300
人口总数/万人	90.29	45.3	46.74	13.68	196.01	563.47
人口密度/（人/km^2）	2 536.2	146.6	173.1	90.7	256.1	7.8
实有耕地面积/hm^2	5 023	56 826	64 804	19 133	145 786	308 899
人均耕地/亩	0.1	1.9	2.1	2.1	1.1	0.8
水资源总量/亿 m^3	0.503 6	6.450 4	3.482 5	1.778 6	12.215 1	629.276 4
人均水资源量/m^3	56	1 424	745	1 300	623	11 168

从降水资源来看，西宁市降水主要集中在 7、8、9 三个月，从 11 月至翌年 3 月的 5 个月中降水量仅占全年降水量的 30%，另外，受地形影响，在市区局部范围内常形成暴雨或大暴雨。从径流量来看，西宁市地处湟水流域中上游，根据青海省行政分区水资源

① 1 亩=666.67 m^2。

数量成果，西宁市（含辖区 3 县）多年平均水资源总量为 12.22 亿 m^3，其中地表水资源 11.08 亿 m^3、地下水资源 1.14 亿 m^3，人均水资源量 623 m^3；西宁市辖区水资源总量 0.5 亿 m^3，其中地表水资源 0.24 亿 m^3、地下水资源 0.24 亿 m^3，人均水资源量 56 m^3；大通县水资源总量 6.45 亿 m^3，其中地表水资源 6.26 亿 m^3，地下水资源 0.19 亿 m^3，人均水资源量 1 424 m^3；湟中县水资源总量 3.48 亿 m^3，其中地表水资源 2.87 亿 m^3，地下水资源 0.61 亿 m^3，人均水资源量 745 m^3；湟源县水资源总量 1.78 亿 m^3，其中地表水资源 1.71 亿 m^3，地下水资源 0.67 亿 m^3，人均水资源量 1 300 m^3。

（2）城镇发展

西宁市是一个拥有悠久历史的高原古城，是我国黄河流域文化组成部分，也是青海省省会，全省的政治、经济、科技、文化、交通中心和主要工业基地。由于地处古“丝绸之路”南路和“唐蕃古道”的必经之地，西宁自古就是西北交通要道和军事重镇，素有“海藏咽喉”之称。进入 21 世纪，随着西部大开发和现代交通建设步伐的加快，以西宁为中心辐射全省的交通网络已初步形成；315、109 国道贯穿全境，高速公路和一级公路四通八达；铁路向四周延伸，总铺轨里程 1 300 余 km，青藏铁路建成通车使西宁成为青藏高原铁路中心枢纽；西宁机场每年客运吞吐量以 45%的速度递增，现已实现和全国各主要城市的通航。目前，西宁市已发展成为青藏高原人口唯一超过百万的中心城市，移民人口达 100 万人之多，有汉、回、藏、土、蒙古、撒拉等 35 个民族，其中少数民族人口约占总人口的 1/4。

西宁市现辖城东区、城中区（含城南新区）、城西区、城北区、海湖新区、国家经济开发区及大通、湟中、湟源三个县。根据青海省统计年鉴，2010 年，西宁市总土地面积为 7 655 km^2，占全省国土面积的 1.1%，其中西宁市市辖区面积 356 km^2；建成区面积 66 km^2，其中西宁市市辖区建成区面积 43 km^2；总人口 196.01 万人、占全省总人口的 34.8%，人口城市化水平达到 59.1%，比全省平均水平（55.3%）高出近 4 个百分点。

从城市形态上看，西宁市为典型的山间河谷城市，市区周边丘陵环抱、山洪沟道星罗棋布（共计 60 余条），市区为冲积河谷平原，市区内地势西南高、东北低，地形东西狭长，南北丘陵间最宽处为 5 km，最窄处仅 2 km。西宁市区的水系主要由西川河、南川河、北川河构成，它们在西、南、北三个方向汇集于市区中部，东流于小峡口出境，形成东、南、西、北向和河川谷地及东北、西北、西南、东南向山岭的十字形谷地，湟水贯穿西宁城区 50 余 km，将西宁城市中心区分为南、北两大部分四个区域，形成了“三水横穿、两山对峙”的“X”字形城市空间格局（图 2.3-1）。

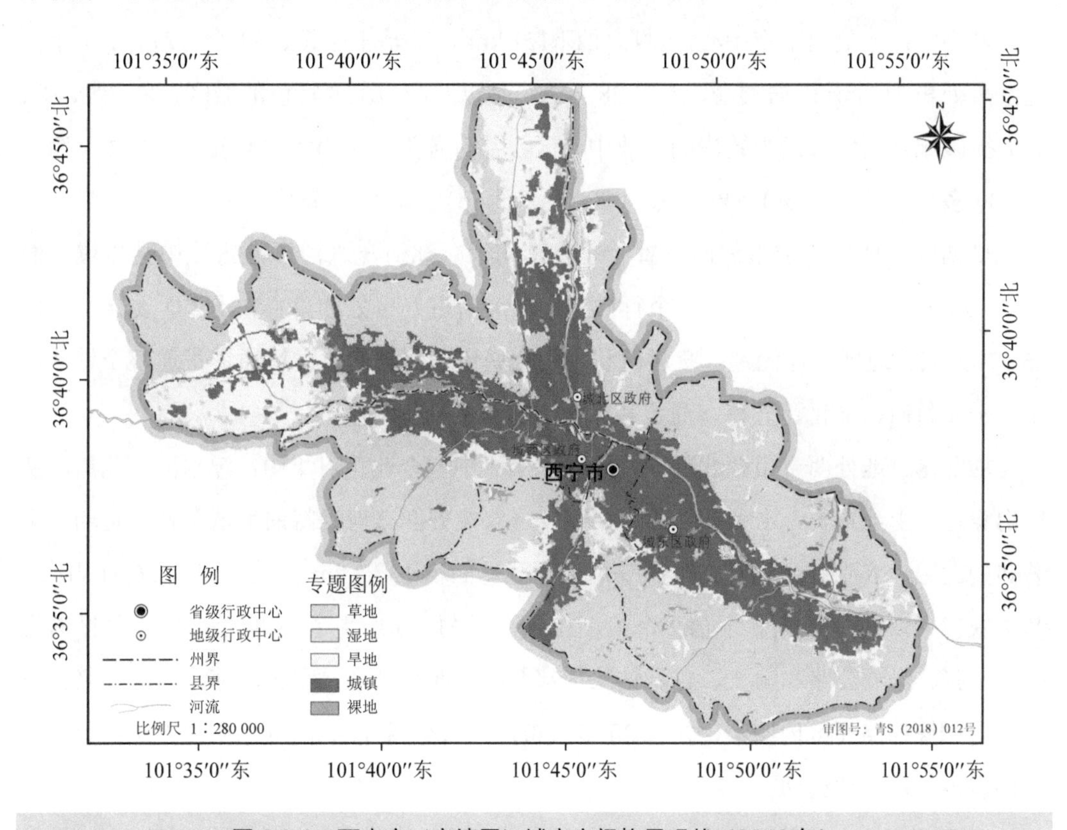

图 2.3-2　西宁市（市辖区）城市空间格局现状（2010 年）

2.3.1.2　建成区简介

城东区：位于青海省省会西宁市东部，地处湟水河西宁段下游，地理位置介于东经 101°50′—101°53′，北纬 36°34′—36°38′。东与平安县接壤并与西宁（国家级）经济技术开发区东川工业园区为邻，南与湟中县相连，西与城中区毗邻，北与互助县相接，是西宁市的东大门。下辖 1 个镇、15 个行政村、7 个街道办事处和 43 个社区居民委员会。西宁火车站、西宁长途汽车站均建于此，西宁东货场是全省最大的货物中转站之一，以兰青、青藏、宁大三条干线为主的铁路连接全省 30%的市、州、县。公路辐射省内外，平西高速公路、宁互一级公路贯穿境内，曹家堡西宁飞机场位于城东区郊外 25 km 处。

城中区：地处西宁市中心，辖区面积 151 km^2，下辖 1 个镇、32 个行政村、7 个街道办事处和 31 个社区居委会，人口 28 万人。是以三产为主要特色的城区，东、西、南、北大街区域是西宁市最为繁华的商业中心区，共有各类集贸市场 20 余处、个体工商户 12 000 多户、私营企业 1 000 余家。

城西区：地处西宁市偏西位置，东临南川河，北倚湟水河，南与湟中县接壤。面积 56.9 km^2，下辖 1 个镇、13 个行政村、5 个街道办事处和 20 个社区居委会，人口 26.52 万人。地理位置优越，交通便利，南绕城快速路与南北过境通道贯通整个辖区，是一个集科研、文化、教育、商贸和旅游为一体的新兴城区。

城北区：地处西宁市西北部，辖区内各类大中型企业相对集中，湟水河、北川河从区内穿过，土地宽阔，水利条件优越，在发展农业方面有着独特的地域条件，是西宁市著名的蔬菜、农副产品和花卉生产基地。全区总面积 137.7 km^2，总人口约 26.41 万人，其中农村人口 60 165 人。下辖 2 个镇、38 个行政村、3 个街道办事处和 23 个社区居委会。宁张、青藏公路和宁大、青藏铁路横穿全区，西平高速、宁大高速、西湟一级公路和南绕城快速路在区内交汇，并有 20 多条市内公共交通线路和 30 条长途客运线路，是连接省内外的交通枢纽。

西宁经济技术开发区：是 2000 年 7 月由国务院批准设立的国家级经济技术开发区，2007 年 12 月开发区被国务院批准为国家循环经济第二批试点园区，2008 年开发区管委会通过了中国质量认证中心 ISO 9001：2000 质量体系认证。现下辖东川工业园区、甘河工业园区、生物科技产业园区、南川工业园区四个工业园区，开发区规划面积 126.89 km^2。经过几年的建设发展，已初步形成了有色金属冶炼加工、硅材料太阳能光伏产业、生物技术、中藏药、毛纺等特色优势产业，对于拉动地方经济发展发挥了积极的重要的作用。

生物科技产业园区：西宁经济技术开发区生物科技产业园区于 2002 年 4 月经人民政府批准设立。区域规划面积 4.03 km^2，位于西宁市城北区，东依北川河，西靠大西山，距离市中心 6 km，距西宁铁路北站 4 km，距西宁机场 20 km，宁张公路（227 国道）和城市快速路（海湖路）从园区东西两侧穿过，交通十分便利。园区地理位置优越，地势宽阔，植被条件好，空气清新，适宜生物技术，中藏药和绿色保健食品加工企业的洁净生产。目前，园区已初步成为集科学研究、开发、生产于一体的工业新区和青海省重要的生物技术和农副产品加工基地。

甘河工业园区：西宁经济开发区甘河工业园区于 2002 年 7 月由省政府批准设立。位于西宁市湟中县鲁沙尔镇，甘河由南向北纵贯全境，距离西宁市 35 km、湟中县城 6 km，规划面积 10 km^2。目前园区内 36 km 的道路已建成通车，铁路运力达到 1 200 万 t，供电能力达 96 万 kVA，园区供排水、防洪等基础配套设施建设已经全面开工。通过几年的努力，园区已初步成为西北乃至我国重要的铅、锌、铜、铝等有色金属和镍、铟、金、银等稀有金属冶炼及延伸加工生产基地。

东川工业园区：西宁经济技术开发区东川工业园区，总规划面积 12.79 km^2，东起小峡口、西至青海民族学院、北起湟水河畔、南至南山脚下。坐落在青海省省会西宁市东部，距离火车站、货运站 4 km，距离西宁机场 12 km，距离市中心 8 km，高速公路、铁路、城市主干道均在园区周边，区位优势十分明显。目前，园区内已建成全长 17 km 的道路和供水、排水、供电、供气等配套设施，建成了一座 2.5 万 m^2 的会展中心、5.3 万 m^2 的中央商务广场、7 万 m^2 的中小企业创业园、3 万 m^2 的农民安置新村以及部分配套商业、办公、房地产项目。区内地势平坦、面积开阔、环境优美，是青藏高原极具发展潜力、蕴涵巨大商机的地区之一。

南川工业园区：西宁经济技术开发区南川工业园区于 2008 年 2 月 14 日成立，发展方向上以承接上游甘河工业园区产业发展有色金属精深加工产业、围绕高新技术项目发展太阳能光伏/光热产业和利用青海高原特色动植物资源培育特色经济和优势产业为主旨；在产业建设上以打造“青海国际藏毯城”为核心任务，发展壮大以藏毯为龙头的牛羊毛绒产业集群和国际性藏毯生产经营集散基地建设。目前，园区已建成了南川河以西、奉青桥至园丁桥 1 km^2 区域内的道路、给排水、供电、天燃气等基础配套设施和青海羊毛交易中心，园区内的铝加工园、机械加工园、新材料加工园正在编制规划。

海湖新区：2006 年 7 月，西宁市委、市政府决定成立海湖新区管理委员会，2008 年 10 月 24 日，西宁市常务会议讨论通过了《海湖新区控制性详细规划》。根据该规划，海湖新区范围为：东起海湖路，西至湟水路，南起昆仑大道，北至青藏铁路，总用地面积 10.46 km^2。新区建设的功能定位为“充满活力的青藏高原，现代化繁荣美丽宜居新城区”，空间分区以“两轴”、“两带”、“三圈核”为基本构架，路网建设以“四横五纵”为筋骨，绿化建设拟结合地形实际，形成数个较成规模的街头绿地及主题公园，并与湟水河、火烧沟、大南山形成点、线、面相结合的绿色网络。

2.3.2 生态系统格局

从生态系统格局来看，西宁市（含 3 县）的生态系统类型构成为：一级类 8 个、二级类 13 个、三级类 20 个（表 2.3-2）。西宁市共有一级生态系统类型 8 个（森林、灌丛、草地、湿地、农田、城镇、荒漠和冰川/永久积雪）、二级生态系统类型 13 个（阔叶林、针叶林、阔叶灌丛、草地、沼泽、湖泊、河流、耕地、居住地、城市绿地、工矿交通、荒漠和冰川/永久积雪）、三级生态系统类型 20 个（落叶阔叶林、常绿针叶林、落叶阔叶灌木林、草甸、草原、稀疏草地、草本沼泽、湖泊、水库/坑塘、河流、旱地、居住地、灌木绿地、草本绿地、工业用地、交通用地、采矿场、裸土、裸岩和冰川/永久积雪）。与湟水流域相比，西宁市的各级生态系统类型均有所减少，其中一级类减少了 1 个（裸地），二级生态系统类型减少了 2 个（针阔混交林和裸地），三级生态系统类型减少了 6 个（针阔混交林、运河/水渠、沙漠/沙地、盐碱地、裸土和裸岩）。

在一级生态系统类型中，草地是西宁市最大的生态系统类型，其面积占西宁市（含 3 县）总土地面积的 43.1%；其次为农田和灌丛，分别占 28.9%和 16.6%；再次为城镇、森林和荒漠，分别占 3.7%、3.7%和 3.4%，湿地和冰川/永久积雪面积最小，仅占 0.5%和 0.1%。从空间分布上看（图 2.3-3），森林、灌丛和草地主要从北、西、南三面包围着西宁市，而东部仅有少量草地；农田主要沿北川河、西川河、南川河以及湟水干流延伸，集中连片分布在各河流的中下游部分；城镇高度集中于湟水干支流交汇的“十”字形河谷，湿地主要沿河流谷地呈线状分布，冰川/永久积雪仅鉴于湟源县和大通县的高山地区，荒漠零星分布在湟水干支流的源头地区。

表 2.3-2　西宁市生态系统格局现状（2010 年）

一级类型	面积/km^2	比例/%	二级类型	面积/km^2	比例/%	三级类型	面积/km^2	比例/%
森林	279.2	3.70	阔叶林	2.9	0.04	落叶阔叶林	2.9	0.04
			针叶林	276.2	3.66	常绿针叶林	276.2	3.66
灌丛	1 253.1	16.59	阔叶灌丛	1 253.1	16.59	落叶阔叶灌木林	1 253.1	16.59
草地	3 258.2	43.14	草地	3 258.2	43.14	草甸	1 731.7	22.93
						草原	1 433.4	18.98
						稀疏草地	93.0	1.23
湿地	37.3	0.49	沼泽	15.8	0.21	草本沼泽	15.8	0.21
			湖泊	8.6	0.11	湖泊	0.2	0.002
						水库/坑塘	8.4	0.11
			河流	12.9	0.17	河流	12.9	0.17
农田	2 183.7	28.91	耕地	2 183.7	28.91	旱地	2 183.7	28.91
城镇	280.2	3.71	居住地	233.4	3.09	居住地	233.4	3.09
			城市绿地	8.8	0.12	灌木绿地	3.6	0.05
						草本绿地	5.2	0.07
			工矿交通	38.0	0.50	工业用地	27.3	0.36
						交通用地	9.3	0.12
						采矿场	1.4	0.02
荒漠	254.1	3.36	荒漠	254.1	3.36	裸土	47.3	0.63
						裸岩	206.8	2.74
冰川/永久积雪	7.4	0.10	冰川/永久积雪	7.4	0.1	冰川/永久积雪	7.4	0.10
合计	7 553.2	100.00	合计	7 553.2	100.00	合计	7 553.2	100.00

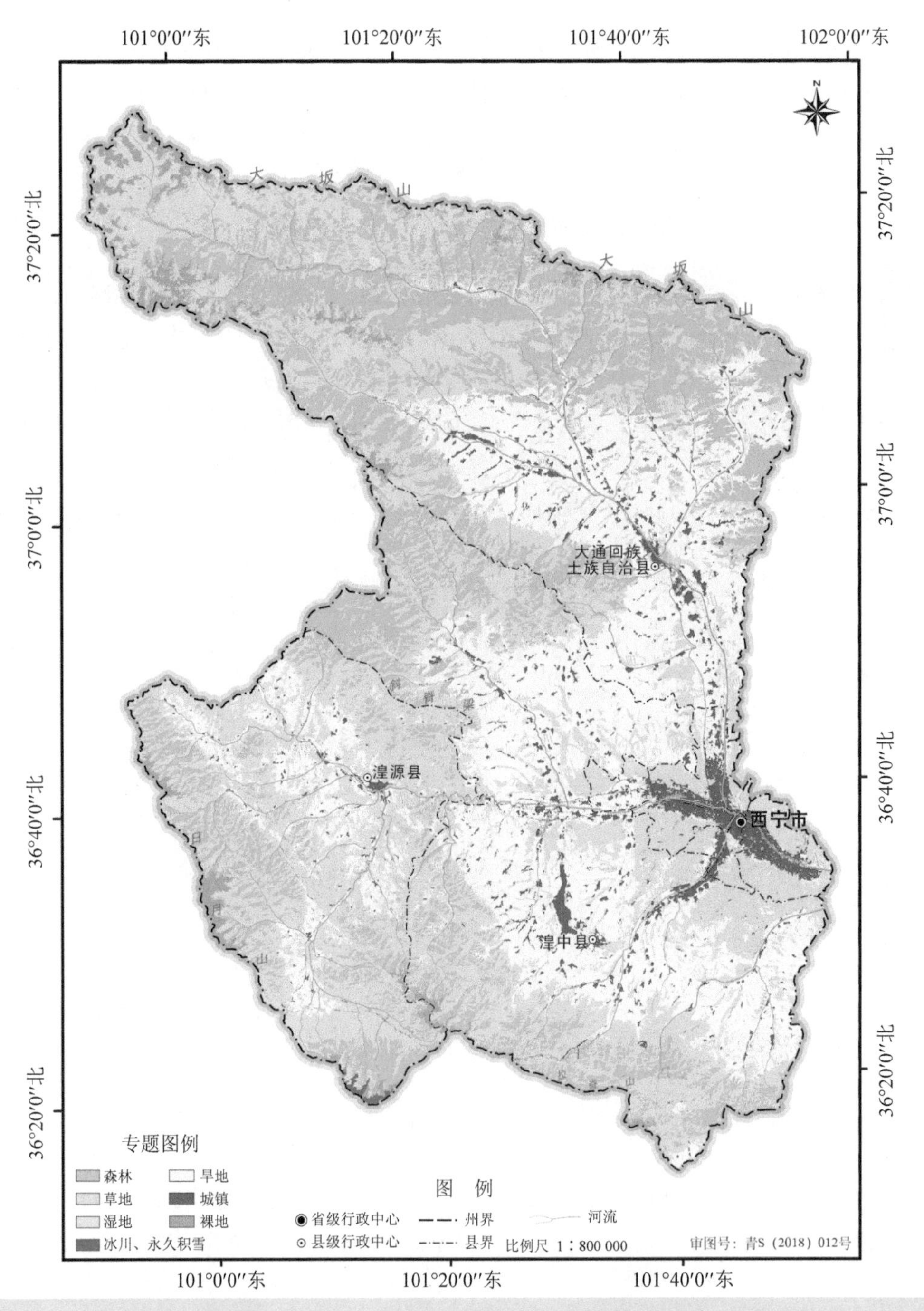

图 2.3-3 西宁市（含 3 县）一级生态系统类型的空间分布格局（2010 年）

在二级生态系统类型中，草地仍是西宁市（含 3 县）最大的生态系统类型（占 43.1%），其次为耕地和阔叶灌丛（分别占 28.9%和 16.6%），再次为针叶林、荒漠和居住地（分别占 3.7%、3.4%和 3.1%），其余 7 类（阔叶林、沼泽、湖泊、河流、城市绿地、工矿交通和冰川/永久积雪）的面积均不足西宁市总土地面积的 1%。从空间分布上看（图 2.3-4），草地和阔叶灌丛呈镶嵌状分布在西宁市（主要是辖区 3 县，即湟中、湟源和大通）的高山上，针叶林和阔叶林呈斑块状零星散布其间；耕地仍沿河谷延伸，分布在城镇和湟水干支流两岸的坡地上；河流主要沿湟水水系呈树枝状延伸，沼泽主要集中于湟水干支流的上游河源地区，湖泊为各类水库（如大通黑泉水库和湟中蚂蚁沟水库）；居住地和城市绿地集中分布在以西宁市为中心、并沿“十”字形河谷延伸；工矿交通呈团块状分布，主要分布在南北两大工业区（即大通县的北川工业园区和湟中县的南川工业园区）；冰川/永久积雪主要分布在大通县和湟源县的高山地区，荒漠主要集中在湟水干支流源头的高山地区及部分干河谷中。

在三级生态系统类型中，旱地、草甸、草原和落叶阔叶灌木林是西宁市最大的生态系统类型，分别占西宁市总土地面积的 28.9%、22.9%、19.0%和 16.6%；其次常绿针叶林、居住地、裸岩和稀疏草地，分别占 3.7%、3.1%、2.7%和 1.2%；其余 12 类（落叶阔叶林、草本沼泽、湖泊、水库/坑塘、河流、灌木绿地、草本绿地、工业用地、交通用地、采矿场、裸土和冰川/永久积雪）的面积均不足西宁市总土地面积的 1%。从空间分布上看（图 2.3-5），旱地呈集中连片状围绕湟水干流分布在西宁市中东部，草甸、草原和落叶阔叶灌木林呈交错状环绕在西宁市北、西、东三面的外围，常绿针叶林、稀疏草地和落叶阔叶林呈斑块状散布其间；河流沿湟水干支流水系呈树枝状展布，水库/坑塘呈点状分布于西宁市南北水源地附近（如大通县的黑泉水库和湟中县的蚂蚁沟水库）；居住地集中于以西宁市为中心的“X”型河谷地区，交通用地沿水系展布、居住地附近密度最大，采矿场呈点状散布于各交通用地沿线；灌木绿地和草本绿地呈斑块状零星分布于城镇内部；工业用地集中分布于西宁市北部大通县和西南部湟中县境内；冰川/永久积雪、裸岩和裸土呈交错状分布于西宁市周边的高山地区。

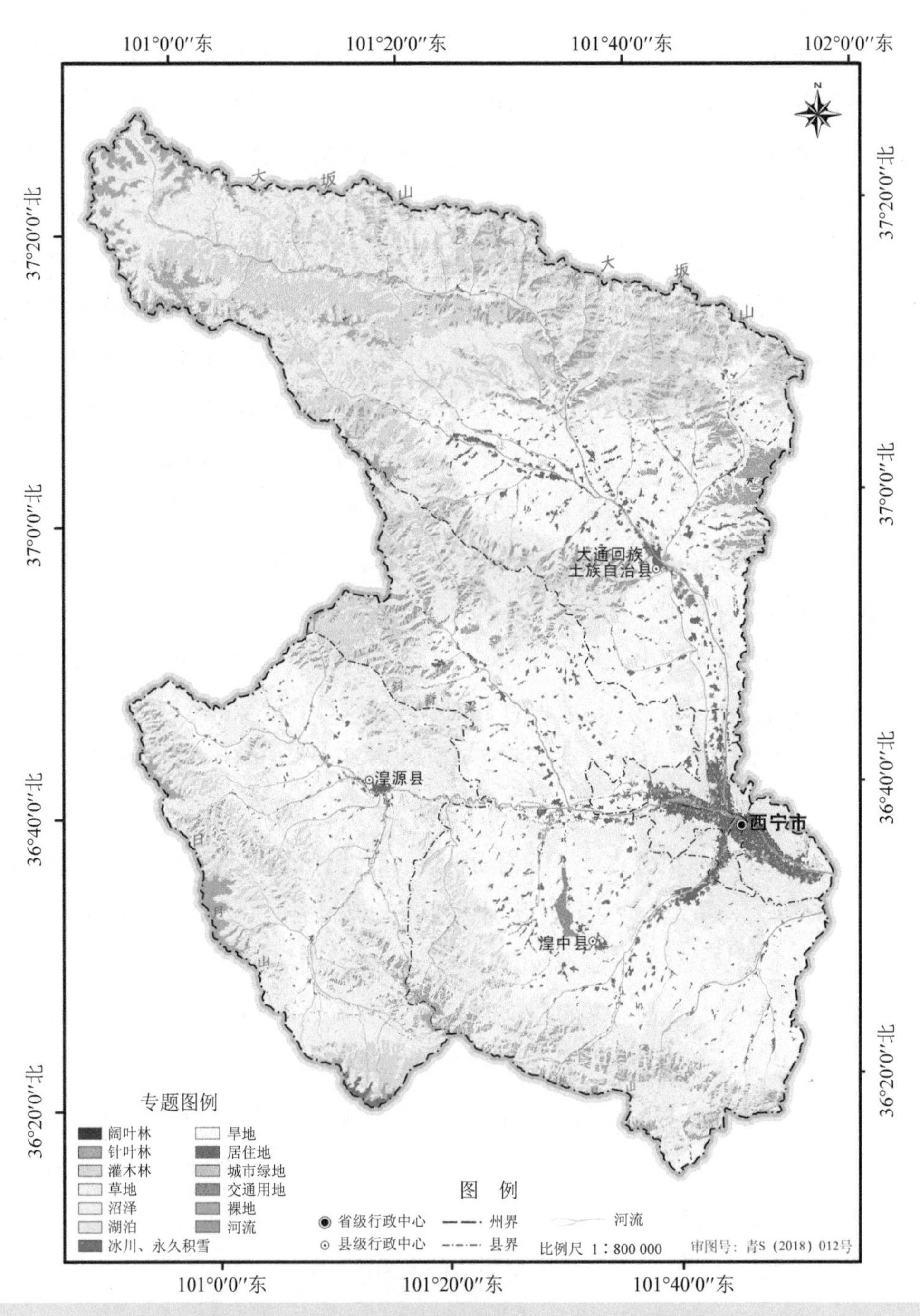

图 2.3-4 西宁市（含 3 县）二级生态系统类型的空间分布格局（2010 年）

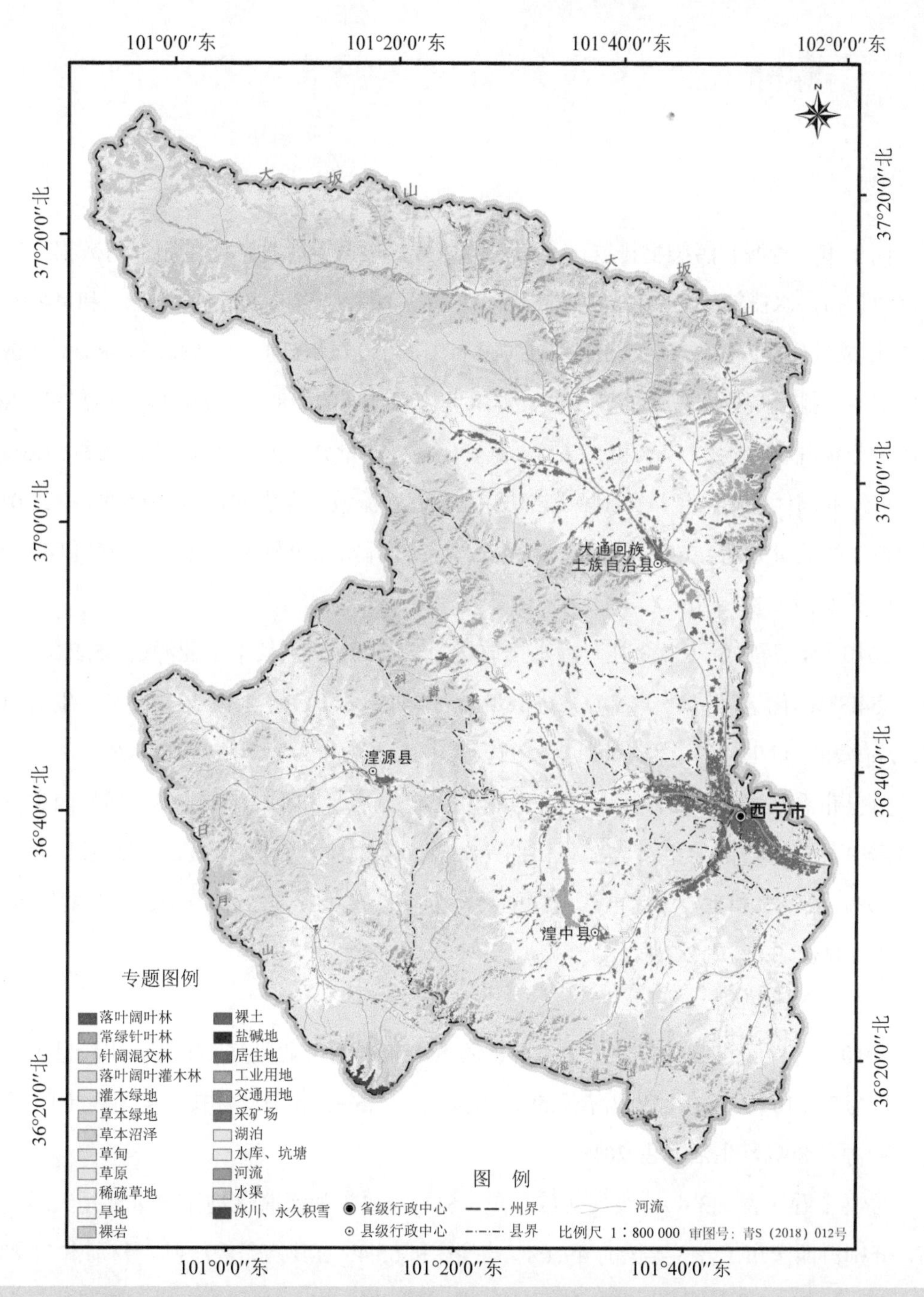

图 2.3-5 西宁市（含 3 县）三级生态系统类型的空间分布格局（2010 年）

2.3.3 环境质量状况

2.3.3.1 污染物排放

西宁市是青海省污染物排放最为集中的地区，根据青海省环境监测部门数据，2010 年，西宁市污水排放量分别占东部城市群、湟水流域和全省的 85.5%、85.5%和 44.9%，COD 排放量分别占 62.8%、62.5%和 41.4%，NH_3-N 排放量分别占 81.7%、81.1%和 55.0%；西宁市废气排放量分别占东部城市群、湟水流域和全省的 88.8%、86.9%和 62.7%，SO_2 排放量分别占 83.8%、75.8%和 52.6%，氮氧化物排放量分别占 83.8%、73.7%和 51.6%；西宁市工业固体废物产生量分别占东部城市群、湟水流域和全省的69.0%、65.0%和22.0%，工业粉尘排放量分别占 63.9%、63.5%和 46.8%，烟尘排放量分别占 62.8%、61.1%和 40.0%。

（1）水污染物

2010 年，西宁市（含 3 县）污水排放量为 11 500 万 t，其中工业源占 35.2%，生活源占 64.8%；化学需氧量（COD）排放量为 34 419 t，其中工业源占 46.3%，生活源占 53.7%；氨氮（NH_3-N）排放量为 4 626 t，其中工业源占 24%，生活源占 76%。

分县市看（表 2.3-3），污水排放总量、COD 排放量和 NH_3-N 排放量都是西宁市市辖区最高，分别占西宁市（含 3 县）的 74.2%、64.8%和 70.8%；其次是大通县，分别占 17.9%、26.8%和 17.1%；再次是湟中县，分别占 6.1%、5.3%和 9.8%；湟源县最小，分别占 1.8%、3.0%和 2.3%。

（2）大气污染物

2010 年，西宁市废气排放量为 2 478 亿 m^3，全部为工业废气（生活源未统计）；SO_2 排放量为 75 510 t，其中工业源占 96.5%，生活源占 3.5%；氮氧化物排放量为 56 941 t，其中工业源占 80%，生活源占 20%。

分县市看（表 2.3-4），废气排放总量、SO_2 排放量和氮氧化物排放量都是大通县最高，分别占西宁市（含 3 县）的 49.1%、62.4%和 65.4%；其次是湟中县，分别占 25.8%、22.1%和 14.7%；再次是西宁市市辖区，分别占 19.6%、14.3%和 18.5%；湟源县最小，分别占 5.6%、1.2%和 1.4%。

表 2.3-3 西宁市（含 3 县）主要水污染物排放情况（2010 年）

县市	污水排放量/万 t			COD 排放量/t			氨氮排放量/t		
	工业源	生活源	小计	工业源	生活源	小计	工业源	生活源	小计
西宁市市辖区	2 357	6 178	8 535	9 278	13 039	22 317	429	2 845	3 274
大通县	1 339	721	2 060	6 233	3 007	9 240	407	382	789
湟中县	355	347	702	297	1 524	1 821	271	184	455
湟源县	2	201	203	126	915	1 041	1	107	108
西宁市合计	4 053	7 447	11 500	15 934	18 485	34 419	1 108	3 518	4 626
城市群合计	4 741	8 999	13 740	29 402	25 402	54 804	1 311	4 354	5 665
流域合计	4 742	9 086	13 828	29 403	25 694	55 097	1 311	4 394	5 705
全省合计	9 031	13 578	22 609	44 714	38 386	83 100	2 271	6 134	8 405
西宁市占城市群百分比/%	85.5	82.8	83.7	54.2	72.8	62.8	84.5	80.8	81.7
西宁市占流域百分比/%	85.5	82.0	83.2	54.2	71.9	62.5	84.5	80.1	81.1
西宁市占全省百分比/%	44.9	54.8	50.9	35.6	48.2	41.4	48.8	57.4	55.0

表 2.3-4 西宁市（含 3 县）大气污染物排放情况（2010 年）

县市	废气排放量/亿 m^3			SO_2 排放量/t			氮氧化物排放量/t		
	工业源	生活源	小计	工业源	生活源	小计	工业源	生活源	小计
西宁市市辖区	486	—	486	9 824	976	10 800	1 917	8 617	10 534
大通县	1 217	—	1 217	46 126	967	47 093	35 564	1 674	37 238
湟中县	638	—	638	16 407	269	16 676	7 682	701	8 383
湟源县	138	—	138	517	424	941	414	372	786
西宁市合计	2 478	—	2 478	72 874	2 636	75 510	45 577	11 364	56 941
城市群合计	2 789	—	2 789	86 903	3 178	90 081	52 116	15 813	67 929
流域合计	2 852	—	2 852	95 988	3 588	99 576	60 680	16 602	77 282
全省合计	3 952	—	3 952	133 149	10 282	143 431	77 630	32 727	110 357
西宁市占城市群百分比/%	88.8	—	88.8	83.9	82.9	83.8	87.5	71.9	83.8
西宁市占流域百分比/%	86.9	—	86.9	75.9	73.5	75.8	75.1	68.4	73.7
西宁市占全省百分比/%	62.7	—	62.7	54.7	25.6	52.6	58.7	34.7	51.6

（3）固体废弃物

2010 年，西宁市工业固体废弃物产生量为 392 万 t，工业粉尘排放量为 45 657 t；烟尘排放量为 30 634 t，其中工业源占 68.7%，生活源占 31.3%。

分县市看（表 2.3-5），固体废弃物产生量和烟尘排放量最高的是大通县[分别占西宁市（含 3 县）的 40.1%和 61.1%]，其次是湟中县（分别占的 30.6%和 17.8%），再次是西宁市市辖区（分别占 24.0%和 14.8%），湟源县最小（分别占 5.36%和 6.3%）；工业粉尘排放量的情况稍有不同，从高到低依次是湟源县、大通县、湟中县和西宁市，分别占西宁市辖区（含 3 县）的 40.0%、32.2%、20.4%和 7.4%。

表 2.3-5 西宁市（含 3 县）主要固体废弃物排放情况（2010 年）

县市	工业固体废物产生量/万 t	工业粉尘排放量/t	烟尘排放量/t		
			工业源	生活源	小计
西宁市	94	3 359	1 200	3 341	4 541
大通县	157	14 721	15 095	3 627	18 722
湟中县	120	9 306	4 432	1 021	5 453
湟源县	21	18 271	307	1 611	1 918
西宁市合计	392	45 657	21 034	9 600	30 634
城市群合计	568	71 472	37 800	10 971	48 771
流域合计	603	71 909	38 770	11 349	50 119
全省合计	1 783	97 520	51 896	24 633	76 529
西宁市占城市群百分比/%	69.0	63.9	55.6	87.5	62.8
西宁市占流域百分比/%	65.0	63.5	54.3	84.6	61.1
西宁市占全省百分比/%	22.0	46.8	40.5	39.0	40.0

2.3.3.2 环境质量状况

根据《西宁市 2010 年环境状况公报》，2010 年，西宁市（含 3 县）各项环境保护工作取得了积极进展，全市环境质量有了一定的好转和改善。全市环境空气质量好于二级的天数 311 天、空气优良率 85.2%，比上年提高 5 个百分点。全市主要河流水质保持稳定，地表水排在前五位的污染物，除悬浮物外，以有机类和氨氮污染为主，出境断面小峡桥水质出现好转。全市声环境中区域环境噪声处于较好水平，交通干线噪声轻微波动，声源构成中影响较大的是生活噪声，工业噪声影响较小。

（1）大气环境质量

西宁市目前有 4 个国控环境空气自动监测站，对全市环境空气进行连续自动监测，分别是：市监测站、省医药仓库、四陆医院、第五水厂（清洁对照点）4 个监测点位。监测结果表明，2010 年西宁市市区二氧化氮（NO_2）年日平均浓度值为 0.028 mg/m^3，达到《环境空气质量标准》（GB 3095—1996）中的一级标准（0.040 mg/m^3）；二氧化硫（SO_2）年日平均浓度值为 0.039 mg/m^3，达到国家空气质量一级标准（0.050 mg/m^3）；可吸入颗粒物（PM_{10}）年日平均浓度值 0.125 mg/m^3，达到国家空气质量三级标准（0.150 mg/m^3）。全年空气污染指数（API）小于 100（即空气质量处于优良）的天数为 311 天，占全年天数的 85.2%。影响环境空气质量的首要污染物为可吸入颗粒物（PM_{10}）。2010 年西宁市未出现酸性降水；全市降尘年平均值为 21.54 t/km^2 • 月。

（2）水环境质量

在河流水质方面，西宁市在湟水干支流上共设有河流监测断面 11 个，其中国控断面 2 个、省控断面 9 个；湟水干流断面 5 个：扎马隆、西钢桥、新宁桥、报社桥和小峡桥，其中扎马隆和小峡桥为国控断面，小峡桥断面是出境断面、也是城市环境综合整治定量考核断面；支流北川河断面 2 个：润泽桥、朝阳桥；支流南川河断面 2 个：老幼堡、七一桥；支流沙塘川河断面 2 个：三其桥、沙塘川桥。

从 2010 年监测结果看，河流水质以有机类污染为主，以生化需氧量（BOD_5）和氨氮（NH_3-N）为主要污染物。水质断面达到或优于Ⅲ类标准的断面有 4 个，占全市总断面的 36.4%；Ⅳ类断面 3 个，占 27.3%；Ⅴ类断面 2 个，占 18.2%；劣Ⅴ类断面 2 个，占 18.2%。从 11 个断面整体情况看，上游断面水质好于下游，国控入境断面扎马隆水质保持Ⅲ类水质，出境断面小峡桥 2010 年平水期、丰水期水质较 2009 年有所好转，枯水期水质较差。国控小峡桥断面全年好于Ⅳ类水质的比例超过 70%。

在饮用水水源地水质方面，全市七个水厂（其中第一水厂已关闭，停止供水）水源地水质执行地下水Ⅲ类标准，2010 年各水源地经全年 12 个月监测，水质达标率均为 100%，总体水质与 2009 年相比无明显变化，水质保持良好稳定。

（3）声环境质量

2010 年全市有区域环境噪声监测点位 224 个，城市区域环境噪声平均等效声级为 53.2 分贝（A），达到国家环境质量Ⅰ类区昼间 55 分贝（A）的标准，声环境质量较好。全市交通干线噪声监测路段 35 条，总长 85.7 km，其中 16 条 31.9 km 路段超出 70 分贝（A），占监测路段总长的 50.3%；全市交通干线噪声平均等效声级为 69.5 分贝（A），比上年上升 0.4 分贝（A），道路交通声环境质量与上年相比略有波动，总体基本平稳。

（4）固体废物

2010 年西宁市工业固体废物产生量为 392 万 t，综合利用量 339.21 万 t，其中综合利用往年贮存量为 14.1 万 t，综合利用率为 83.56%。处置量 46.95 万 t，贮存量 18.95 万 t，排放量 0.82 万 t。城市生活垃圾无害化处理率达到 92.3%。

2.3.4 主要的生态环境问题

2.3.4.1 城市扩张的土地资源约束

西宁市是黄河上游第一个百万以上人口的中心城市，地处青藏高原东部边缘、黄河支流湟水上游的河谷盆地。西宁市四面环山、三川汇集，整体地势西北高、东南低，南有南山和西山、北有北山、东受大东岭阻挡，自西向东有西川河和湟水干流穿境而过，南川河和北川河从南北两面汇入湟水干流，城市发展局限于南北（南川河—北川河）—东西（西川河和湟水干流）方向的“X”型河谷地带。

西宁市是一个典型的河谷型城市，城市建设主要集中于在地势平坦的河流阶地和冲积扇上，初建于河流一级阶地，经过上千年的发展演变，逐渐扩展到河流二级阶地和三级阶地，受四周山体的限制，城市建设只能沿着河谷方向拓展。但由于湟水谷地地处黄土高原向青藏高原的过渡地带，地形破碎、冲沟、切沟、细沟等流水侵蚀地貌发育，对城市建设的空间限制非常明显。

目前，西宁市建设用地规模约 271 km^2，仅占西宁市总土地面积的 3.64%，从空间分布上看，主要集中于以西宁市为中心的“X”字型河谷地带。根据《西宁市国民经济和社会发展第十二个五年规划纲要》，2010 年西宁市建成区面积约 75.00 km^2，约占建设用地面积的 27.7%；到 2015 年西宁市建成区面积将达到 135 km^2，比 2010 年增加将近 1 倍。

未来，在全省“四区两带一线”战略和“以西宁为中心的东部城市群”战略的推动下，可以预见，西宁市必将迎来新一轮的建设用地和建成区拓展高峰，届时城市发展的空间不足、中心城市空间狭小、建设用地明显不足等问题将成为西宁城市空间拓展的重要约束。

2.3.4.2 城市发展的水资源“瓶颈”

（1）水资源特点

西宁市地处湟水流域中上游，境内主要由湟水干流及北川河、南川河、沙塘川河、药水河、西纳川河等支流构成全市的河流水系。全市水资源总量为 12.22 亿 m^3，其中地表水资源量为 11.08 亿 m^3，地下水资源量为 1.14 亿 m^3。西宁市的地形、地貌和社会经济发展形成了以下水资源特点：

一是水资源数量严重不足且地区差距大。西宁市水资源总量占全省水资源量的 2.1%，人均水资源量约为 600 m^3，分别占全国和全省人均水资源量的近 1/4 和 1/20，属资源型重度缺水城市。从空间分布上看，全市各地区的水资源量差距较大，其中大通宝库河、东峡河产水模数分别为 28.4 万 m^3/km^2 和 22.9 万 m^3/km^2，是西宁市重要的水源地；湟中、湟源两县的产水模数分别为 17.56 m^3/km^2 和 10.78 m^3/km^2，市区产水模数为 10.97 m^3/km^2，是资源型缺水严重的地区。

二是水资源时空分布不均且开发利用困难。西宁市大气降水受地形影响出现了 3 个高值区和 1 个低值区，3 个高值区中降水量最大的位于海拔 4 300 m 的达坂山南麓地区，年降水量达 801.8 mm；低值区位于海拔 2 168 m 的湟水河谷东段，年降水量为 339.7 mm。从时间分布上看，西宁市降水量的年内分配极不均匀，6—9 月降水量占年降水量的 70%以上，11 月至次年 5 月降水量为年降水量的 30%。从水资源补给类型来看，西宁市水资源为降水补给型，受降水季节性的影响，汛期 6—9 月径流量占地表水资源量的 63%，而 11 月至次年 5 月径流量仅占 37%。从地下水资源来看，西宁市地下水的富水区仅分布于河谷平原区内的大通县石家庄、塔尔地区和湟中县丹麻寺、多巴、杜家庄等地区，其开采量占西宁市地下水开采量的 60%以上。总体来看，西宁市水资源量的时空分布不均增加了水资源开发利用的困难，造成了城市工程性缺水与资源性缺水并存、工农业生产和城市居民生活用水的季节性缺水矛盾突出。

三是水体污染加剧，造成可利用水资源量减少，形成水质型缺水。随着全市经济社会的快速发展，污水排放量日益增加，造成水体污染加剧。根据青海省环境监测数据，湟水流域 17 个监测断面的水质站点中，水质优于和达到Ⅲ类水标准的站点 9 个，水质劣于Ⅲ类水标准的站点 8 个，主要污染项目为五日生化需氧量（BOD_5）、氨氮（NH_3-N）、总磷（TP）。西宁市水资源污染严重的水功能区为南川西宁工业用水区和南川西宁景观鱼类用水区，湟水干流和北川进入西宁市后的功能区污染也十分严重。水体污染限制了有限水资源综合效益的发挥，破坏了西宁市生态环境，甚至造成了湟水中下游水质型缺水。

（2）水资源开发利用现状和供需预测

从供水量来看，2012 年全市各类水利工程年供水量 6.75 亿 m^3，占全市水资源总量的 51.4%。其中地表水供水工程供水量 3.37 亿 m^3，占总供水量的 49.9%；地下水供水工程供水量 3.38 亿 m^3，占总供水量的 50.1%。从用水量来看，2012 年全市国民经济各部门总用水量 6.75 亿 m^3，其中城镇和农村居民生活用水量 1.31 亿 m^3，占总供水量的 19.4%；工业用水量 2.08 亿 m^3，占总供水量 30.8%；城镇生态环境用水量 0.12 亿 m^3，占总供水量的 1.8%；农田灌溉用水量 2.65 亿 m^3，占总供水量的 39.2%；林牧渔畜用水量 0.59 亿 m^3，占总供水量的 8.8%。全市用水总量占全市水资源总量的 51.4%。

从水资源供需预测来看，“十一五”初期的 2005 年西宁市国民经济各部门用水量 5.9 亿 m^3，全市经济经过七年的快速发展，到 2012 年用水量达到 6.75 亿 m^3，用水增长了 0.85 亿 m^3，年均增长 2.0%。按照《西宁市国民经济和社会发展“十二五”规划纲要》，到 2010 年生产总值比“十一五”末翻一番以上，预计达到 1 320 亿元，其中：一产增长 5%，预计达到 28 亿元；二产增长 16%，预计达到 730 亿元（工业增长 17%，预计达到 650 亿元）；三产增长 13%，预计达到 562 亿元。根据国民经济各部门、各行业发展规划，到 2020 年全市需水量将达到 10.5 亿 m^3。若不新增其他供水工程，2020 年将缺水 3.5 亿 m^3。西宁市尚可开发的水资源量已严重不足，水资源制约西宁市发展的“瓶颈”日益凸显。

2.3.4.3 水土流失问题

从水土流失分区看，西宁市地处黄土高原向青藏高原的过渡地带，水土流失较为严重，在黄土高原水土流失类型区的划分上属于丘陵沟壑第四幅区。根据青海省人民政府《关于划分水土流失重点防治区的通告》和青海省水土流失“三区”划分图，西宁市市域是全省水土流失最严重的地区之一，属青海省水土流失重点治理区，主要侵蚀类型以水蚀为主。西宁市水土流失面积约为 5 832 km^2，占全市面积的 72.4%；其中市区水土流失面积约 150 km^2，占市区土地面积的 39.5%。西宁市平均土壤侵蚀模数约为 2 300 t/（$km^2 \cdot a$），湟水含沙量为 7～75 kg/m^3，多年平均输沙量约 58 万 t。

从水土流失的危害来看，由于大部分城镇处于河流谷地，水土流失不仅带走了地表肥沃的土壤、使农业生产减产，而且损毁了路桥、房屋等城市基础设施，给工业生产及城镇发展造成严重影响。从水土流失的防治来看，截止 2011 年，西宁市已对市域范围内 60 条小流域中的 26 条沟道实施了初步治理，完成水土流失面积 147.12 km^2，治理程度 36.32%，建成石谷坊 1 293 座、沟头防护 84 座、骨干坝 6 座，全市南北山绿化、坡面整地造林等水土流失治理措施已初见成效。

2.4 本章结论

本章从湟水流域、东部城市群和西宁市（含 3 县）3 个尺度，对区域生态环境本底、生态系统格局、环境质量现状和存在的生态环境问题进行了评价，其中对区域生态环境本底和环境质量状况的分析因尺度而异，生态系统格局按照三个等级（一级生态系统、二级生态系统和三级生态系统）进行解读，主要结论如下。

2.4.1 流域尺度

湟水河是青海的母亲河，湟水流域是青海省内最适宜人类居住和人类活动最集中的区域，湟水水域集饮用、灌溉、工业用水、纳污、景观休闲等多种功能于一体，是青海省内最重要的地表水域之一，因此，该区域的生态环境状况在很大程度上影响甚至决定了青海省生态环境质量的总体水平。

（1）从区域生态环境的本底来看

由于特殊的地理环境和长期的人类活动干扰，湟水流域的生态环境本底十分脆弱。具体体现在以下两方面：一是特殊的自然地理环境孕育了流域生态的天然脆弱性：湟水流域地处青藏高原和黄土高原的过渡地带，地形复杂、地质多变，地貌以山地为主体（占总土地面积的 80%以上）；湟水河干流南北两岸，支沟发育、地形切割破碎、支沟之间为黄土或石质山梁，沟底与山梁顶部高差一般在 300～400 m、山坡较陡，山梁平地较少、多为坡地，地表大部分为疏松的黄土覆盖于第三纪红土层之上；疏松的岩层造就了湟水流域较大的天然水土流失规模，据研究，流域的水土流失以水力侵蚀为主、重力侵蚀和风力侵蚀次之，流域内除次生林地及小于 5° 的台地外、大部分面积存在着水力侵蚀；据估算，湟水流域的多年平均输沙模数为 1 075 $t/km^2 \cdot a$，侵蚀模数由西向东增大，强度水土流失区分布在中低浅山区，中度水土流失多分布在浅山中部地区，轻度水土流失多分布在浅山向脑山过渡地带，具有量大、面广、区域差异大和大部分属强度侵蚀区等特点，目前水土流失面积约占流域面积 3/4（1.3 万 km^2）。二是长期频繁而过度的人类活动带来的生态破坏十分严重：湟水流域在历史上曾经是森林茂盛、野生动物种类繁多、生态环境良好的地区，但由于适宜人类生存和建设的土地极其有限（不足流域总土地面积的 1/5，再扣除无法利用的山地、峡谷，适宜生存和建设的空间更小），再加上人类活动长期频繁而过度地不合理利用，使得流域生态质量在近代以来呈明显恶化趋势，据估算，湟水流域近 4/5 的泥沙来源于西宁以下地区。

（2）从生态系统格局来看

在湟水流域的一级生态系统类型中，草地最大（约占流域总土地面积的 1/2），其次为农田和灌丛（约占 1/5 和 1/10），再次为荒漠、森林、湿地和城镇（均不足 5%），裸地和冰川/永久积雪面积最小（均不足 1%）。因此，草地、农田和灌丛是湟水流域一级生态系统的景观基质，森林和城镇呈斑块状散落其间，成为景观缀块；湿地沿水系呈树枝状分布，成为联通流域内不同生态系统类型的生态廊道；荒漠、裸地和冰川/永久积雪呈点状零星分布在流域周边的高山地区，成为流域内面积最小、分布最分散的劣势景观。在二级生态系统类型中，草地仍是湟水流域最大的生态系统类型（约占 1/2），其次为耕地和阔叶灌丛（约占 1/5 和 1/10），再次为荒漠、针叶林、湖泊和居住地（均不足 5%），其余 8 类的面积极小（均不足 1%）。因此，草地、耕地和阔叶灌丛是湟水流域二级生态系统的景观基质，针叶林、阔叶林和针阔混交林呈斑块状散落其间，成为最主要的景观缀块；居住地、工矿交通和城市绿地呈集中连片状展布于湟水干流河谷地区，成为流域内空间连通性最好的景观类型；河流、湖泊、沼泽沿水系呈树枝状分布，成为联通流域内不同生态系统类型的生态廊道；荒漠、冰川/永久积雪和裸地呈点状零星分布在流域周边的高山地区，仍是流域二级生态系统类型中面积最小、分布最分散的劣势景观。在三级生态系统类型中，旱地、草原和草甸是湟水流域最大的生态系统类型（各占流域总土地面积的 1/5 左右），其次为落叶阔叶灌木林和稀疏草地（约占 1/10 和 1/20），再次为常绿针叶林、湖泊、裸岩、居住地和沙漠/沙地（均不足 1/20），其余 16 类的面积极小（均不足 1/100）。因此，旱地、草原、草甸和落叶阔叶灌木林是湟水流域三级生态系统的优势景观，而落叶阔叶林、针阔混交林、水库/坑塘、运河/水渠、灌木绿地、草本绿地、采矿场、盐碱地、冰川/永久积雪、裸岩等为劣势景观。

（3）从环境质量状况来看

长期的人口和产业集聚带来的环境污染十分严重，特别是湟水河的水质污染严重。以 2001 年为例，当年流域废水排放量 2.59 亿 t、占全省的 70%，污染河段占 1/6，西宁以下河段水质多为劣Ⅴ类。从水污染物特征来看，湟水河污染主要物是氨氮（NH_3-N）、生化需氧量（COD）等有机物，个别河段有六价铬（Cr^{6+}）、挥发酚等超标现象。从污染河段和超标断面来看，湟水干流西宁段及其支流南川河汇入湟水前污染最严重，北川河次之，沙塘川河污染相对较轻；主要超标断面为小峡桥、朝阳桥、七一桥和民和桥，年均浓度超标倍数范围为 0.15～1.5。总之，从水污染排放量和超标情况来看，湟水干流超标河段数大于支流，且污染河长的 90%均发生在西宁市以下河段。

（4）从存在的主要生态环境问题来看

由于全省近 60%的人口、52%的耕地和 70%以上的工矿企业都分布于湟水流域，湟水流域的人口、城镇、经济与水土资源之间的矛盾十分突出，具体体现在以下两方面：

一是适宜人类生存与发展的土地面积极其有限：湟水流域自古以来就是青海省内农业生产和人类活动最集中的区域，近年来受人口、城镇和产业的持续聚集影响，流域内生产用地（主要是耕地）、生活用地（主要是城镇建设用地）和生态用地（各类绿地和未利用地）的矛盾加剧；根据 DEM 高程分带图，流域内海拔 1 604～2 200 m 之间的川水地区仅占 6.1%，海拔 2 200～2 700 m 的浅山地区占 25.2%，海拔 2 700～3 200 m 的脑山地区占 29.0%，海拔 3 200 m 以上的石山林区占 39.6%。

二是水环境质量持续恶化，导致资源型缺水和水质型缺水并存：湟水流域是青海省政治、经济、文化、交通的中心，流域内人口、经济均占全省的 70%左右；据资料，湟水流域多年平均水资源量不足青海省水资源总量的 1/20，但用水量却占全省的近 1/2，流域内人均水资源量和地均水资源量仅相当于全国平均水平的 1/3 和 1/4，是典型的资源型缺水区域；与此同时，湟水流域的废水排放量约占全省的 2/3，流域污染河段约占 1/6，西宁以下河段水质多为劣Ⅴ类；因此，湟水流域的水资源短缺已由单一的资源型缺水演变为资源型缺水和水质型缺水并重。

2.4.2 城市群尺度

东部城市群作为未来青海省城镇发展的核心地区，在青海经济发展中担负着“强东拓西”的重要地位，目前这一区域已形成了以西宁市为中心，大通、湟中、湟源、平安、互助、乐都、民和等县城在内的沿湟水轴线型城镇密集区（1 市 7 县），各个城镇的主导功能已出现明显的分化，区域城镇总体的资源、人口、经济和社会发展水平较高，已初步具备了城市群发展的人口、城镇、资源和产业基础。但是人口、城镇和产业集聚带来的资源消耗和生态环境胁迫也日益明显，突出表现为城市化带来的用地矛盾、工业化带来的污染加剧和地表覆被改变带来的生态质量下降等问题。

（1）从区域生态环境的本底来看

东部城市群（1 市 7 县）以占全省 2.2%的土地面积集聚了全省 57.4%的人口，其中城镇人口约占全省城镇人口总数的 67.3%，人口城市化水平约 42%，比全省平均水平（35.8%）高出近 7 个百分点；公路里程和高等级公路里程约占全省的 1/4，铁路里程约占全省的 14.1%；因此，城市群区域不仅是全省名副其实的人口与城镇聚集区，而且是交通等各项基础设施发展最好的区域。但与此同时，由于人口和产业的高度集聚，给该区域也带了更为严重的生态破坏和环境污染，该区域不仅拥有与湟水流域相同的水土流失和生态脆弱问题，还拥有较湟水流域更为突出的环境污染问题（即高污染、高能耗和高排放的“三高”企业较为集中）。

（2）从生态系统格局来看

与湟水流域相比，东部城市群的一级和二级生态系统类型与之相同，但三级生态系统类型减少了 2 类（运河/水渠和沙漠/沙地）。各级生态系统的基本格局如下：

在一级生态系统类型中，草地最大（约占城市群总土地面积的 1/2），其次为农田和灌丛（约占 29.2%和 16.0%），再次为森林、荒漠和城镇（均不足 5%），湿地、裸地和冰川/永久积雪面积最小（均不足 1%）。因此，草地、农田和灌丛仍是东部城市群一级生态系统的景观基质，森林和城镇呈斑块状散落其间，成为景观缀块；湿地沿水系呈树枝状分布，成为联通流域内不同生态系统类型的生态廊道；荒漠、裸地和冰川/

永久积雪呈点状零星分布在流域周边的高山地区，成为流域内面积最小、分布最分散的劣势景观。

在二级生态系统类型中，草地仍是东部城市群最大的生态系统类型（约占1/2），其次为耕地和阔叶灌丛（占29.2%和16.0%），再次为为针叶林、荒漠和居住地（均不足5%），其余9类（阔叶林、针阔混交林、沼泽、湖泊、河流、城市绿地、工矿交通、冰川/永久积雪和裸地）的面积极小（均不足1%）。因此，草地、耕地和阔叶灌丛仍然是东部城市群二级生态系统的景观基质，针叶林、阔叶林和针阔混交林呈斑块状散落其间，成为最主要的景观缀块；居住地、工矿交通和城市绿地呈集中连片状展布于湟水干流河谷地区，成为城市群内空间连通性最好的景观类型；河流、湖泊、沼泽沿水系呈树枝状分布，成为联通城市群不同生态系统类型的生态廊道；荒漠、冰川/永久积雪和裸地呈点状零星分布在城市群周边的高山地区，仍是城市群二级生态系统类型中面积最小、分布最分散的劣势景观。

在三级生态系统类型中，旱地、草原、落叶阔叶灌木林和草甸是东部城市群最大的生态系统类型（在15%～30%），其次为稀疏草地和常绿针叶林（≥5%），再次为居住地和裸岩（≥2%），其余16类（落叶阔叶林、针阔混交林、草本沼泽、湖泊、水库/坑塘、河流、灌木绿地、草本绿地、工业用地、交通用地、采矿场、裸土、盐碱地、冰川/永久积雪、裸土、裸岩）面积极小（均不足1%）。因此，旱地、草原、落叶阔叶灌木林和草甸是东部城市群三级生态系统的优势景观，而落叶阔叶林、针阔混交林、草本沼泽、湖泊、水库/坑塘、河流、灌木绿地、草本绿地等为城市群三级生态系统中面积小、分布分散的劣势景观。

（3）从环境质量状况来看

东部城市群是青海省内排污企业最集中、污染物种类最复杂和污染物排放量最大的区域，根据青海省环境监测部门数据，2010年，东部城市群污水排放量为13 740万t，其中工业源占34.5%，生活源占65.5%；化学需氧量（COD）排放量为54 804 t，其中工业源占53.6%，生活源占46.4%；氨氮（NH_3-N）排放量为5 665 t，其中工业源占23.1%，生活源占76.9%。废气排放量为2 789亿m^3，全部为工业废气（生活源未统计）；SO_2

排放量为 90 081 t，其中工业源占 96.5%，生活源占 3.5%；氮氧化物排放量为 67 929 t，其中工业源占 76.7%，生活源占 23.3%。工业固体废弃物产生量为 568 万 t，工业粉尘排放量为 71 472 t；烟尘排放量为 48 771 t，其中工业源占 77.5%，生活源占 22.5%。

（4）从存在的主要生态环境问题来看

东部城市群区域存在的主要问题是：农业经济与城镇建设及生态保护之间的用地矛盾突出，工业经济与水资源短缺及水环境质量恶化的矛盾日益凸显，各项污染物排放量均居全省首位，区域环境保护和治理的难度较大，具体如下：

一是城市扩张带来的用地矛盾（特别是农用地和建设用地）日益突出。据统计，2010 年，青海东部城市群地区土地面积仅占全省的 2.2%，人口约占全省的 57.4%，城镇人口约占全省的 67.3%，平均城市化水平比全省平均水平高出近 7 个百分点，公路里程和高等级公路里程约占全省的 1/4，铁路里程约占全省的 14.1%；国民生产总值（GDP）占全省的 64.0%，其中第一产业增加值占全省的 39.6%，第二产业增加值占全省的 63.2%，第三产业增加值占全省的 72.3%。从空间上看，城镇的发展和扩展主要集中在地势低平、靠近水源的河谷地带，而这一地带也正是全省农业的精华地带，因此，这一区域的用地冲突历来显著，特别是 2000 年以来，伴随着国家西部大开发和“兰—西—格”经济带建设等一系列重大战略的实施，这一区域的建设用地（城镇、工矿企业和交通道路等）和农用地（特别是基本农田）之间的用地冲突呈急剧增大态势。

二是快速工业化带来的污染物排放量增加和污染治理水平较低使得城市群区域环境空气质量和水环境质量呈快速恶化态势。青海东部是青海城镇最密集和工业最发达的地区，也是省内碳化硅、水泥、铁合金等高污染企业最为集中的地区，区内的各项污染物排放量在全省居于前列；据统计，2010 年城市群区域废水排放量约占全省的 60.8%，化学需氧量（COD）排放量约占全省的 65.9%，氨氮（NH_3-N）排放量约占全省的 67.4%，废气排放量约占全省废气排放量的 70.6%，SO_2 排放量约占全省的 62.8%，氮氧化物排放量约占全省的 61.6%，工业固体废弃物产生量约占全省的 31.9%，工业粉尘排放量约占全省的 73.3%，烟尘排放量约占全省的 63.7%。但区内各城镇污水处理厂运行水平较低，污水管网配套建设滞后于污水处理厂建设速度，污水处理具有明显的“五低”特征

（即污水收集率低、污水处理率低、污水处理厂正常运转效率低、城镇污水回用率低和污水处理标准低），因此，随着人口、城镇和产业的快速发展，使城市群区域的环境质量状况呈持续恶化态势。

三是地表覆被变化（特别是不透水地面增加）带来的生态质量下降效应开始凸显。地表覆被是土地利用状况和植被状况的综合反映，按照能否继续生态系统呼吸可将地表覆被分为透水地面（指具有生态系统服务功能的地面，包括森林、农田、草地、水域等各类天然和人工地面）和不透水地面（指不具有生态系统服务功能的地面，主要指城镇、工矿企业和交通道路等人工硬化地面）两类，一般认为一定比例的透水地面对于生态系统服务功能的正常发挥具有正相关作用。受快速城市化和工业化的影响，2000—2010 年，青海东部城市群不透水地面的面积有小幅增加（由 2000 年的 943.12 km^2 增加到 2010 年的 956.80 km^2），其中较高级别（不透水率＞70%）的不透水地面增加较快，较低级别（不透水率＜70%）的不透水地面有明显下降；从空间分布上看，城市群区域不透水地面的增加主要有两类：一类是城镇周围，如极高不透水地面（不透水率＞90%）主要分布在西宁市区（在大通县、湟中县、互助县、乐都县、民和县县城附近也有明显增加）；二类是分布在城市群周边的高山地带（主要是裸土、裸岩和冰川/永久积雪等）。

2.4.3 西宁市尺度

西宁市是一个拥有悠久历史的高原古城，目前，西宁市已发展成为青藏高原人口唯一超过百万的中心城市，移民人口达 100 万人之多，有汉、回、藏、土、蒙古、撒拉等 35 个民族，其中少数民族人口约占总人口的 1/4。西宁市现辖城东区、城中区（含城南新区）、城西区、城北区、海湖新区、国家经济开发区及大通、湟中、湟源三个县，总土地面积 7 553.2 km^2，约占全省国土面积的 1.1%，建成区面积 66 km^2；总人口 196.01 万人、占全省总人口的 34.8%，人口城市化水平达到 59.1%，比全省平均水平（55.3%）高出近 4 个百分点。西宁市作为青海省国民经济发展的核心和精华区域，是青海省各项社会事业最为发达的区域，也是人口与水资源、人口与土地资源以及经济建设与环境质量状况等各项矛盾最为突出的区域，因此，西宁市的环境质量状况在很大程度上决定了青海省大气和水的环境质量等级。

（1）从区域生态生态环境本底来看

西宁市作为典型的山间河谷城市，市区周边丘陵环抱、山洪沟道星罗棋布（共计 60 余条），市区为冲积河谷平原，市区内地势西南高、东北低，地形东西狭长，城市建设主要集中于在地势平坦的河流阶地和冲积扇上，湟水贯穿西宁城区 50 余 km，将西宁城市中心区分为南、北两大部分四个区域，形成了“三水横穿、两山对峙”的“X”字形城市空间格局。由于地处黄土高原向青藏高原的过渡地带，西宁市也存在地形破碎、水土流失严重等生态破坏问题。

（2）从生态系统格局来看

由于空间范围的缩小，西宁市的各级生态系统类型均有所减少，与湟水流域相比，一级生态系统类型减少了 1 个（裸地），二级生态系统类型减少了 2 个（针阔混交林和裸地），三级生态系统类型减少了 6 个（针阔混交林、运河/水渠、沙漠/沙地、盐碱地、裸土和裸岩）。各级生态系统的格局如下：在一级生态系统类型中，草地最大（接近 1/2），其次为农田和灌丛（约占 29.2%和 16.0%），再次为城镇、森林和荒漠（均不足 5%），湿地和冰川/永久积雪面积最小（均不足 1%）。因此，草地、农田和灌丛仍是西宁市一级生态系统的景观基质，森林呈斑块状散落其间，成为景观缀块；城镇在“X”字形河谷地区高度集中，呈团块状分布，成为西宁市中心的优势景观；湿地沿水系呈树枝状分布，成为联通西宁市不同生态系统类型的生态廊道；荒漠和冰川/永久积雪呈点状零星分布在西宁市周边的高山地区，成为西宁市面积最小、分布最分散的劣势景观。

在二级生态系统类型中，草地仍是西宁市最大的生态系统类型（接近 1/2），其次为耕地和阔叶灌丛（分别占 28.9%和 16.6%），再次为针叶林、荒漠和居住地（均不足 5%），其余 7 类（阔叶林、沼泽、湖泊、河流、城市绿地、工矿交通和冰川/永久积雪）的面积极小（均不足 1%）。因此，草地、耕地和阔叶灌丛仍然是西宁市二级生态系统的景观基质，针叶林和阔叶林呈斑块状散落其间，成为绿地景观的主要缀块；居住地、工矿交通和城市绿地呈集中连片状展布于湟水“X”型河谷地区，成为城市群内空间连通性最好的景观类型；河流、湖泊、沼泽沿水系呈树枝状分布，成为联通西宁市不同生态系统类型的生态廊道；荒漠和冰川/永久积雪呈点状零星分布在西宁市周边的高山地区，成为西宁市二级生态系统类型中面积最小、分布最分散的劣势景观。

在三级生态系统类型中，旱地、草甸、草原和落叶阔叶灌木林是西宁市最大的生态系统类型（在15%～30%），其次为常绿针叶林、居住地、裸岩和稀疏草地（均不足5%），其余12类（落叶阔叶林、草本沼泽、湖泊、水库/坑塘、河流、灌木绿地、草本绿地、工业用地、交通用地、采矿场、裸土和冰川/永久积雪）的面积极小（均不足1%）。因此，旱地、草原、草甸和落叶阔叶灌木林是西宁市三级生态系统的景观基质，居住地、工业用地和采矿场等因高度集中连片，而成为西宁市的优势景观；落叶阔叶林、草本沼泽、湖泊、水库/坑塘、河流、灌木绿地、草本绿地等因面积小、分布分散而成为西宁市三级生态系统中的劣势景观。

（3）从环境质量状况来看

西宁市是青海省污染物排放最为集中的地区，根据青海省环境监测部门数据，2010年，西宁市污水排放量分别占东部城市群、湟水流域和全省的85.5%、85.5%和44.9%，COD排放量分别占62.8%、62.5%和41.4%，NH_3-N排放量分别占81.7%、81.1%和55.0%；西宁市废气排放量分别占东部城市群、湟水流域和全省的88.8%、86.9%和62.7%，SO_2排放量分别占83.8%、75.8%和52.6%，氮氧化物排放量分别占83.8%、73.7%和51.6%；西宁市工业固体废物产生量分别占东部城市群、湟水流域和全省的69.0%、65.0%和22.0%，工业粉尘排放量分别占63.9%、63.5%和46.8%，烟尘排放量分别占62.8%、61.1%和40.0%。

（4）从存在的主要生态环境问题来看

作为典型的内陆干旱河谷型城市，西宁市的建成区受“三川汇聚、两山对峙”的地形特征影响，城市空间天生具有沿河流呈带状扩展的特征，城市发展面临的主要生态环境问题是城市扩张的水土资源约束和内陆干旱河谷型城市的大气污染和水污染问题，具体如下：

一是西宁市作为典型的河谷型城市，土地资源约束是限制城市扩市提位的首要问题。西宁市是黄河上游第一个百万以上人口的中心城市，地处黄河支流湟水上游的河谷盆地，城市建设主要集中于在地势平坦的河流阶地和冲积扇上，受四周山体的限制（南有南山和西山、北有北山、东受大东岭阻挡），城市建设只能沿着河谷方向拓展；但由于湟水谷地地处黄土高原向青藏高原的过渡地带，地形破碎、冲沟、切沟、细沟等流水侵蚀地貌发育，对城市建设的空间限制非常明显，主要表现为城市中心区人口密度高[西宁市（含3县的）和市辖区（不含3县）人口密度分别为全省平均水平的33倍和325倍]、空间狭小、交通拥堵、建设用地明显不足，有限的城市空间与多元的城市功能之间的矛盾不断凸显。未来，在全省“四区两带一线”战略和“以西宁为中心的东部城市群”战略的推动下，可以预见，西宁市必将迎来新一轮的建设用地和建成区拓展高峰，届时城市发展的空间不足、中心城市空间狭小、建设用地明显不足等问题将成为西宁城市空间拓展的重要约束。

二是西宁市作为典型的内陆干旱城市，水资源短缺将成为制约城市可持续发展的主要“瓶颈”。西宁市水资源总量仅占全省水资源量的2.1%，人均水资源量约为全国和全省平均水平的1/4和1/20，属资源型重度缺水城市，再加上全市各地区的水资源空间差异大（主要是人口、耕地、工业企业和水资源的空间分布不匹配），造成了城市工程性缺水与资源性缺水并存、工农业生产和城市居民生活用水的季节性缺水矛盾突出；此外，随着近年来湟水流域水体污染加剧，造成可利用水资源量减少，甚至造成了湟水中下游水质型缺水。据预测，若不新增其他供水工程，到2015年西宁市将缺水量1.5亿m^3，到2020年将缺水3.5亿m^3。总之，西宁市目前已属资源型中度缺水城市，未来，随着人口、城镇和产业的持续聚集，城市发展的水资源约束将更加突出。

三是西宁市特别是中心城区的水污染、大气污染、噪声污染和城市热岛等环境胁迫日益明显，已成为影响城市人居环境质量的主要问题。西宁市是青海省污染物排放最为集中的地区，西宁市的污水排放量、COD 排放量、工业粉尘排放量和烟尘排放量都接近全省的1/2，NH_3-N 排放量、废气排放量、SO_2 排放量和氮氧化物排放量都已超过全省的1/2。主要的水污染物是COD和NH_3-N，主要的大气污染物是悬浮颗粒物（TSP和PM_{10}的历年均值均高于二级标准值），主要的固体废弃物是烟尘和粉尘，主要的噪声污染来自生活噪声，工业噪声影响较小。并且随着近年来西宁市污染治理水平的提升，单位面积的污水排放量、工业粉尘排放量和烟尘排放量有明显下降，但 COD 排放量、废气排放量和氮氧化物排放量有显著上升，NH_3-N 排放量基本没变，总体来看，西宁市的各类污染物排放强度虽有所减小，但排放量持续上升。此外，需要指出的是，随着西宁市人口和产业的不断集聚，以及硬化地面的迅速扩展，西宁市（含 3 县）的城市热岛效应已经显现，空间分布最显著的特征是围绕西宁市中心城区呈同心圆状向郊区和外围山区递减，中心城区的年均温比城市郊区或城乡过渡带高出约 5℃。

3　变化趋势（2000—2010 年）

3.1　湟水流域

3.1.1　生态系统格局

生态系统格局是生态系统类型的构成、结构与比例在不同时空范围内的组合形式，本节从湟水流域尺度对生态系统类型的构成与比例、生态系统类型的转换特征以及生态系统的景观格局特征等方面进行评价。

3.1.1.1　生态系统类型的构成与比例

与现状评估相对应，湟水流域生态系统类型的结构变化按一级生态系统类型、二级生态系统类型和三级生态系统类型分别进行分析。

从一级生态系统类型来看（表 3.1-1），2000—2010 年，草地始终是湟水流域最大的生态系统类型，其面积接近流域总土地面积的 1/2；其次为农田和灌丛，二者合计约占流域总土地面积的 40%；荒漠、森林和湿地的份额比较接近，均占流域总土地面积的 4%左右；城镇的比例约为 2%；份额最小的是裸地和冰川/永久积雪，二者分别占流域总土地面积的 0.13%和 0.04%。从一级生态系统类型的变化动态来看（图 3.1-1），2000—2010 年，面积增加的一级生态系统类型有 5 类，即草地、城镇、湿地、森林和灌丛，其中草地的面积增加最大，10 年间增加了 604.6 km^2，面积增速达 6.5%；城镇用地的面积增速最快，10 年间面积增速达 21.4%，但面积仅仅增加 76 km^2；湿地面积明显增加，10 年间增加了 27.1 km^2，面积增速为 3.7%；森林和灌丛面积稍有增加，10 年间分别增加了 3.4 km^2 和 0.5 km^2，面积增速仅为 0.4%和 0.02%。面积减少的一级生态系统类型有 2 类，即农田和荒漠，其中农田面积减少最多，10 年间减少了 687.9 km^2，面积减速达 12.6%；荒漠面积减少了 23.7 km^2，面积减速为 2.5%。面积稳定的一级生态系统类型有 2 类，即冰川/永久积雪和裸地。

表 3.1-1　湟水流域一级生态系统类型的构成与比例

类型	2000 年		2005 年		2010 年	
	面积/km^2	比例/%	面积/km^2	比例/%	面积/km^2	比例/%
森林	774.27	3.78	777.67	3.80	777.67	3.80
灌丛	2 808.49	13.72	2 809.18	13.72	2 809.01	13.72
草地	9 360.71	45.72	9 890.27	48.31	9 965.28	48.67
湿地	735.44	3.59	740.68	3.62	762.55	3.72
农田	5 457.26	26.65	4 866.93	23.77	4 769.34	23.29
城镇	355.92	1.74	407.50	1.99	431.95	2.11
荒漠	948.73	4.63	948.59	4.63	925.01	4.52
冰川/永久积雪	7.37	0.04	7.37	0.04	7.37	0.04
裸地	25.68	0.13	25.68	0.13	25.68	0.13
合计	20 473.87	100.00	20 473.87	100.00	20 473.87	100.00

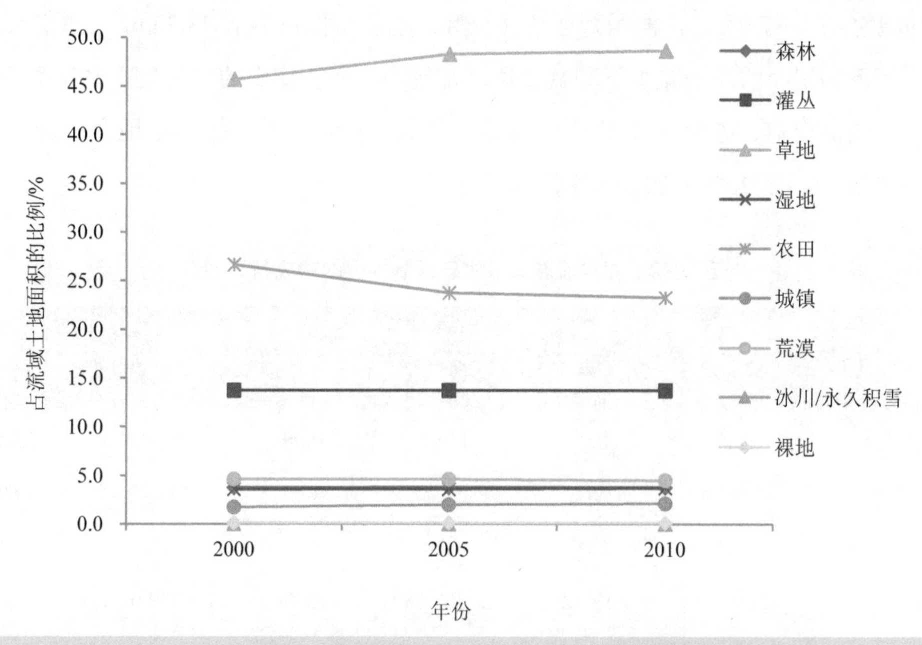

图 3.1-1 湟水流域一级生态系统类型的变化动态

从二级生态系统类型来看（表 3.1-2），2000—2010 年，草地始终是湟水流域最大的生态系统类型，面积约占流域总土地面积的 1/2；其次为耕地和阔叶灌丛，二者合计约占流域总土地面积的 40%；剩余 12 类的比例都极小，其中荒漠、针叶林、湖泊和居住地的比例都在 1%以上，沼泽、工矿交通、河流、阔叶林和裸地的比例均在 0.1%以上，针阔混交林、城市绿地和冰川/永久积雪的比例十分接近，均为 0.04%。

从二级生态系统类型的变化动态来看（图 3.1-2），2000—2010 年，面积增加的二级生态系统类型有 8 类，即阔叶林、针叶林、阔叶灌丛、草地、湖泊、居住地、城市绿地和工矿交通，其中草地的面积增加最大，10 年间增加了 604.6 km^2，面积增速达 6.5%；工矿用地、阔叶林和居住地的面积增速最快，10 年间面积增速分别为 40.2%、27.0%和 19.0%，但面积增加不多，分别为 56.8 km^2、3.4 km^2 和 19.1 km^2；其余 4 类（针叶林、阔叶灌丛、湖泊和城市绿地）无论是面积的增加量还是增长速度都较小。面积减少的二级生态系统类型有 4 类，即沼泽、河流、耕地和荒漠，其中耕地的面积减少最多，

10 年间减少了 687.9 km^2，面积减速达 12.6%；荒漠面积减少了 23.7 km^2，面积减速为 2.5%；河流和沼泽的面积减少量和减少速度都较小。面积稳定的二级生态系统类型有 3 类，即针阔混交林、冰川/永久积雪和裸地。从时间特征上看，各类用地变化较大的是 2000—2005 年，而 2006—2010 年则相对稳定。

表 3.1-2　湟水流域二级生态系统类型的构成与比例

类型	2000 年		2005 年		2010 年	
	面积/km^2	比例/%	面积/km^2	比例/%	面积/km^2	比例/%
阔叶林	12.54	0.06	15.92	0.08	15.92	0.08
针叶林	754.44	3.68	754.47	3.69	754.47	3.69
针阔混交林	7.28	0.04	7.28	0.04	7.28	0.04
阔叶灌丛	2 808.49	13.72	2 809.18	13.72	2 809.01	13.72
草地	9 360.71	45.72	9 890.27	48.31	9 965.28	48.67
沼泽	152.20	0.74	152.32	0.74	152.02	0.74
湖泊	543.37	2.65	548.34	2.68	571.38	2.79
河流	39.88	0.19	40.02	0.20	39.16	0.19
耕地	5 457.26	26.65	4 866.93	23.77	4 769.34	23.29
居住地	299.61	1.46	346.28	1.69	356.40	1.74
城市绿地	8.73	0.04	8.77	0.04	8.84	0.04
工矿交通	47.59	0.23	52.45	0.26	66.72	0.33
荒漠	948.73	4.63	948.59	4.63	925.01	4.52
冰川/永久积雪	7.37	0.04	7.37	0.04	7.37	0.04
裸地	25.68	0.13	25.68	0.13	25.68	0.13
总计	20 473.87	100.00	20 473.87	100.00	20 473.87	100.00

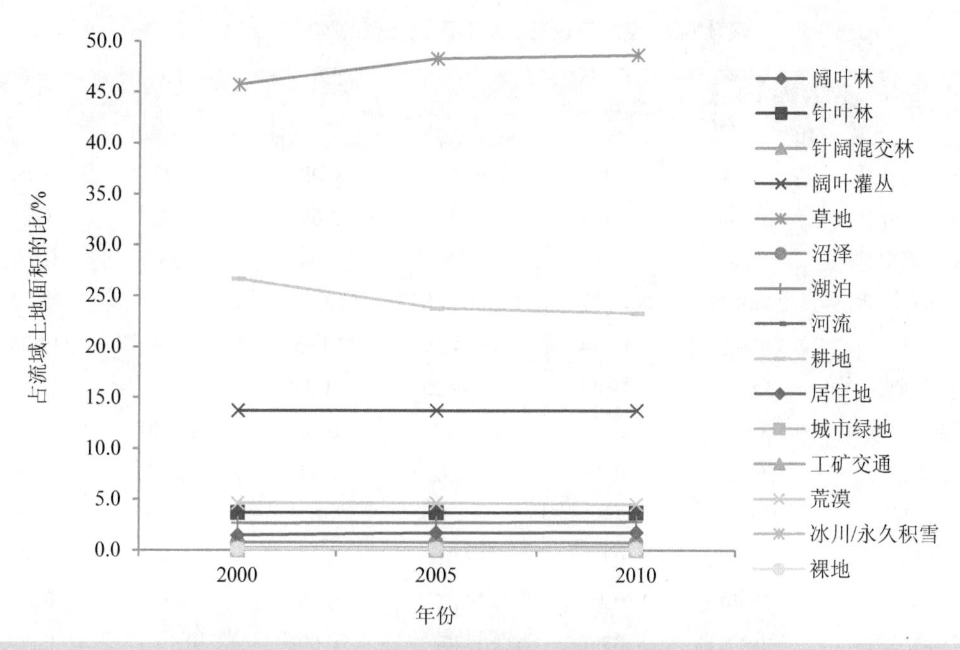

图 3.1-2 湟水流域二级生态系统类型的变化动态

从三级生态系统类型来看（表 3.1-3），2000—2010 年，旱地、草原、草甸和落叶阔叶灌丛是湟水流域最大的生态系统类型，前三类的面积比较接近，均占流域总土地面积的 1/5 左右，落叶阔叶灌丛的面积十分稳定，约占流域总土地面积的 13.7%；在剩余的 22 类中，有 6 类（即常绿针叶林、稀疏草地、湖泊、居住地、沙漠/沙地和裸岩）的比例大于 1%，有 6 类即草本沼泽、河流、工业用地、交通用地、裸土 1（指荒漠中的裸土）和裸土 2（指裸地中的裸土）的比例大于 0.1%，有 10 类（即落叶阔叶林、针阔混交林、水库/坑塘、运河/水渠、灌木绿地、草本绿地、采矿场、盐碱地、冰川/永久积雪和裸岩）的比例极小，均不足 0.1%。

表 3.1-3　湟水流域三级生态系统类型的构成与比例

类型	2000 年		2005 年		2010 年	
	面积/km²	比例/%	面积/km²	比例/%	面积/km²	比例/%
落叶阔叶林	12.54	0.06	15.92	0.08	15.92	0.08
常绿针叶林	754.44	3.68	754.47	3.69	754.47	3.69
针阔混交林	7.28	0.04	7.28	0.04	7.28	0.04
落叶阔叶灌木林	2 808.49	13.72	2 809.18	13.72	2 809.01	13.72
草甸	3 980.53	19.44	4 084.29	19.95	4 087.18	19.96
草原	3 985.67	19.47	4 408.25	21.53	4 478.09	21.87
稀疏草地	1 394.51	6.81	1 397.72	6.83	1 400.01	6.84
草本沼泽	152.20	0.74	152.32	0.74	152.02	0.74
湖泊	536.68	2.62	535.33	2.61	556.96	2.72
水库/坑塘	6.69	0.03	13.01	0.06	14.42	0.07
河流	39.40	0.19	39.55	0.19	38.69	0.19
运河/水渠	0.47	0.00	0.47	0.00	0.47	0.00
旱地	5 457.26	26.65	4 866.93	23.77	4 769.34	23.29
居住地	299.61	1.46	346.28	1.69	356.40	1.74
灌木绿地	3.59	0.02	3.60	0.02	3.60	0.02
草本绿地	5.14	0.03	5.18	0.03	5.24	0.03
工业用地	17.77	0.09	22.49	0.11	35.22	0.17
交通用地	27.57	0.13	27.70	0.14	28.91	0.14
采矿场	2.25	0.01	2.25	0.01	2.58	0.01
沙漠/沙地	307.76	1.50	309.10	1.51	304.11	1.49
裸岩 1	497.60	2.43	497.55	2.43	497.63	2.43
裸土 1	123.98	0.61	122.55	0.60	122.30	0.60
盐碱地	19.39	0.09	19.39	0.09	0.96	0.00
冰川/永久积雪	7.37	0.04	7.37	0.04	7.37	0.04
裸岩 2	4.98	0.02	4.98	0.02	4.98	0.02
裸土 2	20.70	0.10	20.70	0.10	20.70	0.10
总计	20 473.87	100.00	20 473.87	100.00	20 473.87	100.00

从三级生态系统类型的变化动态来看（图 3.1-3），2000—2010 年，面积增加的三级生态系统类型有 15 类（即落叶阔叶林、常绿针叶林、落叶阔叶灌丛、草甸、草原、稀疏草地、湖泊、水库/坑塘、居住地、灌木绿地、草本绿地、工业用地、交通用地、采矿场和裸岩），其中草原和草甸的面积增加最大，10 年间分别增加了 492.4 km^2 和 106.7 km^2，面积增速分别为 12.4%和 2.7%；水库/坑塘、工业用地、落叶阔叶林、居住地和采矿场的面积增速最快，10 年间面积增速分别为 115.6%、98.2%、27.0%、19.0%和 14.8%，但面积增加并不多；其余 8 类（常绿针叶林、落叶阔叶灌丛、稀疏草地、湖泊、灌木绿地、草本绿地、交通用地和裸岩）无论是面积的增加量还是增长速度都极小。面积减少的三级生态系统类型有 6 类（即草本沼泽、河流、旱地、沙漠/沙地、裸土和盐碱地），其中面积减少最多的是旱地，10 年间减少了 687.9 km^2，面积减速为 12.6%；面积减速最快的是盐碱地，面积减速达 95.0%，但面积减少并不多，仅为 18.4 km^2；其余 4 类无论是面积的减少量和减少速度都较小。面积稳定的三级生态系统类型有 5 类，即针阔混交林、运河/水渠、冰川/永久积雪、裸岩和裸地。从时间特征上看，仍是前期（2000—2005 年）变化大于后期（2006—2010 年）。

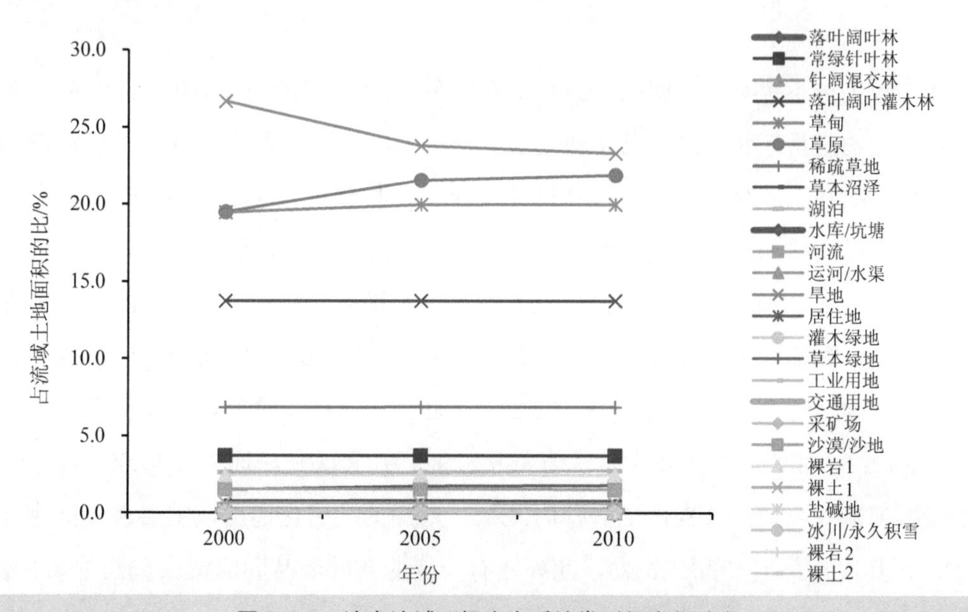

图 3.1-3　湟水流域三级生态系统类型的变化动态

3.1.1.2 生态系统类型的转换特征

从一级生态系统类型之间的转换特征看（图 3.1-4），2000—2010 年，湟水流域面积变化最大的是农田和草地，其中农田主要是减少，以转出为草地为主（转出面积为 605 km^2、占减少农田面积的 87.9%）、其次是城镇（转出面积为 73 km^2、占 10.7%）、然后是湿地和森林（分别占 0.6%和 0.5%）、转出面积最小的是荒漠和灌丛（分别占 0.2%和 0.1%）；草地主要是增加，以农田（占增加草地面积的 99.5%）转入为主、湿地和荒漠的转入份额（分别占 0.3%和 0.2%）极小。面积变化较大的是城镇、湿地和荒漠，其中城镇和湿地主要是增加，增加的城镇用地主要来自农田（占增加城镇面积的 96.6%）和草地（占 3.4%），增加的湿地主要来自荒漠（占增加湿地面积的 83.9%）、其次是农田和草地（分别占 12.9%和 3.2%）；荒漠主要是减少，全部转出为湿地。面积变化极小的是森林和灌丛，二者均略有增加，增加的森林和灌丛全部由农田转入。其余 2 类（冰川/永久积雪和裸地）的面积无变化。从一级生态系统类型转换的时间特征看（表 3.1-4），各类用地的转换主要发生在前期（2000—2005 年），后期（2006—2010 年）变化不大。

从二级生态系统类型之间的转换特征看（图 3.1-5），2000—2010 年，湟水流域面积变化最大的是耕地和草地，其中耕地主要是减少，以转出为草地为主（占 87.9%）、其次是居住地和工矿交通（分别占 8.1%和 2.6%），其余类型（湖泊、阔叶林、荒漠和阔叶灌丛）转出份额极小，均不足 1%；草地主要是增加，主要由耕地转变而来（占 99.5%），其次是湖泊、荒漠和沼泽（三者所占份额极小，共占 0.5%）。面积变化较大的是居住地、湖泊、工矿交通和荒漠，前三者主要是增加，其中增加的居住地主要来自耕地（占 97.7%），其次是草地（占 2.2%），此外还有极少量的湖泊和荒漠（二者合计占 0.1%）；增加的湖泊主要来自荒漠（占 82.8%），其次是耕地（占 13.0%），此外还有少量的河流和草地（分别占 2.5%和 1.7%）；增加的工矿交通用地主要来自耕地（占 93.2%），其次是草地（占 5.6%），此外还有少量的阔叶灌丛和河流（分别占 0.9%和 0.3%）；减少的荒漠主要转变为湖泊（占 94.4%），其次是草地（占 5.0%），此外还有少量的耕地和居住地（分别占 0.4%和 0.1%）。在剩余的 9 类中，有 4 类（阔叶林、针叶林、阔叶灌丛和城市绿地）呈微弱的增加趋势，有 2 类（沼泽和河流）呈微弱的减少趋势，有 3 类（针阔混交林、冰川/永久积雪和裸地）面积没有变化。从二级生态系统类型转换的时间特征看，各类用地的转换主要发生在前期（2000—2005 年），后期（2006—2010 年）变化不大。

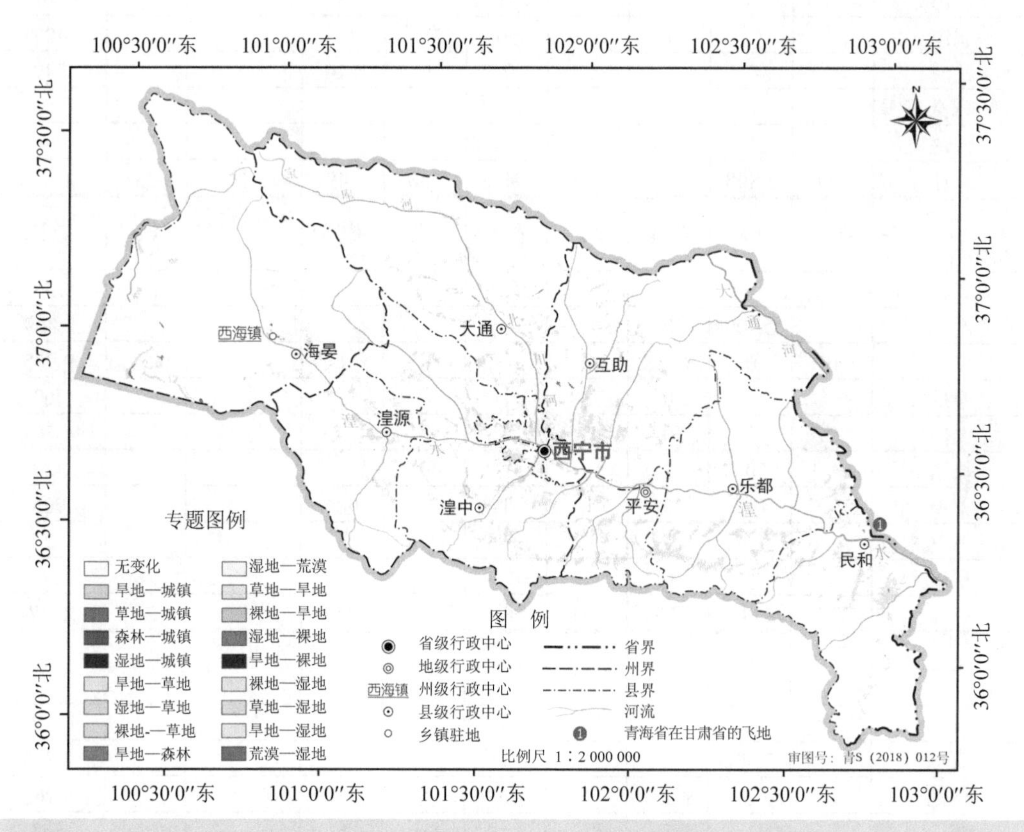

图 3.1-4 2000—2010 年湟水流域一级生态系统类型的转换特征及空间分布

表 3.1-4　湟水流域一级生态系统类型的面积转移矩阵　　单位：km^2

2000 2005	森林	灌丛	草地	湿地	农田	城镇	荒漠	冰川/永久积雪	裸地	总计
森林	774				4					778
灌丛		2 808	0		1					2 809
草地		0	9 353	0	537		0			9 890
湿地			1	732	3		5			741
农田			6		4 861		0			4 867
城镇			1		50	356				407
荒漠				3	2		944			949
冰川/永久积雪								7		7
裸地									26	26
总计	774	2 808	9 361	735	5 458	356	949	7	26	20 474

2005 2010	森林	灌丛	草地	湿地	农田	城镇	荒漠	冰川/永久积雪	裸地	总计
森林	778									778
灌丛		2 809	0							2 809
草地	0	0	9 888	3	73	0	1			9 965
湿地			0	738	1		24			763
农田			0	0	4 769		0			4 769
城镇		0	2	0	23	407				432
荒漠			0	0	1		924			925
冰川/永久积雪								7		7
裸地			0						26	26
总计	778	2 809	9 890	741	4 867	407	949	7	26	20 474

2000 2010	森林	灌丛	草地	湿地	农田	城镇	荒漠	冰川/永久积雪	裸地	总计
森林	774				4					778
灌丛		2 808			1					2 809
草地	0	0	9 357	2	605	0	1			9 965
湿地			1	732	4		26			763
农田			0	0	4 769		0			4 769
城镇		0	3	0	73	356	0			432
荒漠			0	2	1		922			925
冰川/永久积雪								7		7
裸地			0						26	26
总计	774	2 808	9 361	736	5 457	356	949	7	26	20 474

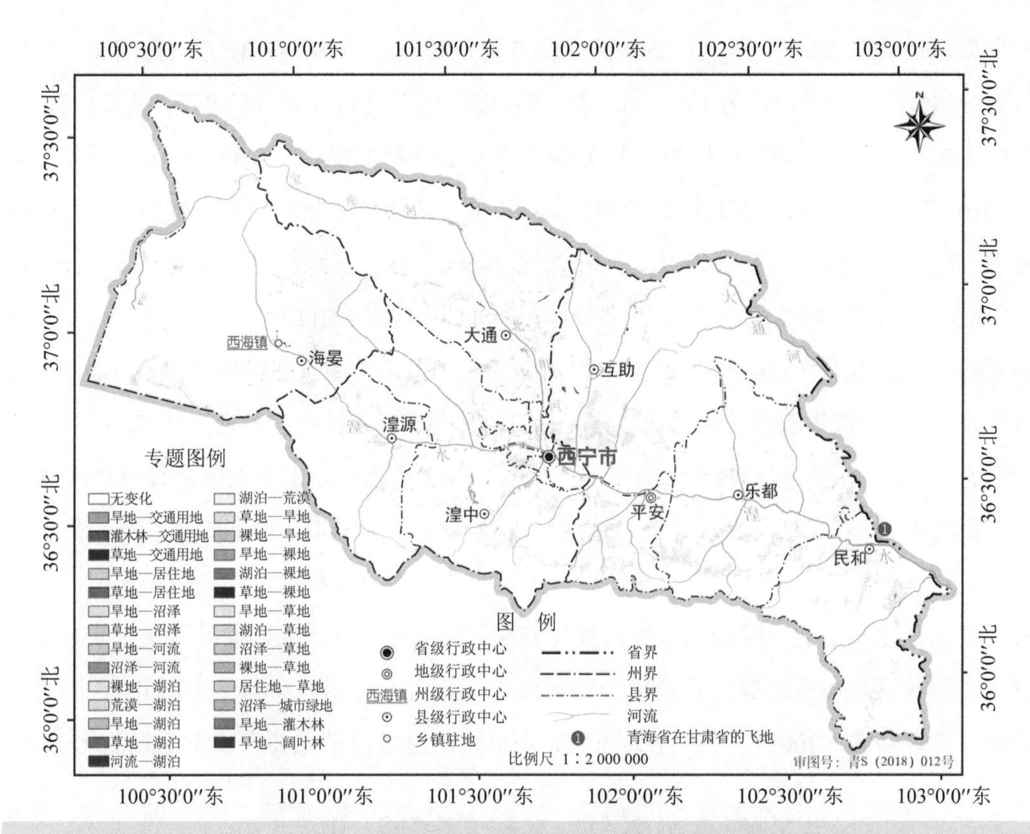

图 3.1-5　2000—2010 年湟水流域二级生态系统类型的转换特征及空间分布

3.1.1.3　生态系统的景观格局特征

景观格局是指景观组成单元的类型、数目及空间配置，分析景观组成单元的形状、大小、数量和空间组合特征，有助于把握宏观生态系统结构与功能之间的关系，从而为合理调控和优化区域生态系统格局提供依据。其中景观格局的评价指标按照《指南》要求，采用斑块数（NP）、平均斑块面积（MPS）、边界密度（ED）、聚集度指数（CONT）和类斑块平均面积（MPST）等 5 个指标，分三个生态系统层次（即一级、二级和三级）进行评价。

从景观总体特征来看（表 3.1-5），流域一级生态系统变化最显著的是斑块数（NP）

和平均斑块面积（MPS），其中 NP 的变化方向是减少、MPS 的变化方向是增加，并且二者的增减幅度一致，均为 1.8%；边界密度（ED）和聚集度指数（CONT）的变化较小，其中 ED 是减少（减少幅度为 0.9%）、CONT 是增加（增加幅度为 0.6%）；这说明在 2000—2010 年，流域一级生态系统的景观复杂程度有较大下降、景观聚集度有所上升，因而流域一级生态系统的景观破碎程度有所减小。流域二级生态系统的变化与一级类似，但 NP 和 MPS 的变化幅度变小（均为 1.6%），ED 和 CONT 的变化幅度也变小（分别为 0.8% 和 0.3%），这说明较一级生态系统而言，流域二级生态系统的景观格局变化相对温和，总体而言，流域二级生态系统的景观聚集度有微弱上升而景观破碎程度有微弱减小。流域三级生态系统的变化趋势不同于一级生态系统和二级生态系统，主要表现为斑块数（NP）和聚集度指数（CONT）有所下降，而边界密度（ED）和平均斑块面积（MPS）呈增加趋势。这说明在报告评估期，流域三级生态系统的景观复杂程度有显著下降、但由于景观聚集度存在一定的下降趋势，故而景观破碎程度有所上升。从景观格局变化的时间特征上看，各级生态系统都是前期（2000—2005 年）大于后期（2006—2010 年），因此可以说报告评估期（2000—2010 年）流域景观格局的总体特征主要取决于前期变化。

表 3.1-5　湟水流域各级生态系统的景观格局特征及其变化

一级生态系统	斑块数 NP	边界密度 ED/(m/hm^2)	平均斑块面积 MPS/hm^2	聚集度指数 CONT/%
2000 年	24 268	27.020 2	84.365 5	50.852
2005 年	23 914	26.770 5	85.614 4	51.155 8
2010 年	23 841	26.771 4	85.876 6	51.143 1
二级生态系统	斑块数 NP	边界密度 ED/(m/hm^2)	平均斑块面积 MPS/hm^2	聚集度指数 CONT/%
2000 年	24 615	27.118 2	83.176 2	59.331 5
2005 年	24 272	26.883 7	84.351 6	59.536 7
2010 年	24 229	26.894 3	84.501 3	59.486 6
三级生态系统	斑块数 NP	边界密度 ED/(m/hm^2)	平均斑块面积 MPS/hm^2	聚集度指数 CONT/%
2000 年	39 851	35.231 7	51.376	54.441
2005 年	39 768	35.569 8	51.483 2	54.076 6
2010 年	39 809	35.657 7	51.430 2	54.033 9

从景观类型特征来看（表 3.1-6），流域一级生态系统中，2010 年类斑块平均面积最大的是农田（297.7 hm^2），其次是冰川/永久积雪和草地（分别为 189.6 hm^2 和 181.6 hm^2），再次是湿地和灌丛（分别为 56.4 hm^2 和 53.5 hm^2）；而荒漠、森林和城镇的类斑块平均面积都较小（分别为 26.3 hm^2、21.7 hm^2 和 15.7 hm^2），类斑块平均面积最小的是裸地（8.9 hm^2）；这说明流域一级生态系统中农田、冰川/永久积雪和草地的分布比较集中连片，而荒漠、森林、城镇和裸地的分布比较零散。

二级生态系统中，2010 年类斑块平均面积较大的是湖泊和耕地（分别为 453.3 hm^2 和 297.7 hm^2），其次是冰川/永久积雪和草地（分别为 189.6 hm^2 和 181.6 hm^2），再次是阔叶灌丛（53.5 hm^2），沼泽、荒漠、针叶林、阔叶林、居住地和针阔混交林（分别为 27.8 hm^2、26.3 hm^2、21.4 hm^2、18.8 hm^2、16.3 hm^2 和 15.1 hm^2）的类斑块平均面积都十分接近，类斑块平均面积较小的是河流、裸地、工矿交通和城市绿地（分别为 5.3 hm^2、8.9 hm^2、9.0 hm^2 和 9.1 hm^2）；这说明流域二级生态系统中，湖泊和耕地的集中连片性最好，其次是冰川/永久积雪和草地，其余类型的空间分布均比较分散，特别是河流、裸地、工矿交通和城市绿地，其景观类型的破碎程度较高。

三级生态系统类型中，2010 年类斑块平均面积最大的是湖泊（870.4 hm^2），其次是旱地、沙漠/沙地和冰川/永久积雪（分别为 297.7 hm^2、207.9 hm^2 和 189.6 hm^2），再次是草甸、落叶阔叶灌丛和草原（分别为 76.3 hm^2、53.5 hm^2 和 43.6 hm^2），工业用地、裸岩、稀疏草地和草本沼泽的类斑块平均面积比较接近（分别为 34.3 hm^2、33.7 hm^2、28.3 hm^2 和 27.8 hm^2），水库/坑塘、常绿针叶林、落叶阔叶林、居住地、针阔混交林、盐碱地和采矿场的类排名面积大致在 10～20 hm^2，类斑块平均面积极小（不足 10 hm^2）的有灌木绿地、裸土 2、草本绿地、裸岩、运河/水渠、裸土 1、河流和交通用地，其中交通用地最小（不足 5 hm^2）；这说明流域三级生态系统中，湖泊景观的斑块平均规模最大，旱地、沙漠/沙地和冰川/永久积雪的分布也相对集中连片，草甸、落叶阔叶灌丛和草原的景观斑块也相对集中，其余类型的景观分布较为分散，其中景观破碎度最高的是交通地和河流。从生态系统类斑块平均面积变化的时间特征来看，与景观格局指数相似，总体上绝大多数生态系统类型的变化都是前期变化大于后期。

表 3.1-6　湟水流域各级生态系统的类斑块平均面积及其变化　单位：hm^2

一级生态系统	森林	灌丛	草地	湿地	农田	城镇	荒漠	冰川/永久积雪	裸地
2000 年	21.6	53.5	158.1	54.1	339.8	13.0	27.0	189.6	8.9
2005 年	21.7	53.5	177.1	54.5	303.4	15.0	27.1	189.6	8.9
2010 年	21.7	53.5	181.6	56.4	297.7	15.7	26.3	189.6	8.9
二级生态系统	阔叶林	针叶林	针阔混交林	阔叶灌丛	草地	沼泽	湖泊	河流	耕地
2000 年	16.0	21.4	15.1	53.5	158.1	27.8	460.4	5.3	339.8
2005 年	18.8	21.4	15.1	53.5	177.1	27.8	445.8	5.4	303.4
2010 年	18.8	21.4	15.1	53.5	181.6	27.8	453.3	5.3	297.7
二级生态系统	居住地	城市绿地	工矿交通	荒漠	冰川/永久积雪	裸地			
2000 年	13.7	9.0	6.9	27.0	189.6	8.9			
2005 年	15.9	9.0	7.4	27.1	189.6	8.9			
2010 年	16.3	9.1	9.0	26.3	189.6	8.9			
三级生态系统	落叶阔叶林	常绿针叶林	针阔混交林	落叶阔叶灌木林	草甸	草原	稀疏草地	草本沼泽	湖泊
2000 年	16.0	21.4	15.1	53.5	74.6	38.4	28.2	27.8	789.2
2005 年	18.8	21.4	15.1	53.5	76.3	42.8	28.3	27.8	775.9
2010 年	18.8	21.4	15.1	53.5	76.3	43.6	28.3	27.8	870.4
三级生态系统	水库/坑塘	河流	运河/水渠	旱地	居住地	灌木绿地	草本绿地	工业用地	交通用地
2000 年	13.3	5.3	5.5	339.8	13.7	8.1	6.6	24.0	4.5
2005 年	23.9	5.4	5.5	303.4	15.9	8.1	6.6	27.5	4.5
2010 年	22.8	5.3	5.5	297.7	16.3	8.1	6.6	34.3	4.5
三级生态系统	采矿场	沙漠/沙地	裸岩 1	裸土 1	盐碱地	冰川/永久积雪	裸岩 2	裸土 2	
2000 年	9.8	211.9	33.7	5.4	120.7	189.6	5.8	8.0	
2005 年	9.8	212.8	33.7	5.4	120.7	189.6	5.8	8.0	
2010 年	11.0	207.9	33.7	5.4	13.2	189.6	5.8	8.0	

说明：裸土 1 指荒漠生态系统中的裸土；裸土 2 指裸地生态系统中的裸土。

3.1.2 环境质量状况

与现状评估相对应，流域尺度的环境质量评估主要从水环境质量进行解读。根据青海省环境监测数据，湟水干流有 6 个监测断面（扎马隆、西钢桥、新宁桥、报社桥、小峡桥和民和桥），支流北川河有 6 个监测断面［硖门桥、塔尔桥、桥头桥、新宁桥（大通）、润泽桥和朝阳桥］，支流南川河有 2 个监测断面（老幼堡和七一桥），支流沙塘川河有 2 个监测断面（三其桥和沙塘川桥）。以下按照上述断面分别评价。

3.1.2.1 湟水干流水质

从水质类别来看（图 3.1-6），在 2000—2010 年，湟水干流水质平均超标率达 59.1%，水质持续恶化。其中上游断面扎马隆（湟中县）处，仅有 1 次（2001 年）低于III类的水环境功能区划目标，超标率为 9.1%。在进入西宁市后（西钢桥、新宁桥、报社桥），河流水质普遍恶化，在 3 个监测断面中，仅西钢桥在个别年份（如 2003 年、2004 年、2009 年和 2010 年）水质达到清洁标准（III类），其余断面水质类别均在Ⅳ类以上，按水环境功能区划目标：西钢桥Ⅳ类、新宁桥Ⅳ类和报社桥Ⅴ类统计，其超标率依次为 0.0%、63.6%和 90.9%。在西宁市出境断面小峡桥（城东区）处，水质持续恶化，11 年间水质目标普遍超过Ⅳ类的水环境功能目标，达到Ⅴ类或劣Ⅴ类，超标达 100%。在民和县出省断面民和桥（民和县）处，水质也呈持续恶化趋势，11 年间仅有 1 次（2004 年）达到Ⅳ类的水环境功能目标，其余年份水质以Ⅴ类或劣Ⅴ类为主（仅 2000 年为劣Ⅳ类），超标率达 90.9%。

从主要污染因子来看（表 3.1-7），2000—2010 年，湟水干流共检出污染因子 7 类，即氨氮、高锰酸钾指数、挥发酚、六价铬、石油类、五日生化需氧量、总汞，6 个断面中共检出污染频次 88 次，其中氨氮检出频次最高，达 38 次，占总检出频次的 43.2%；其次是五日生化需氧量，检出频次为 18 次，占总检出频次的 20.5%；再次是高锰酸钾指数，检出频次为 10 次，占总检出频次的 11.4%；剩余 4 个因子（石油类、六价铬、挥发酚和总汞）的检出频次为 22 次，约占总检出频次的 25%。

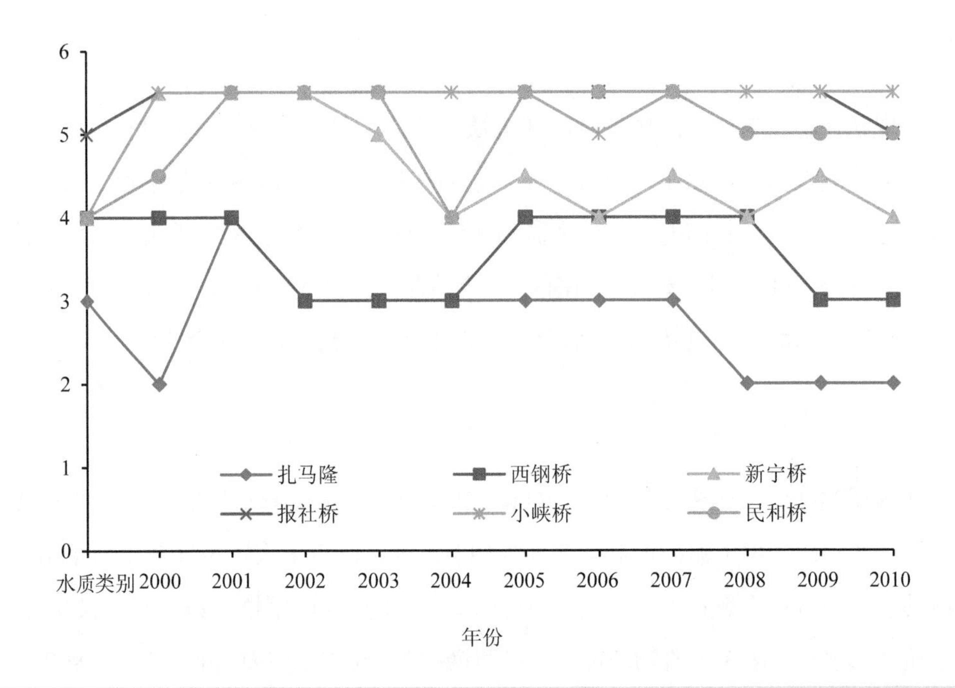

图 3.1-6　2000—2010 年湟水干流的水质类别

从单个断面来看，上游断面扎马隆和西钢桥污染因子较少，主要污染因子为五日生化需氧量、高锰酸钾指数、石油类、六价铬和挥发酚，且仅在 2000 年、2001 年和 2003 年等个别年份有检出，2004 年以后上述污染因子均无检出。在进入西宁市以后，湟水干流污染明显加重，特别是 2003 年以前，上述 7 类污染因子在新宁桥、报社桥、小峡桥和民和桥都有不同程度的检出；但进入 2004 年以来，4 个断面除氨氮持续检出外，其余污染因子基本实现达标排放（2010 年小峡桥检出五日生化需氧量）。

表 3.1-7 2000—2010 年湟水干流的水质污染因子

断面	达标值	2000 年	2001 年	2002 年	2003 年	2004 年	2005 年	2006 年	2007 年	2008 年	2009 年	2010 年	断面合计
扎马隆	Ⅲ	—	G	—	W、G、L、S	—	—	—	—	—	—	—	W（1）G（2）L（1）S（1）
西钢桥	Ⅳ	Z	S	—	W	—	—	—	—	—	—	—	Z（1）S（1）W（1）
新宁桥	Ⅳ	S、A、W	A、G、W	A、W	W、A、L、G、H	—	A	—	A	A	A	—	S（1）W（4）A（8）L（1）G（2）H（1）
报社桥	Ⅴ	S、A、W	A、W、G、S、L、H	A、W、G	A、W	A	A	A	A	A	A	—	A（10）W（4）G（2）S（2）L（1）H（1）
小峡桥	Ⅳ	A、W、L	A、W、G、L	A、W、G、L	L、A、W、G、H	A	A	A	A	A	A	A、W	L（4）A（11）W（5）G（3）H（1）
民和桥	Ⅳ	S、A、W	W、S	A、L	A、W、G、L、H、S	-	A	A	A	A	A	A	A（9）W（3）G（1）L（2）H（1）S（3）
年度合计		S（3）A（4）W（4）Z（1）L（1）	A（3）W（4）G（4）S（3）L（2）H（1）	A（4）W（3）G（2）L（2）	A（4）W（6）G（4）L（4）H（3）S（2）	A（2）	A（4）	A（3）	A（4）	A（4）	A（4）	W（1）	A（38）W（18）G（10）S（8）L（9）H（4）Z（1）

字母含义：A 氨氮；G 高锰酸钾指数；H 挥发酚；L 六价铬；S 石油类；W 五日生化需氧量；Z 总汞。

3.1.2.2 北川河水质

从水质类别来看（表 3.1-7），在 2000—2010 年，湟水支流北川河的水质平均超标率达 80.3%，水质恶化趋势明显。其中在大通县的 4 个断面（硖门桥、塔尔桥、桥头桥和新宁桥）中，除塔尔桥水质在 2004 年以来持续达到水环境功能区划目标（Ⅱ类）、超标率较低（36.4%）外，其余 3 个断面的水质呈持续恶化趋势，峡门桥、桥头桥和新宁桥（大通）的超标率依次为 100%、81.8%和 81.8%。在进入西宁市城北区后（润泽桥、朝阳桥），河流水质恶化趋势加重，2 个断面的平均超标率为 90.9%，其中润泽桥仅在 2004 年和 2008 年达到既定的水功能区划目标（Ⅲ类），朝阳桥无一年达到既定的水功能区划目标（Ⅳ类）。

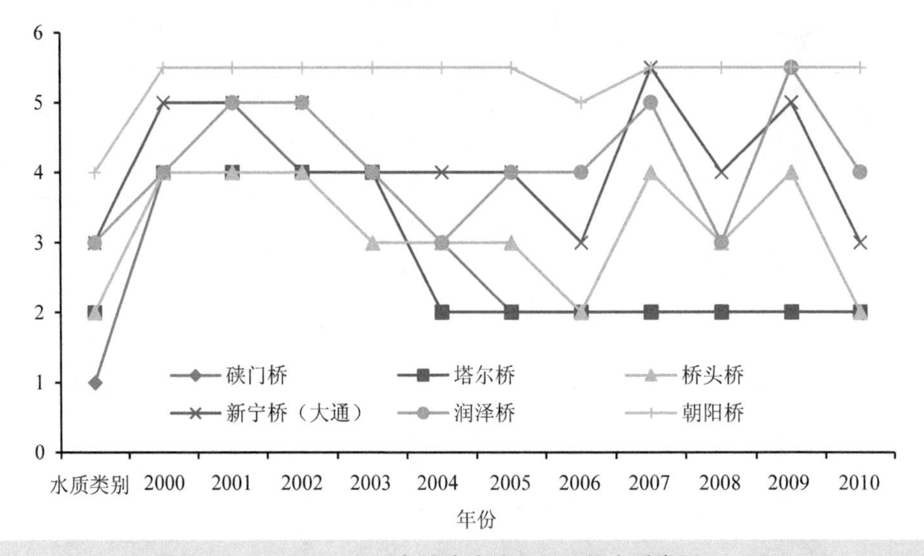

图 3.1-7 2000—2010 年湟水支流北川河的水质类别

从主要污染因子来看（表 3.1-8），2000—2010 年，北川河共检出污染因子 7 类（同上），6 个断面中共检出污染频次 82 次，其中氨氮检出频次最高，达 35 次，占总检出频次的 42.7%；其次是高锰酸钾指数，检出频次为 17 次，占总检出频次的 20.7%；再次是五日生化需氧量，检出频次为 15 次，占总检出频次的 18.3%；剩余 4 个因子（石油类、挥发酚、六价铬和总汞）的检出频次为 15 次，占总检出频次的 18.3%。

表 3.1-8 2000—2010 年湟水支流北川河的水质污染因子

断面	达标值	2000 年	2001 年	2002 年	2003 年	2004 年	2005 年	2006 年	2007 年	2008 年	2009 年	2010 年	断面合计
硖门桥	Ⅰ	—	—	G	A、G、W、H、L	A	G、A	G、A	G、A	G、A	A	G	A（7）G（7）W（1）H（1）L（1）
塔尔桥	Ⅱ	—	—	G	G、A、W、H	—	—	—	—	—	—	—	G（2）A（1）W（1）H（1）
桥头桥	Ⅱ	S	S	G	A、W、G、H	A	A	—	S	G、A	S	—	A（4）W（1）G（3）H（1）S（4）
新宁桥（大通）	Ⅲ	S、A	S、A	G	A、G、W	A	A	—	A	W、A、S	W	—	A（7）G（2）W（3）S（3）
润泽桥	Ⅲ	S	A	A	S、A	—	G	Z	A	—	A	A	A（6）G（1）Z（1）S（2）
朝阳桥	Ⅳ	A、W、S	A、W	A、W、G	A、W、G	W、A	A	W	A、W	A、W	A	A、W	A（10）G（2）W（9）S（1）
年度合计		A（2）W（1）S（4）	A（3）W（1）S（2）	A（2）W（1）G（5）	A（6）W（5）G（5）S（1）L（1）H（3）		A（4）G（2）	（1）G（1）Z（1）	A（4）W（1）G（1）S（1）	A（4）W（2）G（2）S（1）	A（3）W（1）S（1）	A（2）W（1）G（1）	A（35）S（10）G（17）W（15）H（3）L（1）Z（1）

字母含义：A 氨氮；G 高锰酸钾指数；H 挥发酚；L 六价铬；S 石油类；W 五日生化需氧量；Z 总汞。

从单个断面来看，北川河 6 个断面污染都较严重，其中 2003 年是各断面检出污染因子最多的年份，之后污染因子后有所减少，其中塔尔桥自 2004 年以来 7 类污染因子均无检出，硖门桥、桥头桥、新宁桥（大通）、润泽桥、朝阳桥的挥发酚、六价铬等污染因子虽已得到有效控制，但氨氮、五日生化需氧量、高锰酸钾指数和石油类等污染因子仍有不同程度的检出。就年际变化而言，2010 年是北川河水质较好的一年，其中塔尔桥、桥头桥和新宁桥（大通）的 7 类污染因子均无检出，硖门桥、润泽桥和朝阳桥的污染因子也都少于 2 类。

3.1.2.3 南川河水质

从水质类别来看（图 3.1-8），2000—2010 年，湟水支流南川河的水质平均超标率为 50%，水质持续恶化。其中上游断面老幼堡（湟中县）持续达标，除多数年份水质类别达到Ⅲ类的水环境功能区划目标外，还有 5 个年份（2000 年、2001 年、2007 年、2008 年和 2010 年）达到Ⅱ类标准。下游七一桥断面（西宁市）的水质则呈持续恶化趋势，自 2000 年以来，长期处于劣Ⅴ类的水质类别，远超过其Ⅳ类的水环境功能区划目标，超标率达 100%。

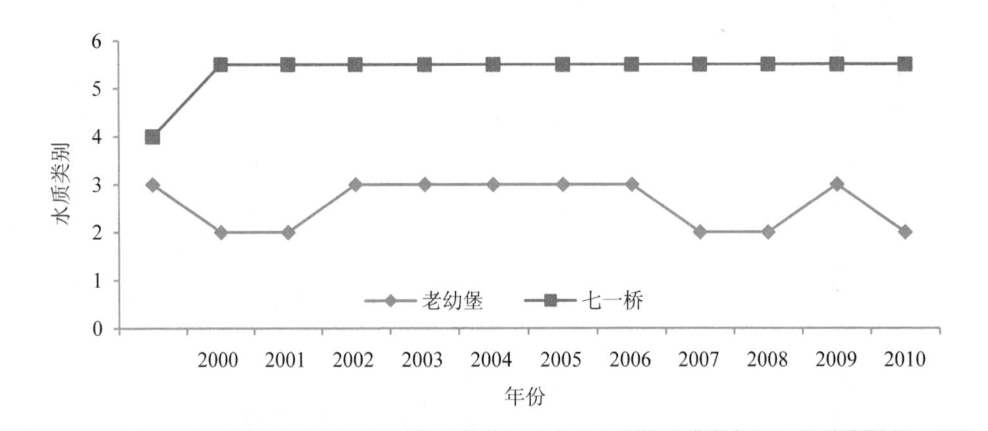

图 3.1-8　2000—2010 年湟水支流南川河的水质类别

从主要污染因子来看（表 3.1-9），2000—2010 年，南川河共检出污染因子 6 类（无六价铬），2 个断面中共检出污染频次 37 次，其中氨氮和五日生化需氧量各 11 次，二者共占总检出频次的 59.4%；再次是高锰酸钾指数，检出频次为 7 次，占总检出频次的 18.9%；剩余 3 个因子（石油类、挥发酚和总汞）的检出频次为 8 次，占总检出频次的 21.7%。

从单个断面来看，老幼堡水质较好，除 2003 年有检出五日生化需氧量和石油类污染物外，其余年份上述 6 个污染因子均无检出。七一桥污染较严重，2007 年以前，污染因子均多于 3 项，多数年份以氨氮、五日生化需氧量和高锰酸钾指数为主，还有个别年份有总汞（2000 年）、挥发酚（2001 年、2003 年和 2006 年）、石油类（2000 年和 2001 年）等污染因子检出；但进入 2007 年以来，污染因子明显减少，均控制在 2 项（氨氮和五日生化需氧量）以内，河流水质有所改善。

表 3.1-9 2000—2010 年湟水支流南川河的水质污染因子

断面	达标值	2000 年	2001 年	2002 年	2003 年	2004 年	2005 年	2006 年	2007 年	2008 年	2009 年	2010 年	断面合计
老幼堡	III	—	—	—	W、S	—	—	—	—	—	—	—	W（1） S（1）
七一桥	IV	A、S、W、G、Z	A、W、G、S、H	A、W、G	A、W、G、H	G、W、A	G、W、A	G、W、A、H	A、W	A、W	A	A、W	A（11） G（7） W（10） H（3） S（2） Z（1）
年度合计		A（1） W（1） G（1） S（1） Z（1）	A（1） W（1） G（1） S（1） H（1）	A（1）W（1）G（1）	A（1） W（2） G（1） S（1） H（1）	A（1）W（1）G（1）	A（1）W（1）G（1）	A（1）W（1）G（1）H（1）	A（1） W（1）	A（1） W（1）	A（1）	A（1） W（1）	A（11） S（4） G（7） W（11） H（3） Z（1）

字母含义：A 氨氮；G 高锰酸钾指数；H 挥发酚；S 石油类；W 五日生化需氧量；Z 总汞。

3.1.2.4 沙塘川河水质

从水质类别来看（图 3.1-9），2000—2010 年，湟水支流沙塘川河的水质平均超标率仅 27.3%，水质呈改善趋势。其中上游断面三其桥（西宁市城东区），除 2001 年、2002 年、2003 年和 2004 年水质超标外，其余年份均达到或优于既定的水环境功能区划目标（Ⅳ类），超标率为 36.4%。下游断面沙塘川（西宁市城东区），除 2001 年和 2002 年水质超标外，其余年份水质均达到或优于既定的水环境功能区划目标（Ⅳ类），超标率仅 18.2%。

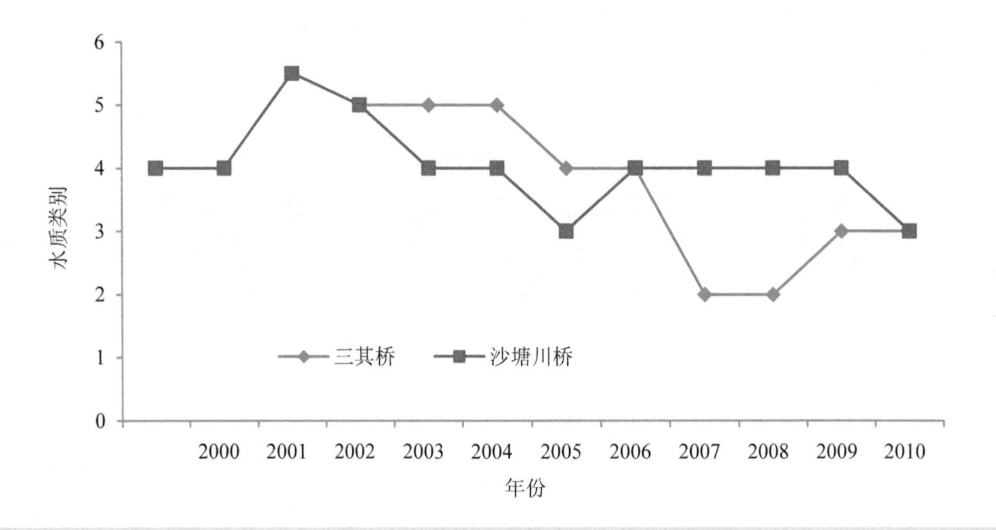

图 3.1-9　2000—2010 年湟水支流沙塘川河的水质类别

从主要污染因子来看（表 3.1-10），2000—2010 年，沙塘川共检出污染因子 4 类，即氨氮、高锰酸钾指数、挥发酚和五日生化需氧量，2 个断面中共检出污染频次 23 次，其中五日生化需氧量检出频次最高，达 9 次，占总检出频次的 39.1%；其次是高锰酸钾指数，检出频次为 6 次，占总检出频次的 26.1%；再次是氨氮和挥发酚，各检出 4 次，共占总检出频次的 34.8%。

表 3.1-10 2000—2010 年湟水支流沙塘川河的水质污染因子

断面	达标值	2000年	2001年	2002年	2003年	2004年	2005年	2006年	2007年	2008年	2009年	2010年	断面合计
三其桥	Ⅳ	W	H、W、G	W、G	G、W、H、A	W、A	—	—	—	—	—	—	A（2）G（3）W（5）H（1）
沙塘川桥	Ⅳ	W	H、G、W	G、W、A	W、G、A、H	—	—	—	—	—	—	—	A（2）G（3）W（4）H（2）
年度合计		W（2）	W（2）G（2）H（2）	A（1）W（2）G（2）	A（2）W（2）G（2）H（2）	A（1）W（1）							A（4）G（6）W（9）H（4）

字母含义：A 氨氮；G 高锰酸钾指数；H 挥发酚；W 五日生化需氧量。

从单个断面来看，三其桥和沙塘川桥的污染因子和污染时段比较接近，二者均在2004年以前有不同程度的污染因子检出，但进入2004年以来，二者的水质污染均得到有效控制，特别是2005年以后两个断面再无上述污染因子检出，河流水质均达到既定的水环境功能区划目标。

3.2 东部城市群

3.2.1 生态系统格局

生态系统格局是生态系统类型的构成、结构与比例在不同时空范围内的组合形式，本节从东部城市群尺度对生态系统类型的构成与比例、生态系统类型的转换特征以及生态系统的景观格局特征等方面进行评价。

3.2.1.1 生态系统类型的构成与比例

与现状评估相对应，东部城市群生态系统类型的结构变化按一级生态系统类型、二级生态系统类型和三级生态系统类型分别进行分析。

从一级生态系统类型来看（表 3.2-1），2000—2010 年，草地始终是东部城市群最大的生态系统类型，其面积占城市群总土地面积的 2/5 以上；其次为农田和灌丛，二者合计也占城市群总土地面积的 2/5 以上；再次为森林、荒漠和城镇，三者合计不足城市群面积的 1/10；湿地、冰川/永久积雪和裸地面积极小，三者合计约占城市群总土地面积的 0.6%。

表 3.2-1 东部城市群一级生态系统类型的构成与比例

类型	2000 年		2005 年		2010 年	
	面积/km²	比例/%	面积/km²	比例/%	面积/km²	比例/%
森林	739.65	4.62	743.06	4.64	743.06	4.64
灌丛	2 558.66	15.97	2 559.35	15.98	2 559.18	15.97
草地	6 518.70	40.69	7 044.07	43.97	7 102.74	44.34
湿地	54.23	0.34	59.97	0.37	61.10	0.38
农田	5 349.95	33.40	4 765.87	29.75	4 683.18	29.23
城镇	328.80	2.05	379.01	2.37	401.82	2.51
荒漠	436.95	2.73	435.60	2.72	435.87	2.72
冰川/永久积雪	7.37	0.05	7.37	0.05	7.37	0.05
裸地	25.68	0.16	25.68	0.16	25.68	0.16
合计	16 019.99	100.00	16 019.99	100.00	16 019.99	100.00

从一级生态系统类型的动态变化来看（图 3.2-1），面积增加的有 5 类（即草地、城镇、湿地、森林和灌丛），其中面积增加最多的是草地（面积增加了 584.0 km²，增速为 9.0%），面积增速最快的是城镇（面积增加了 73.0 km²，增速高达 22.2%），湿地的面积

增加量和增速也十分显著（面积增加了 6.9 km^2，增速为 12.7%），森林和灌丛无论是面积增加量还是增长速度都较小；面积减小的有 2 类（农田和荒漠），其中农田面积减少最多（面积减少了 666.8 km^2，减速达 12.5%），荒漠面积略有减少（面积减少了 1.1 km^2，减速为 0.2%）；面积没变的有 2 类（即冰川/永久积雪和裸地）。

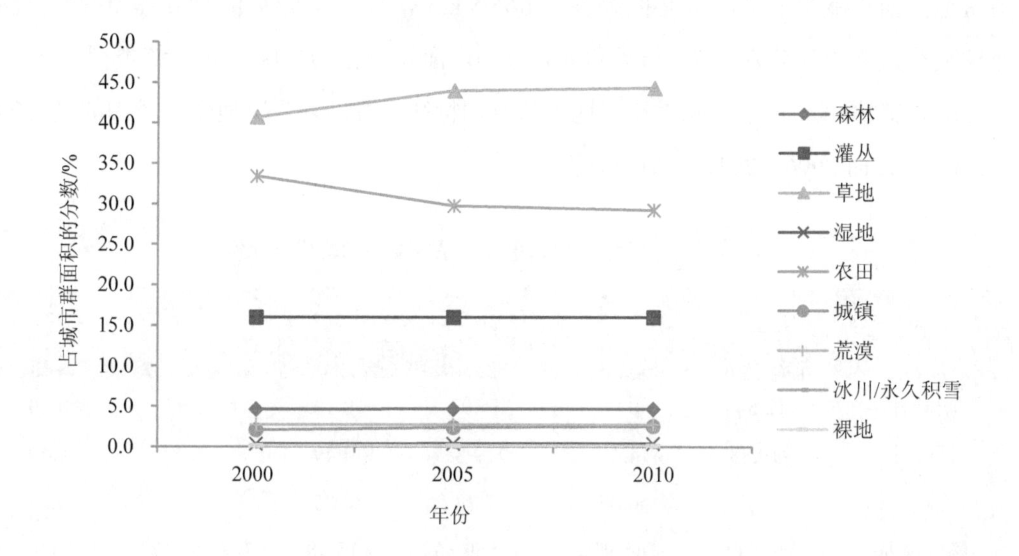

图 3.2-1 东部城市群一级生态系统类型的变化动态

从二级生态系统类型来看（表 3.2-2），2000—2010 年，草地始终是东部城市群最大的生态系统类型，面积占城市群总土地面积的 2/5 以上；其次为耕地和阔叶灌丛，二者合计也占城市群总土地面积的 2/5 以上；再次为针叶林、居住地和荒漠，三者合计约占城市群总土地面积的 1/10；剩余 9 类中，有 5 类（阔叶林、沼泽、河流、工矿交通和裸地）面积不足 1%，有 5 类（针阔混交林、湖泊、城市绿地和冰川/永久积雪）面积不足 0.1%。

从二级生态系统类型的变化动态来看（图 3.2-2），2000—2010 年，面积增加的二级生态系统类型有 9 类，即阔叶林、针叶林、阔叶灌丛、草地、沼泽、湖泊、居住地、城市绿地和工矿交通用地，其中草地的面积增加最大，10 年间增加了 584.0 km^2，面积增速达 9.0%；湖泊、工矿交通、阔叶林和居住地的面积增速最快，10 年间面积增速分别为 144.4%、56.7%、27.0%%和 19.2%，但面积增加不多，分别为 7.6 km^2、17.5 km^2、3.4 km^{2}和 55.4 km^2；其余 4 类（针叶林、阔叶灌丛、沼泽和城市绿地）无论是面积的增加量还是增长速度都较小。面积减少的二级生态系统类型有 3 类，即河流、耕地和荒漠，其中耕地的面积减少最多，10 年间减少了 666.8 km^2，面积减速达 12.5%；荒漠和河流的面积减少量极小（分别为 1.1 km^{2}和 0.7 km^2）。面积稳定的二级生态系统类型有 3 类，即针阔混交林、冰川/永久积雪和裸地。从时间特征上看，各类用地变化较大的是 2000—2005 年，而 2006—2010 年则相对稳定。

表 3.2-2　东部城市群二级生态系统类型的构成与比例

类型	2000 年		2005 年		2010 年	
	面积/km^2	比例/%	面积/km^2	比例/%	面积/km^2	比例/%
阔叶林	12.54	0.08	15.92	0.10	15.92	0.10
针叶林	719.83	4.49	719.85	4.49	719.85	4.49
针阔混交林	7.28	0.05	7.28	0.05	7.28	0.05
阔叶灌丛	2 558.66	15.97	2 559.35	15.98	2 559.18	15.97
草地	6 518.70	40.69	7 044.07	43.97	7 102.74	44.34
沼泽	16.27	0.10	16.12	0.10	16.28	0.10
湖泊	5.24	0.03	10.99	0.07	12.82	0.08
河流	32.71	0.20	32.86	0.21	32.00	0.20
耕地	5 349.95	33.40	4 765.87	29.75	4 683.18	29.23
居住地	289.18	1.81	334.79	2.09	344.59	2.15
城市绿地	8.73	0.05	8.77	0.05	8.84	0.06
工矿交通	30.89	0.19	35.45	0.22	48.39	0.30
荒漠	436.95	2.73	435.60	2.72	435.87	2.72
冰川/永久积雪	7.37	0.05	7.37	0.05	7.37	0.05
裸地	25.68	0.16	25.68	0.16	25.68	0.16
总计	16 019.99	100.00	16 019.99	100.00	16 019.99	100.00

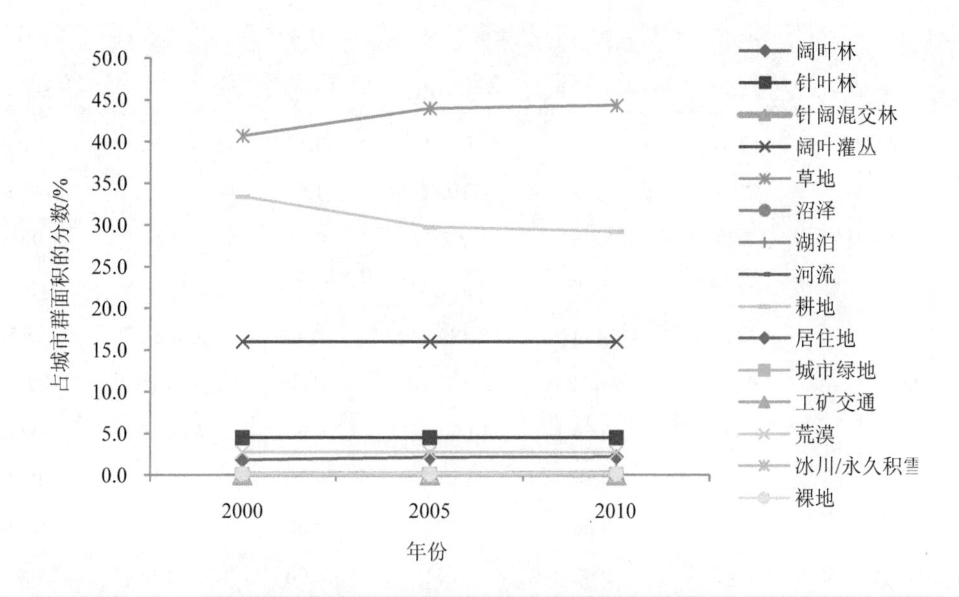

图 3.2-2 东部城市群二级生态系统类型的变化动态

从三级生态系统类型来看（表 3.2-3），2000—2010 年，旱地、草原、草甸和落叶阔叶灌丛是东部城市群最大的生态系统类型，其中旱地面积最大（约占城市群总土地面积的 30%），其次是草原（约占 1/5），草甸和落叶阔叶灌丛的面积十分接近，均占城市群总土地面积的 15%左右；在剩余的 20 类中，有 4 类（即常绿针叶林、稀疏草地、居住地和裸岩）的比例大于 1%，有 5 类［即河流、草本沼泽、工业用地、裸土 1（指荒漠中的裸土）和裸土 2（指裸地中的裸土）］的比例大于 0.1%，有 11 类（即针阔混交林、湖泊、水库/坑塘、落叶阔叶林、灌木绿地、草本绿地、交通用地、采矿场、盐碱地、冰川/永久积雪和裸岩）的比例极小，均不足 0.1%。

表 3.2-3　东部城市群三级生态系统类型的构成与比例

类型	2000 年		2005 年		2010 年	
	面积/km^2	比例/%	面积/km^2	比例/%	面积/km^2	比例/%
落叶阔叶林	12.54	0.08	15.92	0.10	15.92	0.10
常绿针叶林	719.83	4.49	719.85	4.49	719.85	4.49
针阔混交林	7.28	0.05	7.28	0.05	7.28	0.05
落叶阔叶灌木林	2 558.66	15.97	2 559.35	15.98	2 559.18	15.97
草甸	2 381.33	14.86	2 484.44	15.51	2 486.57	15.52
草原	3 073.13	19.18	3 492.20	21.80	3 548.85	22.15
稀疏草地	1 064.23	6.64	1 067.43	6.66	1 067.32	6.66
草本沼泽	16.27	0.10	16.12	0.10	16.28	0.10
湖泊	0.78	0.00	0.78	0.00	0.64	0.00
水库/坑塘	4.47	0.03	10.21	0.06	12.18	0.08
河流	32.71	0.20	32.86	0.21	32.00	0.20
旱地	5 349.95	33.40	4 765.87	29.75	4 683.18	29.23
居住地	289.18	1.81	334.79	2.09	344.59	2.15
灌木绿地	3.59	0.02	3.60	0.02	3.60	0.02
草本绿地	5.14	0.03	5.18	0.03	5.24	0.03
工业用地	16.55	0.10	20.98	0.13	33.59	0.21
交通用地	12.72	0.08	12.86	0.08	12.86	0.08
采矿场	1.61	0.01	1.61	0.01	1.94	0.01
裸岩 1	331.54	2.07	331.59	2.07	331.75	2.07
裸土 1	105.41	0.66	104.01	0.65	104.07	0.65
盐碱地	0.00	0.00	0.00	0.00	0.05	0.00
冰川/永久积雪	7.37	0.05	7.37	0.05	7.37	0.05
裸岩 2	4.98	0.03	4.98	0.03	4.98	0.03
裸土 2	20.70	0.13	20.70	0.13	20.70	0.13
总计	16 019.99	100.00	16 019.99	100.00	16 019.99	100.00

从三级生态系统类型的变化动态来看（图 3.2-3），2000—2010 年，面积增加的三级生态系统类型有 16 类（即落叶阔叶林、常绿针叶林、落叶阔叶灌丛、草甸、草原、稀疏草地、草本沼泽、水库/坑塘、居住地、灌木绿地、草本绿地、工业用地、交通用地、采矿场、裸岩和盐碱地），其中草原和草甸的面积增加最大，10 年间分别增加了 475.7 km^2 和 105.2 km^2，面积增速分别为 15.5%和 4.4%；水库/坑塘、工业用地、落叶阔叶林、采矿场和居住地的面积增速最快，10 年间面积增速分别为 172.7%、102.9%、27.0%、20.6%和 19.2%，但面积增加并不多；其余 9 类（常绿针叶林、落叶阔叶灌丛、稀疏草地、草本沼泽、灌木绿地、草本绿地、交通用地、裸岩和盐碱地）无论是面积的增加量还是增长速度都极小。面积减少的三级生态系统类型有 4 类（即湖泊、河流、旱地和裸土 1），其中面积减少最多的是旱地，10 年间减少了 666.8 km^2，面积减速为 12.5%；其余 3 类无论是面积的减少量和减少速度都极小。面积稳定的三级生态系统类型有 4 类，即针阔混交林、冰川/永久积雪、裸岩 2 和裸土 2。从时间特征上看，仍是前期（2000—2005 年）变化大于后期（2006—2010 年）。

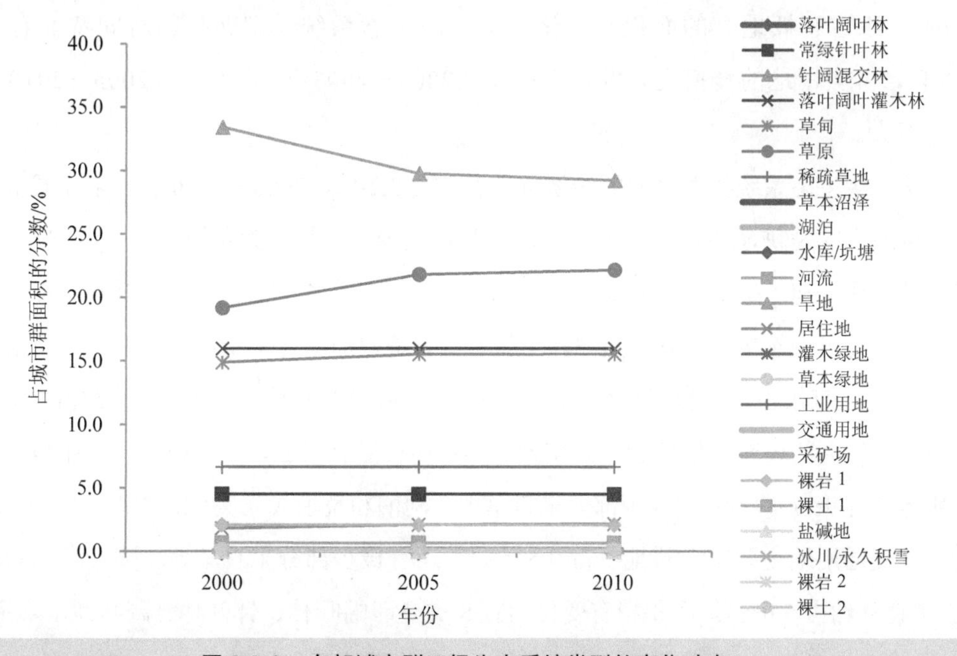

图 3.2-3　东部城市群三级生态系统类型的变化动态

3.2.1.2 生态系统类型的转换特征

从一级生态系统类型之间的转换特征看（图 3.2-4），2000—2010 年，东部城市群面积变化最大的是农田和草地，其中农田主要是减少，以转出草地为主（转出面积为 586 km^2、占减少农田面积的 87.8%）、其次是城镇（转出面积为 71 km^2、占 10.7%）、然后是湿地和森林（分别占 0.6%和 0.5%）、转出面积最小的是荒漠和灌丛（分别占 0.2%和 0.1%）；草地主要是增加，主要由农田（占增加草地面积的 99.96%）转入，湿地、灌丛和城镇的转入份额极小（共占 0.04%）。面积变化较大的还有城镇，主要是增加，增加的城镇用地主要来自农田（占增加城镇面积的 97.7%），草地、灌丛、湿地和荒漠共占 2.3%。面积变化极小的是湿地、森林、灌丛和荒漠，其中前三者均为增加、荒漠为减少，其中增加的湿地主要来自农田和荒漠（二者分别占 58.5%和 37.2%）、来自草地的份额较小（占 4.4%），增加的森林和灌丛全部由农田转入，减少的荒漠主要转变为湿地、农田和城镇（分别占 98.3%、1.0%和 0.7%）。其余 2 类（冰川/永久积雪和裸地）的面积无变化。从一级生态系统类型转换的时间特征看（表 3.2-4），各类用地的转换主要发生在前期（2000—2005 年），后期（2006—2010 年）变化不大。

从二级生态系统类型之间的转换特征看（图 3.2-5），2000—2010 年，东部城市群面积变化最大的是耕地和草地，其中耕地主要是减少，以转出为草地为主（占 87.8%）、其次是居住地和工矿交通（分别占 8.2%和 2.5%），其余类型（湖泊、阔叶林、荒漠和阔叶灌丛）转出份额极小，均不足 1%；草地主要是增加，几乎全部由耕地转变而来（占 99.96%），还有极小量来自居住地、湖泊、河流、阔叶灌丛和沼泽（五类合计约占 0.04%）。面积变化较大的还有居住地和工矿交通，二者均有显著增加，其中增加的居住地主要来自耕地（占 98.7%），还有极少部分来自草地、湖泊和荒漠（三类合计约占 1.3%）；增加的工矿交通用地主要来自耕地（占 95.0%），还有极少部分来自草地、阔叶灌丛和河流（三类合计约占 5.0%）。面积稍有变化的有 8 类（即阔叶林、针叶林、阔叶灌木、沼泽、湖泊、河流、城市绿地和荒漠），其中除河流和荒漠的面积稍有减少外，其余 6 类的面积稍有增加，但无论是增加还是减少，面积变化均极小（不足 10 km^2）。其余 3 类（针阔混交林、冰川/永久积雪和裸地）面积没有变化。从二级生态系统类型转换的时间特征看，各类用地的转换主要发生在前期（2000—2005 年），后期（2006—2010 年）变化不大。

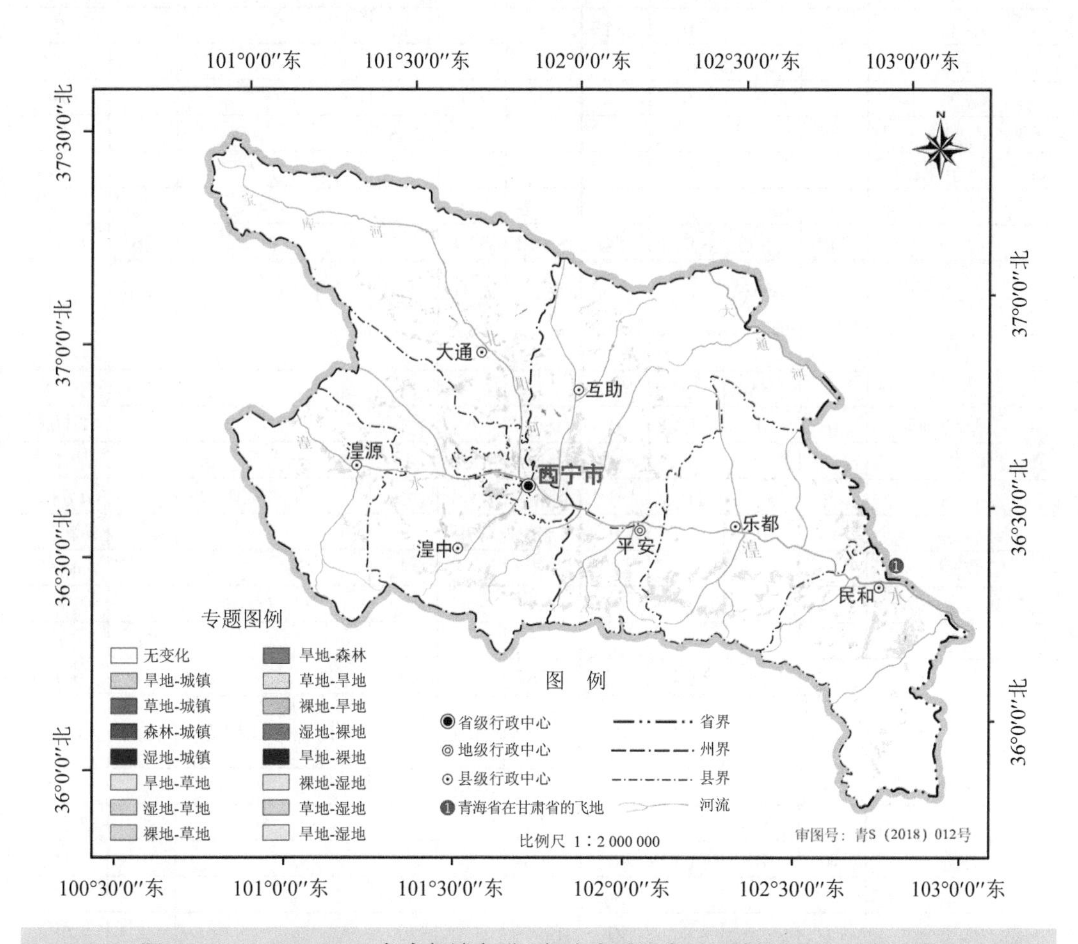

图 3.2-4 2000—2010 年东部城市群一级生态系统类型的转换特征及空间分布

表 3.2-4　东部城市群一级生态系统类型的面积转移矩阵　　单位：km²

2000 2005	森林	灌丛	草地	湿地	农田	城镇	荒漠	冰川/永久积雪	裸地	总计
森林	740				3					743
灌丛		2 559	0		1					2 560
草地		0	6 517	0	527					7 044
湿地			0	54	3		2			59
农田			1		4 765		0			4 766
城镇			0		50	329				379
荒漠					1		435			436
冰川/永久积雪								7		7
裸地									26	26
总计	740	2 559	6 518	54	5 350	329	437	7	26	16 020
2005 2010	森林	灌丛	草地	湿地	农田	城镇	荒漠	冰川/永久积雪	裸地	总计
森林	743									743
灌丛		2 559	0							2 559
草地	0	0	7 043	0	60	0				7 103
湿地			0	60	1		0			61
农田			0	0	4 683					4 683
城镇		0	1	0	22	379				402
荒漠			0	0	1		435			436
冰川/永久积雪								7		7
裸地			0						26	26
总计	743	2 559	7 044	60	4 767	379	435	7	26	16 020
2000 2010	森林	灌丛	草地	湿地	农田	城镇	荒漠	冰川/永久积雪	裸地	总计
森林	740				3					743
灌丛		2 558			1					2 559
草地	0	0	6 517	0	586	0				7 103
湿地			0	54	4		3			61
农田			0	0	4 683		0			4 683
城镇		0	2	0	71	329	0			402
荒漠			0	0	2		434			436
冰川/永久积雪								7		7
裸地			0						26	26
总计	740	2 558	6 519	54	5 350	329	437	7	26	16 020

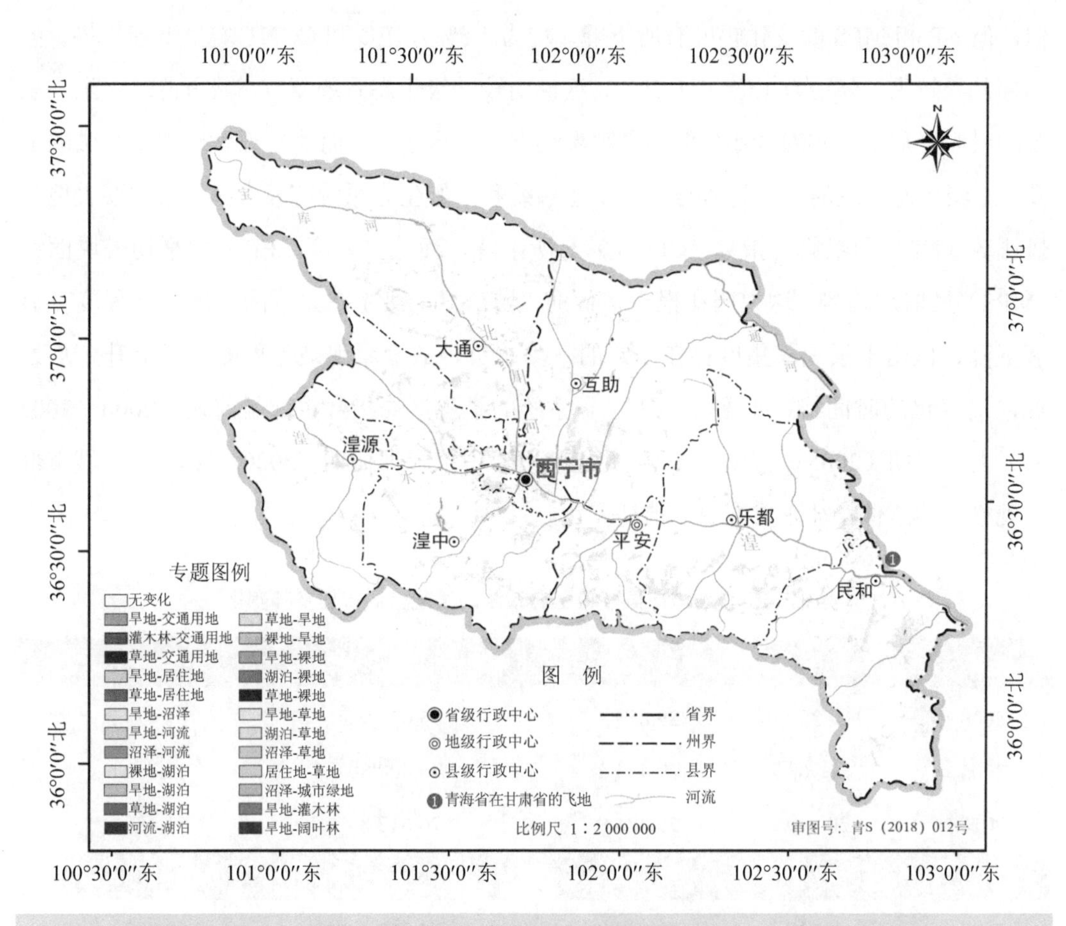

图 3.2-5 2000—2010 年东部城市群二级生态系统类型的转换特征及空间分布

3.2.1.3 生态系统的景观格局特征

从景观总体特征来看（表 3.2-5），东部城市群一级生态系统变化最显著的是斑块数（NP）和平均斑块面积（MPS），其中 NP 的变化方向是减少、MPS 的变化方向是增加，并且二者的增减幅度一致，均为 2.1%；边界密度（ED）的变化较小，主要是减少（1.1%）；聚集度指数（CONT）无变化；这说明在 2000—2010 年，城市群一级生态系统的景观复杂程度有明显下降、景观破碎程度有明显减小。二级生态系统的变化与一级生态系统类似，但 NP 和 MPS 的变化幅度有所下降（均为 1.8%），ED 和 CONT 均呈下降趋势、但降幅差异较大（分别为 1.0%和 0.2%），这说明较一级生态系统而言，城市群二级生态系统的景观格局变化相对较小，但因景观聚集度有小幅下降，而使景观破碎程度有微弱上升。三级生态系统的变化趋势与一级生态系统和二级生态系统有较大区别，主要表现为斑块数（NP）和聚集度指数（CONT）有所下降，而边界密度（ED）和平均斑块面积（MPS）呈增加趋势；这说明在报告评估期，城市群三级生态系统的景观复杂程度有显著下降、但由于景观聚集度存在一定的下降趋势，故而景观破碎程度有所上升。从景观格局变化的时间特征上看，各级生态系统的景观格局指数也都是前期（2000—2005 年）大于后期（2005—2010 年），因此仍然可以说报告评估期（2000—2010 年）城市群景观格局的总体特征主要取决于前期变化。

表 3.2-5　东部城市群各级生态系统的景观格局特征及其变化

一级生态系统	斑块数 NP	边界密度 ED/(m/hm^2)	平均斑块面积 MPS/hm^2	聚集度指数 CONT/%
2000 年	21 350	29.813 1	75.033 9	51.629 2
2005 年	20 968	29.473 2	76.400 8	51.712 6
2010 年	20 910	29.486 9	76.612 8	51.637 5
二级生态系统	斑块数 NP	边界密度 ED/(m/hm^2)	平均斑块面积 MPS/hm^2	聚集度指数 CONT/%
2000 年	21 659	29.928 9	73.963 4	60.235 6
2005 年	21 291	29.609 5	75.241 8	60.248 1
2010 年	21 262	29.635 8	75.344 4	60.138 7
三级生态系统	斑块数 NP	边界密度 ED/(m/hm^2)	平均斑块面积 MPS/hm^2	聚集度指数 CONT/%
2000 年	33 427	37.087 8	47.924 5	55.084 5
2005 年	33 315	37.499 3	48.085 6	54.447 5
2010 年	33 367	37.634 1	48.010 7	54.890 3

从景观类型特征来看（表 3.2-6），东部城市群一级生态系统中，2010 年类斑块平均面积较大的是冰川/永久积雪和农田（分别为 374.6 hm^2 和 307.7 hm^2），其次是草地（137.9 hm^2），再次是灌丛（58.5 hm^2）；而森林、城镇和荒漠的类斑块平均面积都较小（分别为 21.7 hm^2、17.4 hm^2 和 14.3 hm^2），类斑块平均面积较小的是裸地和湿地（分别为 9.5 hm^2 和 7.6 hm^2）；这说明流域一级生态系统中冰川/永久积雪、农田和草地的分布比较集中连片，而森林、城镇、荒漠、裸地和湿地的分布比较零散。

二级生态系统中，2010 年类斑块平均面积较大的是冰川/永久积雪和耕地（分别为 374.6 hm^2 和 307.7 hm^2），其次是草地和阔叶灌丛（分别为 137.9 hm^2 和 58.5 hm^2），类斑块平均面积较小的是城市绿地和河流（分别为 9.2 hm^2、5.0 hm^2），其余 8 类（针叶林、阔叶林、沼泽、居住地、湖泊、针阔混交林、荒漠、工矿交通）的类斑块平均面积比较接近，在 10～20 hm^2；这说明流域二级生态系统中，冰川/永久积雪、耕地和草地的集中连片性最好，其余类型的空间分布均比较分散，特别是城市绿地和河流，其景观类型的破碎程度较高。

三级生态系统类型中，2010 年类斑块平均面积较大的是冰川/永久积雪和旱地（分别为 374.6 hm^2 和 307.7 hm^2），其次是落叶阔叶灌木林、草甸、草原和工业绿地（分别为 58.5 hm^2、51.4 hm^2、42.4 hm^2 和 40.0 hm^2）；类斑块平均面积极小（不足 10 hm^2）的有 9 类（裸土 1、灌木绿地、草本绿地、盐碱地、裸岩、裸土 2、河流、交通用地和湖泊），其中交通用地和湖泊较小（不足 5 hm^2）；其余 9 类（稀疏草地、裸岩、常绿针叶林、水库/坑塘、落叶阔叶林、草本沼泽、居住地、针阔混交林和采矿场）类斑块平均面积在 10～20 hm^2；这说明流域三级生态系统中，冰川/永久积雪和旱地景观的斑块平均规模最大，落叶阔叶灌木林、草甸、草原和工业绿地的分布也相对集中连片，其余类型的景观分布较为分散，其中景观破碎度最高的是交通用地和湖泊。从生态系统类斑块平均面积变化的时间特征来看，与景观格局指数相似，总体上绝大多数生态系统类型的变化都是前期大于后期。

表 3.2-6 东部城市群各级生态系统的类斑块平均面积及其变化 单位：hm^2

一级生态系统	森林	灌丛	草地	湿地	农田	城镇	荒漠	冰川/永久积雪	裸地
2000 年	21.6	58.4	116.1	6.8	361.1	14.1	14.4	374.6	9.5
2005 年	21.7	58.4	134.7	7.5	318.6	16.3	14.4	374.6	9.5
2010 年	21.7	58.5	137.9	7.6	307.7	17.4	14.3	374.6	9.5
二级生态系统	阔叶林	针叶林	针阔混交林	阔叶灌丛	草地	沼泽	湖泊	河流	耕地
2000 年	16.8	21.3	14.7	58.4	116.1	17.0	7.9	5.1	361.1
2005 年	19.3	21.4	14.7	58.4	134.7	17.0	15.1	5.1	318.6
2010 年	19.3	21.4	14.7	58.5	137.9	17.0	16.3	5.0	307.7
二级生态系统	居住地	城市绿地	工矿交通	荒漠	冰川/永久积雪	裸地			
2000 年	13.6	9.0	9.2	14.4	374.6	9.5			
2005 年	15.8	9.0	10.3	14.4	374.6	9.5			
2010 年	16.3	9.2	13.5	14.3	374.6	9.5			
三级生态系统	落叶阔叶林	常绿针叶林	针阔混交林	落叶阔叶灌木林	草甸	草原	稀疏草地	草本沼泽	湖泊
2000 年	16.8	21.3	14.7	58.4	49.5	36.0	29.2	17.0	4.0
2005 年	19.3	21.4	14.7	58.4	51.4	41.7	29.3	17.0	4.0
2010 年	19.3	21.4	14.7	58.5	51.4	42.4	29.3	17.0	3.8
三级生态系统	水库/坑塘	河流	旱地	居住地	灌木绿地	草本绿地	工业绿地	交通用地	采矿场
2000 年	9.8	5.1	361.1	13.6	7.4	6.8	26.7	4.6	12.8
2005 年	19.7	5.1	318.6	15.8	7.4	6.8	30.5	4.6	12.8
2010 年	20.1	5.0	307.7	16.3	7.4	6.9	40.0	4.6	13.4
三级生态系统	裸岩 1	裸土 1	盐碱地	冰川/永久积雪	裸岩 2	裸土 2			
2000 年	24.5	5.3	—	374.6	6.1	8.6			
2005 年	24.5	5.2	6.1	374.6	8.6	8.6			
2010 年	24.5	5.2	6.8	374.6	6.1	8.6			

说明：裸土 1 指荒漠生态系统中的裸土；裸土 2 指裸地生态系统中的裸土；裸岩 1 指荒漠生态系统中的裸岩；裸岩 2 指裸地生态系统中的裸岩。

3.2.2 环境质量状况

与现状评估相对应，城市群尺度的环境质量状况变化主要从污染物排放量角度进行分析。

3.2.2.1 水污染物排放量

根据青海省环境监测部门数据（图 3.2-6），青海东部城市群的污水排放量 2010 年（13 740 万 t）比 2005 年（14 104 万 t）减少了 366 万 t，减少了 2.6%；其中工业源减少了 12.2%，生活源增加了 3.4%。化学需氧量（COD）2010 年（54 804 t）比 2005 年（49 446 t）增加了 5 360 t，增加了 10.8%；其中工业源增加了 15.9%，生活源增加了 5.5%。氨氮（NH_3-N）2010 年（5 665 t）比 2005 年（4 906 t）增加了 759 t，增加了 15.5%；其中工业源增加了 24.8%，生活源增加了 12.9%。

分县市看（表 3.2-7），污水排放量减少的是互助县（–35%）、大通县（–14%）和西宁市区（–1.4%），增加的是湟中县（70.2%）、平安县（17.4%）、民和县（16.1%）、湟源县（11.8%）和乐都县（6.1%）；减少的污水主要是工业源，如互助县（–55.6%）、大通县（–23.0%）和乐都县（–23.0%）；增加的污水主要来自生活源，城市群中除西宁市区有所减少（–1.7%）外，其余县都有所增加，增长较快的是互助县（31.1%）、湟中县（17.4%）、平安县（16.4%）、乐都县（15.7%）和民和县（15.6%）；与此同时，部分县域的工业源污水增长迅猛，如湟中县（204.3%）、湟源县（118.1%）、平安县（53.0%）和民和县（17.3%）。COD 排放量普遍增长，其中增长较快的是湟源县（43.1%）、湟中县（40.9%）、西宁市区（29.3%）和平安县（10.8%），民和县（4.3%）和乐都县（1.7%）增加较慢；减少的县仅 2 个，互助县（–8.7%）和大通县（–5.4%）。氨氮排放量普遍增长，其中增长较快的是湟中县（225.4%）、民和县（36.6%）、湟源县（27.5%）、西宁市区（23.0%）、乐都县（21.3%）和平安县（20.1%）；减少的县仅 2 个，大通县（–30.7%）和互助县（–1.2%）。

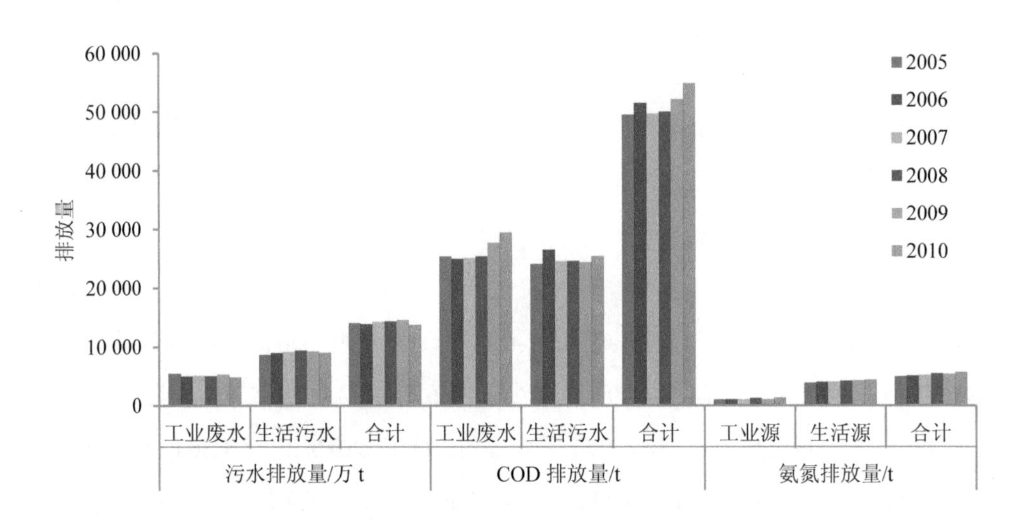

图 3.2-6　2005—2010 年东部城市群水污染物的排放量变化

表 3.2-7　2005—2010 年东部城市群各县市的水污染物排放量变化

指标	县市	污水排放量/万 t			COD 排放量/t			氨氮排放量/t		
		工业源	生活源	小计	工业源	生活源	小计	工业源	生活源	小计
2005 年	西宁市区	2 366	6 287	8 653	3 652	13 607	17 259	127	2 635	2 662
	大通县	1 759	636	2 395	7 230	2 543	9 772	842	297	1 139
	湟中县	117	296	413	110	1 183	1 293	138	138	140
	湟源县	1	181	182	50	723	727	0	84	85
	西宁市小计	4 243	7 400	11 643	10 996	18 055	29 051	871	3 154	4 025
	平安县	6	247	253	70	1 108	1 178	1	129	130
	民和县	179	446	625	6 589	1 785	8 374	26	208	235
	乐都县	114	343	457	2 421	1 835	4 256	16	214	230
	互助县	858	268	1 126	5 302	1 286	6 587	137	150	287
	城市群小计	5 400	8 704	14 104	25 378	24 069	49 446	1 050	3 856	4 906

指标	县市	污水排放量/万 t			COD 排放量/t			氨氮排放量/t		
		工业源	生活源	小计	工业源	生活源	小计	工业源	生活源	小计
2010 年	西宁市区	2 357	6 178	8 534	9 278	13 039	22 318	429	2 845	3 274
	大通县	1 339	721	2 059	6 233	3 007	9 240	407	382	789
	湟中县	355	347	702	297	1 524	1 821	271	184	455
	湟源县	2	201	203	126	915	1 041	1	107	108
	西宁市小计	4 052	7 447	11 499	15 934	18 486	34 420	1 108	3 518	4 626
	平安县	10	288	297	138	1 168	1 306	6	150	156
	民和县	209	516	725	6 799	1 937	8 736	80	241	320
	乐都县	88	397	485	2 202	2 126	4 329	31	248	279
	互助县	381	351	733	4 329	1 686	6 016	86	197	283
	城市群小计	4 741	8 999	13 740	29 402	25 402	54 804	1 311	4 354	5 665
增长率	西宁市区	–0.4	–1.7	–1.4	154.1	–4.2	29.3	237.8	8.0	23.0
	大通县	–23.9	13.3	–14.0	–13.8	18.3	–5.4	–51.6	28.9	–30.7
	湟中县	204.3	17.4	70.2	170.3	28.8	40.9	96.4	33.5	225.4
	湟源县	118.1	11.3	11.8	151.7	26.7	43.1	238.8	26.7	27.5
	西宁市小计	–4.5	0.6	–1.2	44.9	2.4	18.5	27.2	11.5	14.9
	平安县	53.0	16.4	17.4	97.1	5.4	10.8	559.0	16.2	20.1
	民和县	17.3	15.6	16.1	3.2	8.5	4.3	202.2	15.6	36.6
	乐都县	–23.0	15.7	6.1	–9.0	15.9	1.7	95.5	15.9	21.3
	互助县	–55.6	31.1	–35.0	–18.3	31.2	–8.7	–36.8	31.2	–1.2
	城市群小计	–12.2	3.4	–2.6	15.9	5.5	10.8	24.8	12.9	15.5

3.2.2.2 大气污染物排放量

根据青海省环境监测部门数据（图 3.2-7），青海东部城市群的废气排放量 2010 年（2 789 亿 m^3）比 2005 年（1 070 亿 m^3）增加了 1 719 亿 m^3，增加了 160.7%，全部为工业源（生活源未统计）。SO_2 排放量 2010 年（90 082 t）比 2005 年（83 874 t）增加了 6 208 t，

增加了 7.4%；其中工业源增加了 6.4%，生活源增加了 43.2%。氮氧化物排放量 2010 年（67 929 t）比 2005 年（43 714 t）增加了 24 215 t，增加了 55.4%；其中工业源增加了 44%，生活源增加了 110.2%。

分县市看（表 3.2-8），废气排放量普遍增加，增加较快的是湟中县（1 190.5%）、平安县（903.1%）、湟源县（883.2%）和西宁市区（715.1%），乐都县（450%）和互助县（169.2%）稍快，增加最少的是大通县（46.3%），民和县的废气排放量有所减少，减少率为 5.2%。SO_2 排放量普遍增加，增加较快的是湟中县（719.4%）和湟源县（100.1%），乐都县（76.4%）、平安县（51.4%）和互助县（24.1%）增加稍慢；SO_2 排放量有所减少的是西宁市区（–25.7%）、民和县（–24%）和大通县（–13.9%）。氮氧化物排放量普遍增加，增加较快的是湟中县（646%）、乐都县（256.8%）、西宁市区（111.5%）和互助县（102.5%），增加较慢的是民和县（74.8%）、大通县（20.6%）和平安县（14.1%），湟源县的氮氧化物排放量有所减少，减少率为 47%。

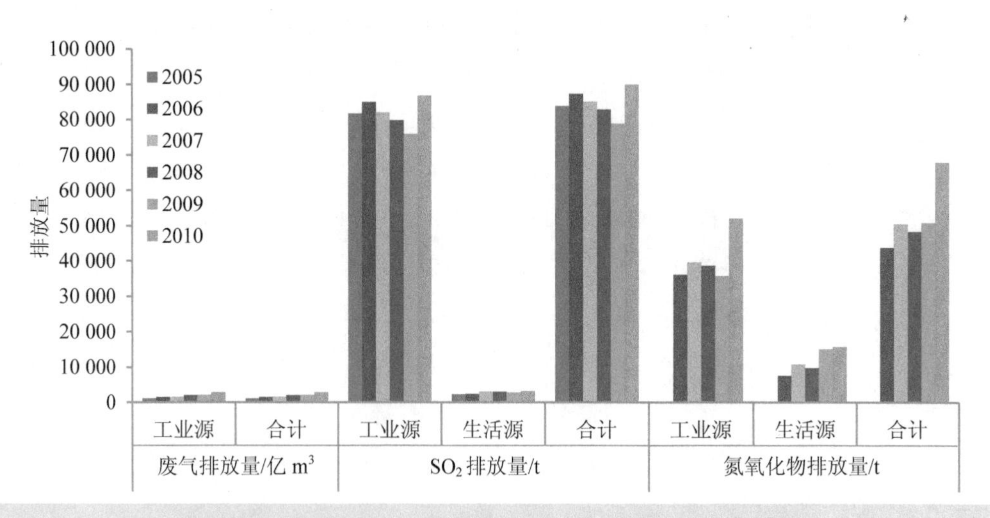

图 3.2-7　2005—2010 年东部城市群大气污染物的排放量变化

表 3.2-8 2005—2010 年东部城市群各县市的大气污染物排放量变化

指标	县市	废气排放量/亿 m^3			SO_2 排放量/t			氮氧化物排放量/t		
		工业源	生活源	小计	工业源	生活源	小计	工业源	生活源	小计
2005 年	西宁市区	60	0	60	13 770	764	14 534	816	4 165	4 981
	大通县	831		831	54 362	350	54 712	30 045	836	30 881
	湟中县	49		49	1 877	158	2 035	507	617	1 124
	湟源县	14		14	175	295	470	1 133	352	1 485
	西宁市小计	954	0	954	70 185	1 567	71 752	32 501	5 970	38 471
	平安县	3		3	1 228	184	1 412	522	551	1 073
	民和县	51		51	3 394	196	3 590	928	396	1 324
	乐都县	25		25	1 628	40	1 668	883	208	1 091
	互助县	37		37	5 220	232	5 452	1 356	399	1 755
	城市群小计	1 070	0	1 070	81 655	2 219	83 874	36 190	7 524	43 714
2010 年	西宁市区	486	0	486	9 824	976	10 800	1 917	8 617	10 534
	大通县	1 217		1 217	46 126	967	47 093	35 564	1 674	37 238
	湟中县	638		638	16 407	269	16 676	7 682	701	8 383
	湟源县	138		138	517	424	941	414	372	786
	西宁市小计	2 478	0	2 478	72 874	2 636	75 510	45 577	11 364	56 941
	平安县	26		26	1 972	166	2 138	674	550	1 224
	民和县	49		49	2 695	32	2 727	1 098	1 217	2 315
	乐都县	137		137	2 911	32	2 943	1 629	2 264	3 893
	互助县	99		99	6 451	312	6 763	3 138	418	3 556
	城市群小计	2 789	0	2 789	86 904	3 178	90 082	52 116	15 813	67 929
增长率	西宁市区	715.1	—	715.1	–28.7	27.7	–25.7	135.1	106.9	111.5
	大通县	46.3	—	46.3	–15.2	176.3	–13.9	18.4	100.2	20.6
	湟中县	1 190.5	—	1 190.5	774.1	70.3	719.4	1 415.9	13.6	646.0
	湟源县	883.2	—	883.2	195.2	43.7	100.1	–63.4	5.7	–47.0
	西宁市小计	159.7	—	159.7	3.8	68.2	5.2	40.2	90.4	48.0
	平安县	903.1	—	903.1	60.6	–9.8	51.4	29.3	–0.2	14.1
	民和县	–5.2	—	–5.2	–20.6	–83.7	–24.0	18.3	207.3	74.8
	乐都县	450.0	—	450.0	78.8	–20.0	76.4	84.4	988.5	256.8
	互助县	169.2	—	169.2	23.6	34.5	24.1	131.3	4.8	102.5
	城市群小计	160.7	—	160.7	6.4	43.2	7.4	44.0	110.2	55.4

注：氮氧化物数据以 2006 年为起始年。

3.2.2.3 固体废弃物排放量

根据青海省环境监测部门数据（图 3.2-8），青海东部城市群的工业固体废弃物产生量 2010 年（567 万 t）比 2005 年（202 万 t）增加了 365 万 t，增加了 180.7%。工业粉尘排放量 2010 年（71 472 t）比 2005 年（67 045 t）增加了 4 427 t，增加了 6.6%。烟尘排放量 2010 年（48 771 t）比 2005 年（44 429 t）增加了 4 342 t，增加了 9.8%；其中工业源减少了 1.1%，生活源增加了 76.8%。

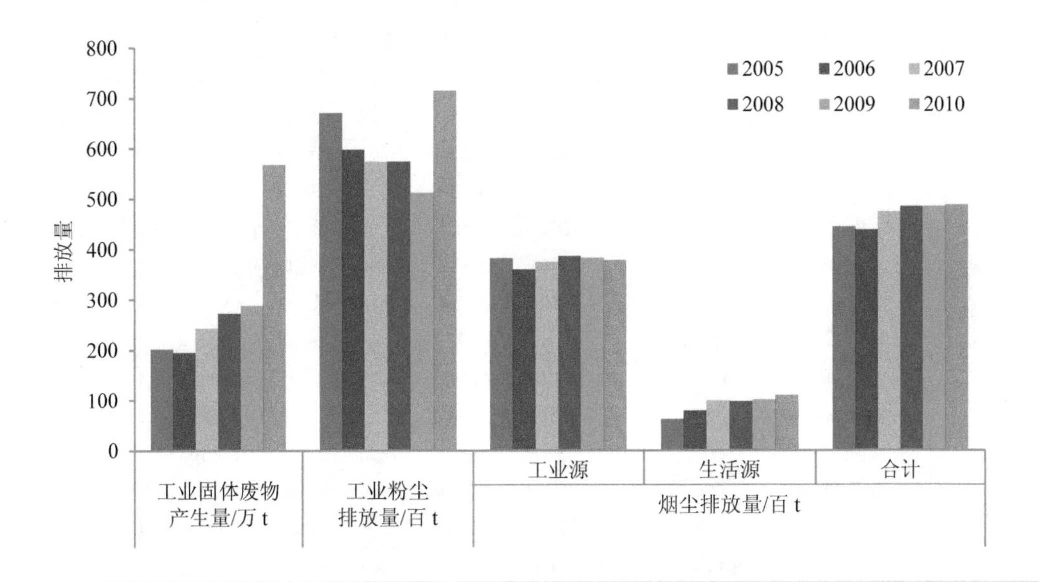

图 3.2-8　2005—2010 年东部城市群固体废弃物的排放量变化

分县市看（表 3.2-9），工业固体废弃物产生量普遍增加，增加较快的是平安县（7 422.1%）、湟中县（1 106.8%）、湟源县（246.2%）、互助县（141.9%）和乐都县（136.4%），大通县（80.1%）和西宁市区（16.9%）增加稍慢，民和县的工业固体废弃物产生量有所减少，减少率为 1.4%。工业粉尘排放量有增有减，增加较快的是湟源县（190.5%）和湟中县（122.4%），互助县（69.3%）、平安县（44%）和大通县（20.6%）增加稍慢；工业粉尘排放量减少的是西宁市区（–61.3%）、民和县（–55.2%）和乐都县

表 3.2-9 2005—2010 年东部城市群各县市的固体废弃物排放量变化

指标	县市	工业固体废物产生量/万 t	工业粉尘排放量/t	烟尘排放量/t		
				工业源	生活源	小计
2005 年	西宁市区	81	8 680	4 386	2 460	6 846
	大通县	87	12 204	22 064	981	23 045
	湟中县	10	4 185	1 598	473	2 071
	湟源县	6	6 289	442	842	1 284
	西宁市小计	184	31 357	28 491	4 756	33 247
	平安县	2	1 292	3 019	389	3 408
	民和县	5	18 516	1 435	300	1 735
	乐都县	5	11 095	1 935	150	2 085
	互助县	7	4 784	3 343	611	3 954
	城市群小计	202	67 045	38 223	6 206	44 429
2010 年	西宁市区	94	3 359	1 200	3 341	4 541
	大通县	157	14 721	15 095	3 627	18 722
	湟中县	120	9 306	4 432	1 021	5 453
	湟源县	21	18 271	307	1 611	1 918
	西宁市小计	392	45 658	21 034	9 600	30 634
	平安县	143	1 860	5 126	173	5 299
	民和县	5	8 295	2 448	184	2 632
	乐都县	11	7 559	2 919	328	3 247
	互助县	17	8 101	6 273	686	6 959
	城市群小计	567	71 474	37 800	10 971	48 771
增长率	西宁市区	16.9	−61.3	−72.6	35.8	−33.7
	大通县	80.1	20.6	−31.6	269.7	−18.8
	湟中县	1 106.8	122.4	177.3	115.9	163.3
	湟源县	246.2	190.5	−30.7	91.3	49.3
	西宁市小计	113.5	45.6	−26.2	101.9	−7.9
	平安县	7 422.1	44.0	69.8	−55.5	55.5
	民和县	−1.4	−55.2	70.6	−38.7	51.7
	乐都县	136.4	−31.9	50.9	118.7	55.7
	互助县	141.9	69.3	87.7	12.3	76.0
	城市群小计	180.7	6.6	−1.1	76.8	9.8

（–31.9%）。烟尘排放量有增有减，增加的是湟中县（163.3%）、互助县（76%）、乐都县（55.7%）、平安县（55.5%）、民和县（51.7%）和湟源县（49.3%），烟尘排放量减少的是西宁市区（–33.7%）和大通县（–18.8%）。

3.3 西宁市建成区

在对建成区尺度的分析时以城市不透水层提取结果为数据源，重点分析主要城市城区不透水地面与城市绿地、湿地等透水地面的分布与变化。

3.3.1 生态系统格局

生态系统格局是生态系统类型的构成、结构与比例在不同时空范围内的组合形式，本节从西宁市尺度对生态系统类型的构成与比例、生态系统类型的转换特征以及生态系统的景观格局特征等方面进行评价。

3.3.1.1 生态系统类型的构成与比例

与现状评估相对应，西宁市（含 3 县）生态系统类型的结构变化按一级生态系统类型、二级生态系统类型和三级生态系统类型分别进行分析。

从一级生态系统类型来看（表 3.3-1），2000—2010 年，草地始终是西宁市最大的生态系统类型，其面积占城市群总土地面积的 2/5 以上；其次为农田和灌丛，二者合计也占城市群总土地面积的 2/5 以上；再次为森林、城镇和荒漠，三者合计约占西宁市面积的 1/10；湿地和冰川/永久积雪的面积极小，二者合计约占西宁市总土地面积的 0.6%。

表 3.3-1 西宁市（含 3 县）一级生态系统类型的构成与比例

类型	2000 年		2005 年		2010 年	
	面积/km²	比例/%	面积/km²	比例/%	面积/km²	比例/%
森林	277.97	3.68	279.18	3.70	279.18	3.70
灌丛	1 253.21	16.59	1 253.32	16.59	1 253.14	16.59
草地	3 041.45	40.27	3 213.52	42.55	3 258.23	43.14
湿地	31.01	0.41	36.57	0.48	37.27	0.49
农田	2 464.58	32.63	2 245.80	29.73	2 183.73	28.91
城镇	222.06	2.94	263.18	3.48	280.19	3.71
荒漠	255.51	3.38	254.22	3.37	254.06	3.36
冰川/永久积雪	7.37	0.10	7.37	0.10	7.37	0.10
合计	7 553.15	100.00	7 553.15	100.00	7 553.15	100.00

从一级生态系统类型的动态变化来看（图 3.3-1），面积增加的有 4 类（即草地、城镇、湿地和森林），其中面积增加最多的是草地（面积增加了 216.8 km^2，增速为 7.1%），面积增速最快的是城镇（面积增加了 58.10 km^2，增速高达 26.2%），湿地和森林面积略有增加（分别增加了 6.3 km^2 和 1.2 km^2）。面积减小的有 3 类（即农田、荒漠和灌丛），其中农田面积减少最多（面积减少了 280.8 km^2，减速达 11.4%），荒漠和灌丛面积略有减少（分别减少了 1.4 km^2 和 0.1 km^2）。面积没变的仅 1 类，即冰川/永久积雪。

从二级生态系统类型来看（表 3.3-2），2000—2010 年，草地始终是西宁市最大的生态系统类型，面积占西宁市总土地面积的 2/5 以上；其次为耕地和阔叶灌丛，二者合计也占城市群总土地面积的 2/5 以上；再次为针叶林、居住地和荒漠，三者合计约占城市群总土地面积的 1/10；剩余 7 类中，有 6 类（沼泽、湖泊、河流、城市绿地、荒漠和冰川/永久积雪）面积不足 1%，仅 1 类（阔叶林）面积不足 0.1%。

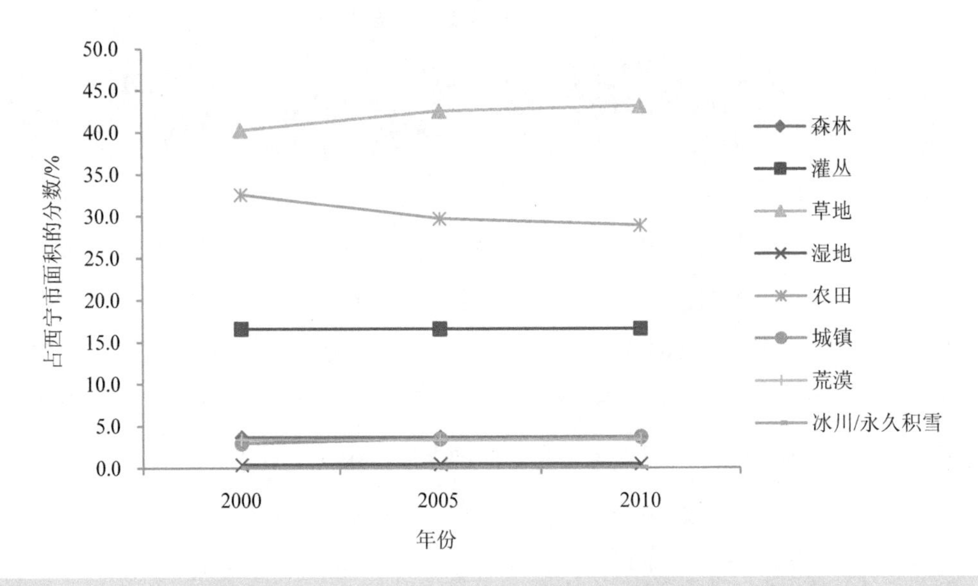

图 3.3-1　西宁市（含 3 县）一级生态系统类型的变化动态

从二级生态系统类型的变化动态来看（图 3.3-2），2000—2010 年，面积增加的二级生态系统类型有 7 类（即阔叶林、针叶林、草地、湖泊、居住地、城市绿地和工矿交通用地），其中草地的面积增加最大，10 年间增加了 216.8 km²，面积增速达 7.1%；湖泊、阔叶林、工矿交通和居住地的面积增速最快，10 年间面积增速分别为 305.5%、67.4%、61.8%%和 22.9%，但面积增加不多，分别为 6.5 km²、1.2 km²、14.5 km² 和 43.5 km²；其余 2 类（针叶林和城市绿地）的面积增加量极小。面积减少的二级生态系统类型有 5 类，即阔叶灌丛、沼泽、河流、耕地和荒漠，其中耕地的面积减少最多，10 年间减少了 280.8 km²，面积减速达 11.4%；其余 4 类的面积减少量极小。面积稳定的二级生态系统类型仅 1 类，即冰川/永久积雪。从时间特征上看，各类用地变化较大的是 2000—2005 年，而 2006—2010 年则相对稳定。

表 3.3-2 西宁市（含 3 县）二级生态系统类型的构成与比例

类型	2000 年		2005 年		2010 年	
	面积/km^2	比例/%	面积/km^2	比例/%	面积/km^2	比例/%
阔叶林	1.75	0.02	2.93	0.04	2.93	0.04
针叶林	276.22	3.66	276.24	3.66	276.24	3.66
阔叶灌丛	1 253.21	16.59	1 253.32	16.59	1 253.14	16.59
草地	3 041.45	40.27	3 213.52	42.55	3 258.23	43.14
沼泽	15.93	0.21	15.78	0.21	15.78	0.21
湖泊	2.12	0.03	7.68	0.10	8.59	0.11
河流	12.96	0.17	13.11	0.17	12.89	0.17
耕地	2 464.58	32.63	2 245.80	29.73	2 183.73	28.91
居住地	189.85	2.51	227.40	3.01	233.36	3.09
城市绿地	8.73	0.12	8.77	0.12	8.84	0.12
工矿交通	23.48	0.31	27.01	0.36	37.99	0.50
荒漠	255.51	3.38	254.22	3.37	254.06	3.36
冰川/永久积雪	7.37	0.10	7.37	0.10	7.37	0.10
总计	7 553.15	100.00	7 553.15	100.00	7 553.15	100.00

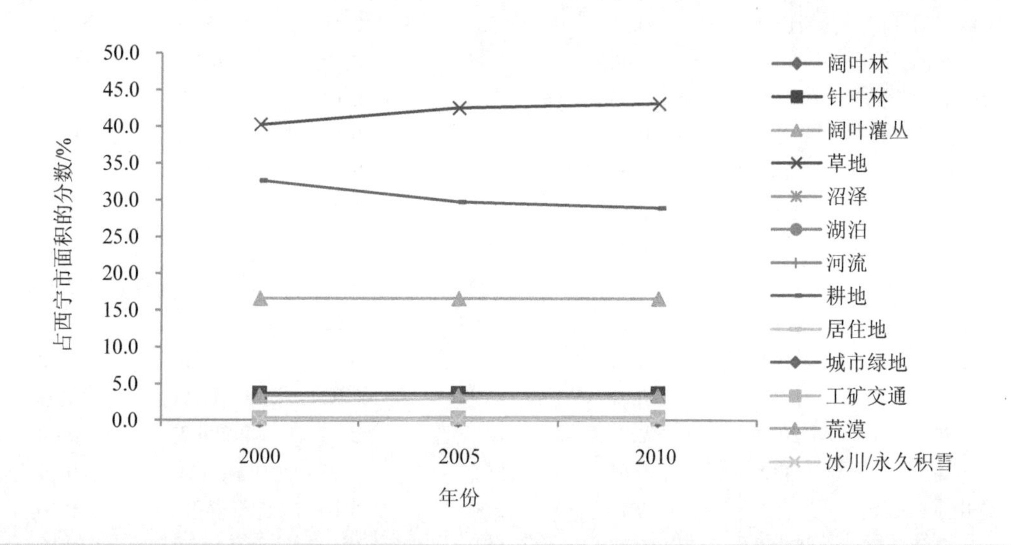

图 3.3-2 西宁市（含 3 县）二级生态系统类型的变化动态

从三级生态系统类型来看（表 3.3-3），2000—2010 年，旱地、草甸、草原和落叶阔叶灌丛是西宁市最大的生态系统类型，其中旱地面积最大（约占西宁市总土地面积的 30%），其次是草甸、草原和落叶阔叶灌丛，三者合计约占西宁市总土地面积的 60%；在剩余的 16 类中，有 4 类（即常绿针叶林、草原、居住地和裸岩）的比例大于 1%，有 7 类（即草本沼泽、水库/坑塘、河流、工业用地、交通用地、裸土和冰川/永久积雪）的比例大于 0.1%，有 5 类（即落叶阔叶林、湖泊、灌木绿地、草本绿地和采矿场）的比例极小，均不足 0.1%。

表 3.3-3　西宁市（含 3 县）三级生态系统类型的构成与比例

类型	2000 年		2005 年		2010 年	
	面积/km²	比例/%	面积/km²	比例/%	面积/km²	比例/%
落叶阔叶林	1.75	0.02	2.93	0.04	2.93	0.04
常绿针叶林	276.22	3.66	276.24	3.66	276.24	3.66
落叶阔叶灌木林	1 253.21	16.59	1 253.32	16.59	1 253.14	16.59
草甸	1 688.49	22.35	1 730.39	22.91	1 731.75	22.93
草原	1 259.86	16.68	1 390.08	18.40	1 433.43	18.98
稀疏草地	93.10	1.23	93.06	1.23	93.05	1.23
草本沼泽	15.93	0.21	15.78	0.21	15.78	0.21
湖泊	0.19	0.00	0.19	0.00	0.16	0.00
水库/坑塘	1.93	0.03	7.49	0.10	8.43	0.11
河流	12.96	0.17	13.11	0.17	12.89	0.17
旱地	2 464.58	32.63	2 245.80	29.73	2 183.73	28.91
居住地	189.85	2.51	227.40	3.01	233.36	3.09
灌木绿地	3.59	0.05	3.60	0.05	3.60	0.05
草本绿地	5.14	0.07	5.18	0.07	5.24	0.07
工业用地	12.92	0.17	16.43	0.22	27.30	0.36
交通用地	9.28	0.12	9.30	0.12	9.30	0.12
采矿场	1.28	0.02	1.28	0.02	1.39	0.02
裸岩	206.68	2.74	206.69	2.74	206.77	2.74
裸土	48.82	0.65	47.53	0.63	47.29	0.63
冰川/永久积雪	7.37	0.10	7.37	0.10	7.37	0.10
总计	7 553.15	100.00	7 553.15	100.00	7 553.15	100.00

从三级生态系统类型的变化动态来看（图 3.2-3），2000—2010 年，面积增加的三级生态系统类型有 12 类（即落叶阔叶林、常绿针叶林、草甸、草原、水库/坑塘、居住地、灌木绿地、草本绿地、工业用地、交通用地、采矿场和裸岩），其中面积增加较大的有 4 类，即草原、草甸、居住地和工业用地，10 年间分别增加了 173.6 km^2、43.3 km^2、43.5 km^2 和 14.4 km^2，面积增速分别为 13.8%、2.6%、22.9%和 111.3%；其余 8 类无论是面积的增加量还是增长速度都极小。面积减少的三级生态系统类型有 7 类（即落叶阔叶灌木林、稀疏草地、草本沼泽、湖泊、河流、旱地和裸土），其中面积减少最多的是旱地，10 年间减少了 280.8 km^2，面积减速为 11.4%；其余 6 类的面积减少量极小。面积稳定的三级生态系统类型仅 1 类，即冰川/永久积雪。从时间特征上看，仍是前期（2000—2005 年）变化大于后期（2006—2010 年）。

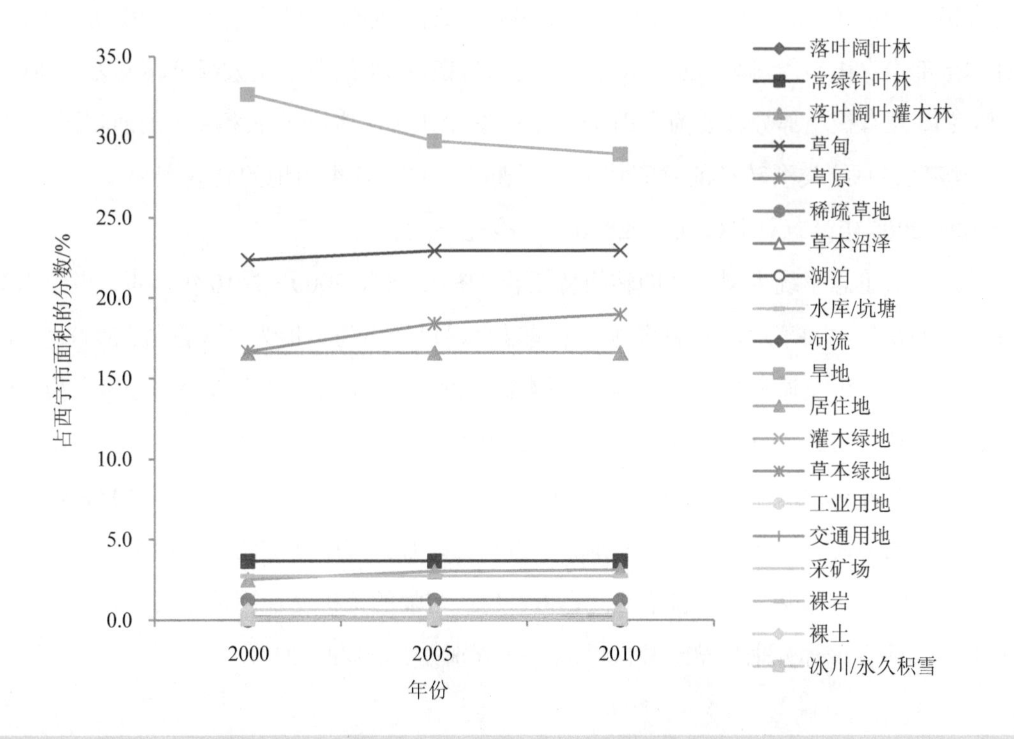

图 3.3-3　西宁市（含 3 县）三级生态系统类型的变化动态

3.3.1.2 生态系统类型的转换特征

从一级生态系统类型之间的转换特征看（图 3.3-4），2000—2010 年，西宁市面积变化最大的是农田和草地，其中农田主要是减少，以转出为草地为主（转出面积为 217.6 km^2、占减少农田面积的 77.5%）、其次是城镇（转出面积为 57.2 km^2、占 20.4%）、然后是湿地、森林和荒漠（分别占 1.3%、0.4%和 0.4%）；草地主要是增加，几乎全部由农田（占增加草地面积的 99.93%）转入，还有极小部分来自湿地和城镇（共占 0.07%）。面积变化较大的还有城镇，主要是增加，增加的城镇用地主要来自农田（占增加城镇面积的 98.3%），其次是草地、灌丛和湿地（分别占 1.3%、0.3%和 0.1%）。面积变化极小的是湿地、森林、灌丛和荒漠，前二者为增加、后二者为减少，其中增加的湿地主要来自农田和荒漠（二者分别占 56.8%和 41.4%）、还有少部分来自草地（占 1.9%），增加的森林全部由农田转入，减少的灌丛全部转变为城镇，减少的荒漠绝大部分转变为湿地（占 99.7%）、还有极小部分转变为农田（0.3%）。其余 1 类（冰川/永久积雪）的面积无变化。从一级生态系统类型转换的时间特征看（表 3.3-4），各类用地的转换主要发生在前期（2000—2005 年），后期（2006—2010 年）变化不大。

从二级生态系统类型之间的转换特征看（图 3.3-5），2000—2010 年，西宁市面积变化最大的是耕地和草地，其中耕地主要是减少，以转出为草地为主（占 77.5%）、其次是居住地、工矿交通和湖泊（分别占 15.4%、5.0%和 1.3%），还有极少部分转变为阔叶林、针叶林、河流、荒漠和阔叶灌丛（共占 0.9%）；草地主要是增加，几乎全部由耕地转变而来（占 99.92%），还有极少量来自沼泽、湖泊、河流和居住地（共占 0.08%）。面积变化较大的还有居住地和工矿交通，二者均为增加，其中增加的居住地主要来自耕地（占 98.2%），还有少部分来自草地（占 0.8%）；增加的工矿交通用地主要来自耕地（占 96.2%），还有少部分来自草地和阔叶灌丛（分别占 2.6%和 1.2%）。

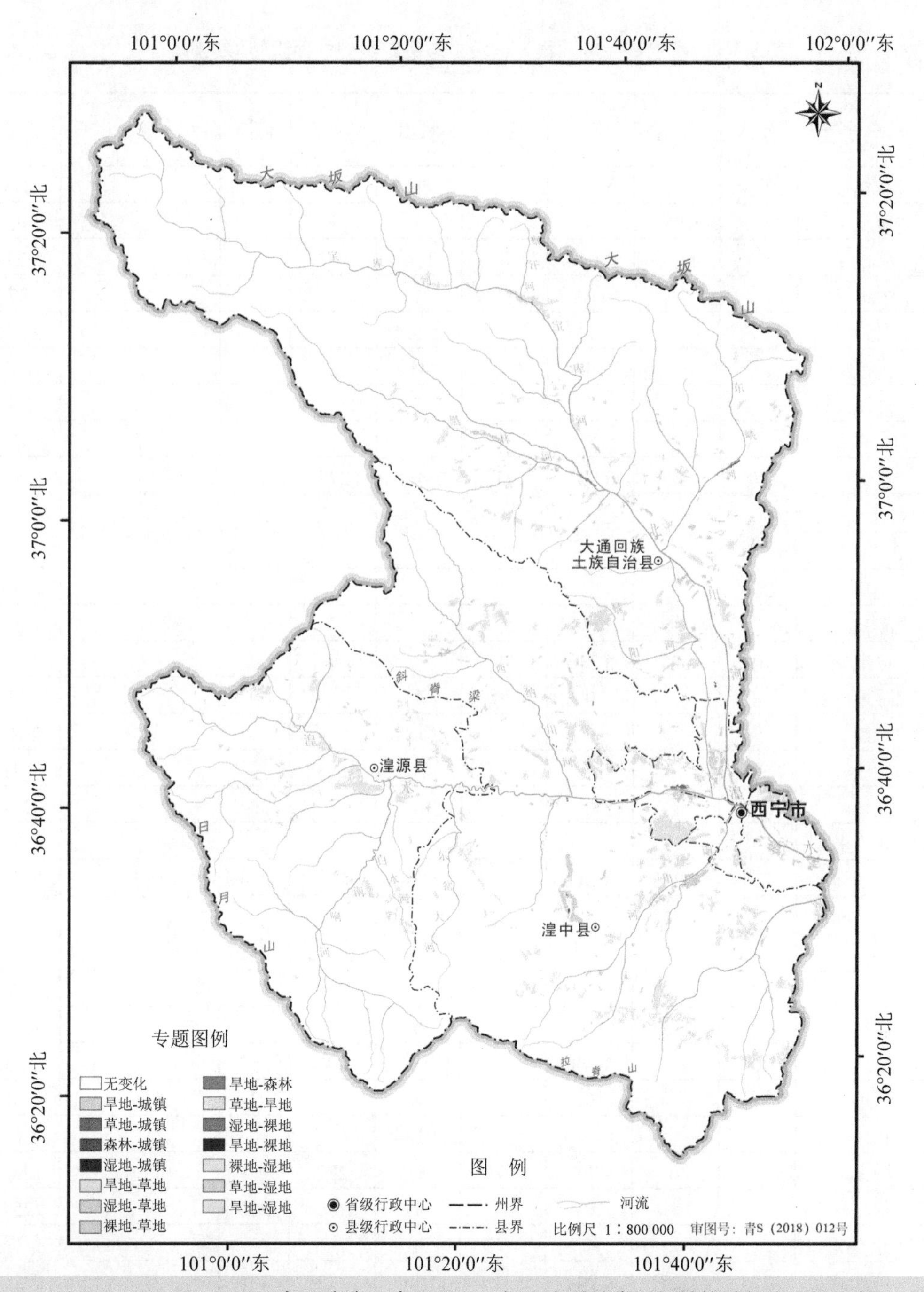

图 3.3-4　2000—2010 年西宁市（含 3 县）一级生态系统类型的转换特征及空间分布

表 3.3-4　西宁市（含 3 县）一级生态系统类型的面积转移矩阵　　单位：km²

2005 \ 2000	森林	灌丛	草地	湿地	农田	城镇	荒漠	冰川/永久积雪	总计
森林	278				1				279
灌丛		1 253	0		0				1 253
草地			3 040	0	174				3 214
湿地			0	31	3		3		37
农田			1		2 245		0		2 246
城镇			0		41	222			263
荒漠					1		253		254
冰川/永久积雪								7	7
总计	278	1 253	3 041	31	2 465	222	256	7	7 553
2010 \ 2005	森林	灌丛	草地	湿地	农田	城镇	荒漠	冰川/永久积雪	总计
森林	279								279
灌丛		1 253							1 253
草地	0	0	3 213	0	45	0			3 258
湿地			0	36	1		0		37
农田			0		2 184				2 184
城镇		0	1	1	16	263			281
荒漠			0		0		254		254
冰川/永久积雪								7	7
总计	279	1 253	3 214	37	2 246	263	254	7	7 553
2010 \ 2000	森林	灌丛	草地	湿地	农田	城镇	荒漠	冰川/永久积雪	总计
森林	278				1				279
灌丛		1 253			0				1 253
草地	0		3 040	0	218	0			3 258
湿地			0	31	4		3		38
农田			0		2 184		0		2 184
城镇		0	1	0	57	222			280
荒漠			0		1		253		254
冰川/永久积雪								7	7
总计	278	1 253	3 041	31	2 465	222	256	7	7 553

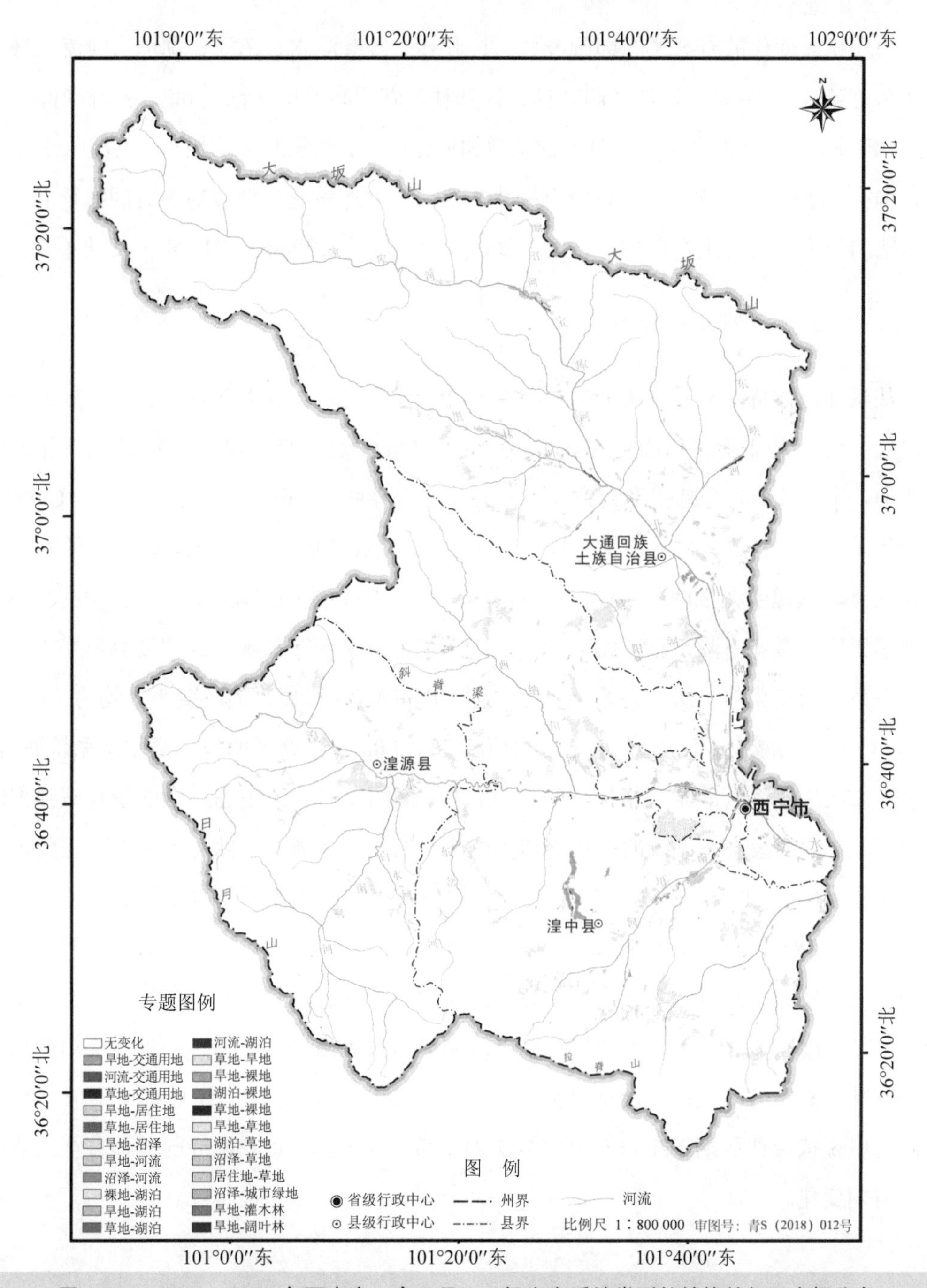

图 3.3-5 2000—2010 年西宁市（含 3 县）二级生态系统类型的转换特征及空间分布

面积稍有变化的有 8 类（即阔叶林、针叶林、阔叶灌木、沼泽、湖泊、河流、城市绿地和荒漠），其中面积增加（阔叶林、针叶林、湖泊和城市绿地）和减少（阔叶灌丛、沼泽、河流和荒漠）的各 4 类，但无论是增加还是减少，面积变化均极小（不足 10 km^2）。其余 1 类（冰川/永久积雪）面积没有变化。从二级生态系统类型转换的时间特征看，各类用地的转换主要发生在前期（2000—2005 年），后期（2006—2010 年）变化不大。

3.3.1.3 生态系统的景观格局特征

从景观总体特征来看（表 3.3-5），西宁市（含 3 县）一级生态系统变化最显著的是斑块数（NP）和平均斑块面积（MPS），其中 NP 的变化方向是减少、MPS 的变化方向是增加，并且二者的增减幅度一致，均为 1.4%；边界密度（ED）和聚集度指数（CONT）的变化较小，二者的变化方向均是减少，其中 ED 的减少幅度为 0.4%、CONT 的减少幅度为 0.7%；这说明在 2000—2010 年，西宁市一级生态系统的景观复杂程度有较大下降、景观聚集度有微弱下降，总体而言，西宁市一级生态系统的景观破碎程度有所减小。二级生态系统的变化与一级生态系统类似，但 NP 和 MPS 的变化幅度变小（均为 1.0%），ED 和 CONT 的减少幅度差异变大（分别为 0.2%和 0.8%）；这说明较一级生态系统而言，西宁市二级生态系统的景观格局变化相对温和，即西宁市二级生态系统的景观破碎程度有微弱减小。三级生态系统的变化趋势不同于一级生态系统和二级生态系统，主要表现为斑块数（NP）和边界密度（ED）有所增加，而平均斑块面积（MPS）和聚集度指数（CONT）呈减小趋势，并且 NP 和 MPS 的变化幅度较小（均为 0.1%），而 ED 和 CONT 的变化幅度较大（分别为 1.6%和 1.8%）；这说明在报告评估期，西宁市三级生态系统的景观复杂程度有显著上升、景观聚集度下降明显而景观破碎度上升。从景观格局变化的时间特征上看，各级生态系统都是前期（2000—2005 年）大于后期（2006—2010 年），因此可以说报告评估期（2000—2010 年）西宁市（含 3 县）景观格局的总体特征主要取决于前期变化。

表 3.3-5 西宁市各级生态系统的景观格局特征及其变化

一级生态系统	斑块数 NP	边界密度 ED/(m/hm^2)	平均斑块面积 MPS/hm^2	聚集度指数 CONT/%
2000 年	10 854	31.297 9	69.581 3	47.853 4
2005 年	10 745	31.124 4	70.287 1	47.618 6
2010 年	10 706	31.166 5	70.543 2	47.512 9
二级生态系统	斑块数 NP	边界密度 ED/(m/hm^2)	平均斑块面积 MPS/hm^2	聚集度指数 CONT/%
2000 年	11 047	31.458 8	68.365 6	57.111 7
2005 年	10 960	31.329 3	68.908 3	56.828 3
2010 年	10 936	31.394 9	69.059 5	56.660 4
三级生态系统	斑块数 NP	边界密度 ED/(m/hm^2)	平均斑块面积 MPS/hm^2	聚集度指数 CONT/%
2000 年	16 672	37.566 6	45.299 6	54.213 3
2005 年	16 647	37.909 6	45.367 6	53.507 9
2010 年	16 686	38.159 8	45.261 6	53.230 6

从景观类型特征来看（表 3.3-6），2010 年西宁市（含 3 县）一级生态系统中，类斑块平均面积最大的是农田（302.3 hm^2），其次是冰川/永久积雪和草地（分别为 183.4 hm^2 和 130.1 hm^2），再次是灌丛、城镇和荒漠（分别为 42.2 hm^2、24.1 hm^2 和 23.5 hm^2），类斑块平均面积最小的是森林和湿地（分别为 14.9 hm^2 和 9.7 hm^2）；这说明西宁市一级生态系统中农田、冰川/永久积雪和草地的分布比较集中连片，而灌丛、城镇、荒漠、森林和湿地的分布比较零散。

二级生态系统中，2010 年类斑块平均面积最大的是耕地（302.3 hm^2），其次是冰川/永久积雪和草地（分别为 183.4 hm^2 和 130.1 hm^2），再次是阔叶灌丛（42.2 hm^2），类斑块平均面积最小的是城市绿地和河流（分别为 9.9 hm^2 和 4.7 hm^2），其余 7 类（湖泊、荒漠、居住地、沼泽、阔叶林、工矿交通和针叶林）的类斑块平均面积在 10～20 hm^2；这说明西宁市二级生态系统中，耕地的集中连片性最好，其次是冰川/永久积雪和草地，其余类型的空间分布均比较分散，特别是城市绿地和河流，其景观类型的破碎程度极高。

三级生态系统类型中，2010 年类斑块平均面积最大的是冰川/永久积雪和旱地（分别为 374.6 hm^2 和 307.7 hm^2），其次是落叶阔叶灌木林、草甸、草原和工业绿地（分别为 58.5 hm^2、51.4 hm^2、42.4 hm^2 和 40.0 hm^2）；类斑块平均面积较小（不足 10 hm^2）的有 6 类（灌木绿地、草本绿地、裸土、河流、交通用地和湖泊），其中交通用地和湖泊最小（不足 5 hm^2）；其余 8 类（稀疏草地、裸岩、常绿针叶林、水库/坑塘、落叶阔叶林、草本沼泽、居住地和采矿场）的类斑块平均面积在 10～30 hm^2；这说明西宁市三级生态系统中，冰川/永久积雪和旱地景观的斑块平均规模最大，落叶阔叶灌木林、草甸、草原和工业绿地的分布也相对集中连片，其余类型的景观分布较为分散，其中景观破碎度最高的是交通地和湖泊。从生态系统类斑块平均面积变化的时间特征来看，与景观格局指数相似，总体上绝大多数生态系统类型的变化都是前期大于后期。

表 3.3-6　西宁市各级生态系统的类斑块平均面积及其变化　　单位：hm^2

一级生态系统	森林	灌丛	草地	湿地	农田	城镇	荒漠	冰川/永久积雪
2000 年	14.9	42.2	116.2	8.1	347.8	18.2	23.7	183.4
2005 年	14.9	42.2	125.9	9.6	318.2	22.3	23.6	183.4
2010 年	14.9	42.2	130.1	9.7	302.3	24.1	23.5	183.4
二级生态系统	阔叶林	针叶林	阔叶灌丛	草地	沼泽	湖泊	河流	耕地
2000 年	13.0	14.9	42.2	116.2	17.9	8.7	4.7	347.8
2005 年	17.5	14.9	42.2	125.9	17.9	28.3	4.8	318.2
2010 年	17.5	14.9	42.2	130.1	17.9	28.3	4.7	302.3
二级生态系统	居住地	城市绿地	工矿交通	荒漠	冰川/永久积雪			
2000 年	17.7	9.859 6	9.783	23.708	183.375			
2005 年	21.7	9.775	11.098 2	23.624	183.375			
2010 年	22.2	9.875	15.419 6	23.520 3	183.375			

三级生态系统	落叶阔叶林	常绿针叶林	落叶阔叶灌木林	草甸	草原	稀疏草地	草本沼泽	湖泊
2000 年	16.8	21.3	58.4	49.5	36.0	29.2	17.0	4.0
2005 年	19.3	21.4	58.4	51.4	41.7	29.3	17.0	4.0
2010 年	19.3	21.4	58.5	51.4	42.4	29.3	17.0	3.8
三级生态系统	水库/坑塘	河流	旱地	居住地	灌木绿地	草本绿地	工业绿地	交通用地
2000 年	9.8	5.1	361.1	13.6	7.4	6.8	26.7	4.6
2005 年	19.7	5.1	318.6	15.8	7.4	6.8	30.5	4.6
2010 年	20.1	5.0	307.7	16.3	7.4	6.9	40.0	4.6
三级生态系统	采矿场	裸岩	裸土	冰川/永久积雪				
2000 年	12.8	24.5	5.3	374.6				
2005 年	12.8	24.5	5.2	6.1				
2010 年	13.4	24.5	5.2	374.6				

3.3.2 环境质量状况

受数据限制，本节仅对西宁市（含 3 县）的大气环境质量和声环境质量的变化特征进行分析。

3.3.2.1 大气环境质量

根据《环境空气质量标准》（GB 3095—2012），我国规定监测的环境空气污染物基本项目共 6 项，即 SO_2、NO_2、CO、O_3、PM_{10} 和 $PM_{2.5}$，其他项目 4 项，即总悬浮颗粒物（TSP）、氮氧化物（NO_x）、铅（Pb）和苯并[*a*]芘（BaP）。根据青海省环境监测部门数据（表 3.3-7），按照标准中规定的二级浓度限值的年均值（SO_2 为 0.06 mg/m^3，NO_2 为 0.04 mg/m^3，TSP 为 0.2 mg/m^3，PM_{10} 为 0.07 mg/m^3），西宁市环境空气污染物中的的 SO_2 和 NO_2 的历年均值（图 3.3-6）均低于二级标准值（适用于二类区，即居住区、商业交通居民混合区、文化区、工业区和农村地区）；但 TSP 和 PM_{10} 的历年均值（图 3.3-7）均高于二级标准值；因此，从以上结果可以判断，西宁市环境空气质量的主要污染物是悬浮颗粒物。

表 3.3-7　2001—2010 年西宁市和大通县环境空气中部分指标的年均值

指标	单位	县/市	2001年	2002年	2003年	2004年	2005年	2006年	2007年	2008年	2009年	2010年
SO_2	年均值/（mg/m^3）	西宁市	0.019	0.02	0.024	0.023	0.029	0.023	0.026	0.029	0.041	0.039
		大通县	0.035	0.066	0.054	0.057	0.035	0.077	0.054	0.052	0.02	0.01
NO_2		西宁市	0.033	0.035	0.033	0.028	0.029	0.028	0.032	0.03	0.032	0.026
		大通县	0.038	0.029	0.033	0.03	0.032	0.038	0.031	0.037	0.026	0.032
TSP		西宁市	0.487	0.477	0.481	0.471	0.45	*0.135*	*0.115*	*0.118*	*0.144*	*0.122*
		大通县	0.808	0.875	0.736	0.678	0.734	*0.79*	*0.714*	*0.754*	*0.347*	*0.51*
降尘	年均值/t/（km^2·月）	西宁市	26.57	20.81	22.85	20.86	18.45	21.04	16.99	19.69	18.03	21.54
		大通县	41.29	29.5	20.61	36.73	40.95	31.68	25.3	35.57	26.37	22.08
酸雨频率	%	西宁市	0	0	4	4	8.7	0	4.1	1.7	1.6	0
		大通县	—	—	—	0	1.9	0	0	0	0	0

说明：1.总悬浮颗粒物处的斜黑体表示可吸入颗粒物；2.—表示无监测。

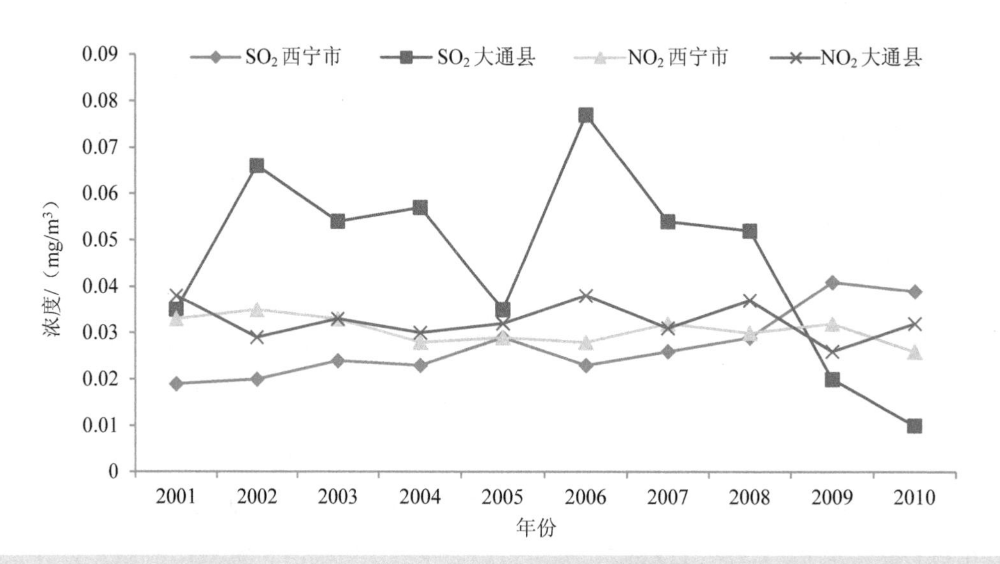

图 3.3-6　2001—2010 年西宁市与大通县环境空气中 SO_2 和 NO_2 浓度的年均值

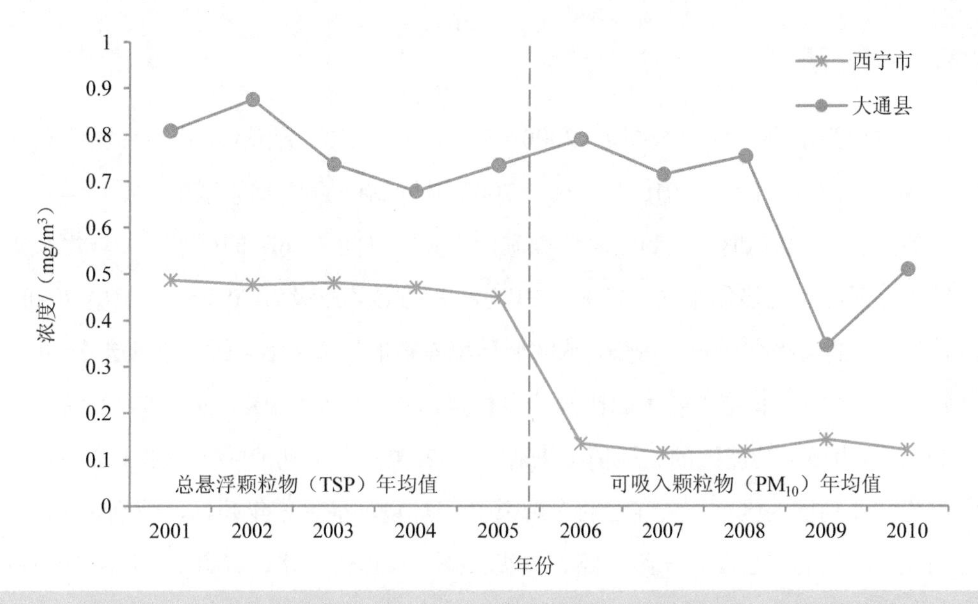

图 3.3-7　2001—2010 年西宁市与大通县环境空气中 TSP 和 PM_{10} 浓度的年均值

此外，随着西宁城市建设和经济的快速发展，由建设施工和交通运输等带来的扬尘污染问题尤为突出，已成为影响西宁城市环境空气质量的一个重要因素。从降尘监测数据来看，西宁市和大通县的降尘年均值普遍超过 20 t/（km^2·月），二者的 10 年均值（2001—2010 年）分别为 0.30 t/（km^2·月）和 0.69 t/（km^2·月）。从降尘的评价标准来看（李玉等，2011[①]），由于降尘污染较难从法律角度给予确切的定义并进行污染危害程度的划分，所以，世界各国使用的降尘量标准多为推荐标准，目前多数国家（地区）推荐的降尘评价标准是针对年均值的定值，不同区域的降尘标准值主要集中在 5.0 t/（km^2·月）和 10 t/（km^2·月）左右，分别可代表最佳的期望值（宜人的环境）和城市的中等水平（最大可接受程度）。我国由于各地的降尘量水平差异较大，所以不同地区（如南北方和经济发达与欠发达地区）所用的评价标准各异。无论是采用国际 10 t/（km^2·月）或国内（以天津为例）15 t/（km^2·月）的标准进行评价，西宁市和大通县的降尘污染都比较严重。但从酸雨频率来看，西宁市和大通县的酸雨危害较小，尚未成为环境空气污染因子。

①李玉，郑浩.天津地区降尘污染现状及其评价标准. 北方环境，2011，23（9）：128-129.

3.3.2.2 声环境质量

根据《青海省环境状况公报》（2000—2010 年）中的城市区域噪声环境质量数据（表 3.3-8），西宁市 2000—2010 年（缺少 2002 年与 2003 年数据）城市区域环境噪声的平均等效声级为 52.5 dB，达到国家环境质量 I 类区昼间 55 dB 的标准，声环境质量较好；城市交通噪声的多年平均（2000—2010 年）的等效声级为 70.5 dB，超出 70 dB 的标准，有轻微的道路交通噪声污染。从区域环境噪声的构成来看，西宁市社会生活噪声、交通噪声、工业噪声和施工噪声的比例基本稳定，近年来基本稳定在 41.1%、25%、16.5% 和 6.7%。从声环境功能区的达标情况来看，除 3 类声环境功能区（指以工业生产、仓储物流为主要功能的区域）常年达标外，其余声环境功能区常年超标，特别是 4a 类声环境功能区（指高速公路、一级公路、二级公路、城市快速路、城市主干路和城市次干路两侧区域）超标严重，夜间超标倍数达数十倍，昼间超标倍数约 2 倍；此外，1 类声环境功能区（指以居民住宅、医疗卫生、文化教育、科研设计、行政办公为主要功能的区域）和 2 类声环境功能区（指以商业金融、集市贸易为主要功能的区域）也常年超标，因此，噪声扰民已成为影响西宁市环境质量状况的又一重要问题。

表 3.3-8 2000—2010 年西宁市声环境质量状况的部分指标

年度	城市区域环境噪声的平均等效声级/dB	城市交通噪声的平均等效声级/dB	区域环境噪声的构成/%				声环境功能区							
			社会生活	交通	工业	施工	1 类		2 类		3 类		4a 类	
							昼间	夜间	昼间	夜间	昼间	夜间	昼间	夜间
2000	54.4	73.3	40.6	25			超标	超标	超标	超标	达标	达标	超标	超标
2001	51.1	71.4												
2002		71.3	40.6	25			超标	超标	超标	超标	达标	达标	超标	超标
2003		71.3												
2004	51.7	70.6	40.6	25										
2005	52.1	69.8	41.1	25										
2006	52.2	69.8					2.7	达标	1.3	达标	达标	达标	2.7	12.2

年度	城市区域环境噪声的平均等效声级/dB	城市交通噪声的平均等效声级/dB	区域环境噪声的构成/%				声环境功能区							
			社会生活	交通	工业	施工	1 类		2 类		3 类		4a 类	
							昼间	夜间	昼间	夜间	昼间	夜间	昼间	夜间
2007	52.8	69.9	41.1	25			0.2	达标	0.2	达标	达标	达标	3.7	12.1
2008	52.6	69.9	41.1	25	16.5	6.7	1.5	达标	达标	2.3	达标	达标	2.5	12.3
2009	52.5	69.1	41.1	25	16.5	6.7	1.8	1.1	0.6	0.3	达标	达标	2.6	13.7
2010	53.2	69.5	41.1	25	16.5	6.7	1.7	2.2	3.3	2.9	达标	达标	1.5	12.8

3.4 本章结论

本章从湟水流域、东部城市群和西宁市（含 3 县）3 个尺度，回答区域生态系统格局和环境质量状况的变化各种，其中生态系统格局从生态系统类型的构成与比例、生态系统类型之间的转化特征以及生态系统的景观格局特征三方面进行评价，环境质量状况的评价因空间尺度而异，主要结论如下。

3.4.1 流域尺度

就生态系统格局而言，从生态系统类型的构成与比例来看，湟水流域各级生态系统的主要类型面积和份额基本稳定，变化最明显的是城镇、农田和草地，其中城镇和草地主要是增加，农田主要是减少；这表明 2000—2010 年城镇建设用地的扩张主要是占用了城镇周边的农田，而草地的增加则主要是受惠于国家各项生态保护和恢复政策（如退耕还林还草和各类保护区建设）的实施；从各级各类生态系统的变化动态上来看，总体上都是前期（2000—2005 年）变化大于后期（2006—2010 年），这主要是由于 2000 年前后不仅是国家对青海实施各项生态保护和恢复工程项目的起始年，也是青海省在西部大开发政策带动下开始加快小城镇建设的重要时间节点。具体而言，在一级生态系统类型中，草地始终是流域最大的生态系统类型（接近 1/2），其次为农田和灌丛（共占 2/5），再次为荒漠、森林、湿地和城镇（均不足 5%），裸地和冰川/永久积雪的面积最小（均不足 1%）。在二级生态系统类型中，草地始终是流域最大的生态系统类型（约占 1/2），其次为耕地和阔叶灌丛（共占 2/5）；剩余 12 类的比例都极小（均不足 5%）。在三级生态系统类型中，旱地、草原、草地和落叶阔叶灌丛是流域较大的生态系统类型，前三类的面积比较接近，均占流域总土地面积的 1/5 左右，落叶阔叶灌丛的面积十分稳定，约占流域总土地面积的 13.7%；在剩余的 22 类中，除稀疏草地比例大于 5%（为 6.8%）外，其余 21 类的比例均不足 5%。

从不同生态系统类型之间的转化特征来看，在一级生态系统类型中，面积变化最大的是农田和草地，其中农田主要是减少，以转出为草地、城镇、湿地和森林为主，草地主要是增加、以农田转入为主；面积变化较大的是城镇、湿地和荒漠，其中城镇和湿地主要是增加，增加的城镇用地主要来自农田和草地，增加的湿地主要来自荒漠，减少的荒漠全部转出为湿地；面积变化极小的是森林和灌丛（二者均略有增加），冰川/永久积雪和裸地的面积无变化。在二级生态系统类型中，面积变化最大的是耕地和草地，其中耕地主要是减少，以转出为草地、居住地和工矿交通为主，草地主要是增加、以耕地转变而来为主；面积变化较大的是居住地、湖泊、工矿交通和荒漠，前三者主要是增加，增加的居住地主要来自耕地和草地，增加的湖泊主要来自荒漠和耕地，增加的工矿交通用地主要来自耕地和草地，减少的荒漠主要转变为湖泊和草地；在剩余的 9 类中，有 4 类（阔叶林、针叶林、阔叶灌丛和城市绿地）呈微弱的增加趋势，有 2 类（沼泽和河流）呈微弱的减少趋势，有 3 类（针阔混交林、冰川/永久积雪和裸地）面积没有变化。

从生态系统的景观格局特征来看，就景观总体特征而言，流域一级生态系统变化最显著的是斑块数（NP）和平均斑块面积（MPS），其中 NP 的变化方向是减少、MPS 的变化方向是增加，边界密度（ED）和聚集度指数（CONT）的变化较小，其中 ED 是减少、CONT 是增加；这说明在 2000—2010 年，流域一级生态系统的景观复杂程度有较大下降、景观聚集度有所上升，因而流域一级生态系统的景观破碎程度有所减小。流域二级生态系统的变化与一级生态系统类似，但四个指数的变化幅度都较小，这说明较一级生态系统而言，流域二级生态系统的景观格局变化相对温和，即流域二级生态系统的景观聚集度有微弱上升而景观破碎程度有微弱减小。流域三级生态系统的变化趋势不同于一级生态系统和二级生态系统，主要表现为斑块数（NP）和聚集度指数（CONT）有所下降，而边界密度（ED）和平均斑块面积（MPS）呈增加趋势；这说明在报告评估期，流域三级生态系统的景观复杂程度有显著下降，但由于景观聚集度存在一定的下降趋势，故而景观破碎程度有所上升。

从景观类型特征来看，在流域一级生态系统中，类斑块平均面积最大的是农田，其次是冰川/永久积雪、草地、湿地和灌丛，而荒漠、森林和城镇的类斑块平均面积都较小，类斑块平均面积最小的是裸地和城镇；这说明流域一级生态系统中农田、冰川/永久积雪和草地的分布比较集中连片，而荒漠、森林、城镇和裸地的分布比较零散。在流域二级生态系统中，类斑块平均面积最大的是湖泊和耕地，其次是冰川/永久积雪、草地和阔叶灌丛，沼泽、荒漠、针叶林、阔叶林、居住地和针阔混交林的类斑块平均面积极小且十分接近，类斑块平均面积最小的是河流、裸地、工矿交通用地和城市绿地；这说明流域二级生态系统中，湖泊和耕地的集中连片性最好，其次是冰川/永久积雪和草地，其余类型的空间分布均比较分散，特别是河流、裸地、工矿交通用地和城市绿地，其景观类型的破碎程度较高。三级生态系统类型中，类斑块平均面积最大的是湖泊，其次是旱地、沙漠/沙地、冰川/永久积雪、草甸、落叶阔叶灌丛和草原，工业用地、裸岩、稀疏草地和草本沼泽的类斑块平均面积较小且十分接近，水库/坑塘、常绿针叶林、落叶阔叶林、居住地、针阔混交林、盐碱地和采矿场的类排名面积在 10～20 hm^2，其余 8 类（即灌木绿地、裸土 2、草本绿地、裸岩、运河/水渠、裸土 1、河流和交通用地）的类斑块平均面积极小（不足 10 hm^2）；这说明流域三级生态系统中，湖泊景观的斑块平均规模最大，旱地、沙漠/沙地和冰川/永久积雪的分布也相对集中连片，草甸、落叶阔叶灌丛和草原的景观斑块也相对集中，其余类型的景观分布较为分散，其中景观破碎度最高的是交通用地和河流。

就环境质量状况而言，在 2000—2010 年，从水质类别来看，湟水流域的水质平均超标率为 61.9%，主要超标河段为湟水干流西宁段和北川河。从水质类别来看，截止到 2010 年年底，多数断面的水质呈改善趋势，其中有 7 个断面的水质已达到既定的水环境功能区划目标[扎马隆、西钢桥、新宁桥、报社桥、塔尔桥、桥头桥和新宁桥（大通）]，有 3 个断面的水质优于既定的水环境功能区划目标（老幼堡、三其桥、沙塘川桥）；但仍有 6 个断面（如小峡桥、民和桥、硖门桥、润泽桥、朝阳桥、七一桥）不能达到既定的水环境功能区划目标，水质呈持续恶化趋势。

从污染因子来看，湟水流域的主要污染因子有七类，即氨氮、高锰酸钾指数、五日生化需氧量、六价铬、石油类、总汞和挥发酚。2000—2010 年，16 个断面共检出污染频次 230 次，其中氨氮 88 次、占总检出频次的 38.3%，五日生化需氧量 53 次、占总检出频次的 23.0%，高锰酸钾指数 40 次、占总检出频次的 17.4%；其余因子检出频次较少，分别为石油类 22 次、占总检出频次的 9.6%，挥发酚 14 次、占总检出频次的 6.1%，六价铬 10 次、占总检出频次的 4.3%，总汞 3 次、占总检出频次的 1.3%。

从污染因子的时间特征来看，湟水流域在进入 2004 年以来，污染因子明显减少，之前年份（2000 年、2001 年、2002 年和 2003 年）上述 7 个因子均有检出，之后多数年份（2004 年、2005 年、2009 年和 2010 年）污染因子减少为 3 类（主要是氨氮、五日生化需氧量和高锰酸钾指数），少数年份（2006 年、2007 年和 2008 年）污染因子仍超过 4 项（主要是氨氮、五日生化需氧量、高锰酸钾指数和石油类）。

3.4.2 城市群尺度

3.4.2.1 生态系统格局的变化趋势

（1）从生态系统类型的构成与比例来看

在一级生态系统类型中，2000—2010 年，草地始终是东部城市群最大的生态系统类型（占 2/5 以上），其次为农田和灌丛（合计占 2/5 以上），再次为森林、荒漠和城镇（合计不足 1/10），湿地、冰川/永久积雪和裸地面积极小（合计仅占 0.6%）。从一级生态系统类型的动态变化来看，面积增加的有 5 类（即草地、城镇、湿地、森林和灌丛），其中面积增加最多的是草地、增速最快的是城镇；面积减小的有 2 类（农田和荒漠），其中农田面积减少最多、最快；面积没变的有 2 类（即冰川/永久积雪和裸地）。

在二级生态系统类型中，草地始终是东部城市群最大的生态系统类型（占 2/5 以上），其次为耕地和阔叶灌丛（合计占 2/5 以上），再次为针叶林、居住地和荒漠（合计占 1/10），在剩余的 9 类中，有 5 类（阔叶林、沼泽、河流、工矿交通和裸地）面积不足 1%，有 4 类（针阔混交林、湖泊、城市绿地和冰川/永久积雪）面积不足 0.1%。从二级生态系统类型的变化动态来看，面积增加的有 9 类（即阔叶林、针叶林、阔叶灌丛、草地、沼泽、湖泊、居住地、城市绿地和工矿交通用地），其中草地的面积增加最大，湖泊、工矿交通用地、阔叶林和居住地的面积增速最快；面积减少的有 3 类（即河流、耕地和荒漠），其中耕地的面积减少最多最快；面积稳定的有 3 类（即针阔混交林、冰川/永久积雪和裸地）。

在三级生态系统类型中，2000—2010 年，旱地、草原、草甸和落叶阔叶灌丛是东部城市群最大的生态系统类型，其中旱地面积最大（约占 30%），其次是草原（约占 1/5），草甸和落叶阔叶灌丛的面积十分接近（均占 15%左右）；在剩余的 20 类中，有 4 类（即常绿针叶林、稀疏草地、居住地和裸岩）的比例大于 1%，有 5 类［即落叶阔叶林、草本沼泽、工业用地、裸土 1（指荒漠中的裸土）和裸土 2（指裸地中的裸土）］的比例大于 0.1%，有 11 类（即针阔混交林、湖泊、水库/坑塘、河流、灌木绿地、草本绿地、交通用地、采矿场、盐碱地、冰川/永久积雪和裸岩）的比例极小，均不足 0.1%。从三级生态系统类型的变化动态来看，面积增加的有 16 类（即落叶阔叶林、常绿针叶林、落叶阔叶灌丛、草甸、草原、稀疏草地、草本沼泽、水库/坑塘、居住地、灌木绿地、草本绿地、工业用地、交通用地、采矿场、裸岩和盐碱地），其中草原和草甸的面积增加最大，水库/坑塘、工业用地、落叶阔叶林、采矿场和居住地的面积增速最快；面积减少的有 4 类（即湖泊、河流、旱地和裸土），其中面积减少最多最快的是旱地；面积稳定的三级生态系统类型有 4 类（即针阔混交林、冰川/永久积雪、裸岩和裸地）。

（2）从不同生态系统类型之间的转化特征来看

在一级生态系统类型中，2000—2010 年，东部城市群面积变化最大的是农田和草地，其中农田主要是减少，以转出为草地、城镇、湿地和森林为主，草地主要是增加、以由农田转入为主；面积变化较大的还有城镇，主要是增加，增加的城镇用地主要来自农田和草地；面积变化极小的是湿地、森林、灌丛和荒漠，其中前三者均为增加、荒漠为减少，增加的湿地主要来自农田、荒漠和草地，增加的森林和灌丛全部由农田转入，减少的荒漠主要转变为湿地、农田和城镇；其余 2 类（冰川/永久积雪和裸地）的面积无变化。在二级生态系统类型中，面积变化最大的是耕地和草地，其中耕地主要是减少，以转出为草地、居住地和工矿交通为主，草地主要是增加，几乎全部由耕地转变而来；面积变化较大的还有居住地和工矿交通，二者均有显著增加，其中增加的居住地主要来自耕地和草地，增加的工矿交通用地主要来自耕地、草地、阔叶灌丛和河流；面积稍有变化（不足 10 km^2）的有 8 类（即阔叶林、针叶林、阔叶灌木、沼泽、湖泊、河流、城市绿地和荒漠），其中除河流和荒漠的面积稍有减少外，其余 6 类的面积稍有增加；其余 3 类（针阔混交林、冰川/永久积雪和裸地）面积没有变化。

（3）从生态系统的景观格局特征来看

从景观总体特征来看，东部城市群一级生态系统变化最显著的是斑块数（NP）和平均斑块面积（MPS），其中 NP 的变化方向是减少、MPS 的变化方向是增加，边界密度（ED）的变化较小、主要是减小，聚集度指数（CONT）无变化；这说明在 2000—2010 年，城市群一级生态系统的景观复杂程度有明显下降、景观破碎程度有明显减小。二级生态系统的变化与一级生态系统类似，但四个指数的变化幅度有所下降，这说明较一级生态系统而言，城市群二级生态系统的景观格局变化相对较小。三级生态系统的变化趋势与一级生态系统和二级生态系统有较大区别，主要表现为斑块数（NP）和聚集度指数（CONT）有所下降，而边界密度（ED）和平均斑块面积（MPS）呈增加趋势；这说明在报告评估期，城市群三级生态系统的景观复杂程度有显著下降，但由于景观聚集度存在一定的下降趋势，故而景观破碎程度有所上升。

从景观类型特征来看，东部城市群一级生态系统中，类斑块平均面积最大的是冰川/永久积雪和农田，其次是草地和灌丛，森林、城镇和荒漠的类斑块平均面积都较小，类斑块平均面积最小的是裸地和湿地；这说明流域一级生态系统中冰川/永久积雪、农田和草地的分布比较集中连片，而森林、城镇、荒漠、裸地和湿地的分布比较零散。二级生态系统中，类斑块平均面积最大的是冰川/永久积雪和耕地，其次是草地和阔叶灌丛，类斑块平均面积最小的是城市绿地和河流，其余 8 类（针叶林、阔叶林、沼泽、居住地、湖泊、针阔混交林、荒漠、工矿交通）的类斑块平均面积比较接近，在 10～20 hm^2；这说明流域二级生态系统中，冰川/永久积雪、耕地和草地的集中连片性最好，其余类型的空间分布均比较分散，特别是城市绿地和河流，其景观类型的破碎程度较高。三级生态系统类型中，类斑块平均面积最大的是冰川/永久积雪和旱地，其次是落叶阔叶灌木林、草甸、草原和工业绿地，类斑块平均面积极小（不足 10 hm^2）的有 9 类（裸土 1、灌木绿地、草本绿地、盐碱地、裸岩、裸土 2、河流、交通用地和湖泊），其余 9 类（稀疏草地、裸岩、常绿针叶林、水库/坑塘、落叶阔叶林、草本沼泽、居住地、针阔混交林和采矿场）类斑块平均面积在 10～20 hm^2；这说明流域三级生态系统中，冰川/永久积雪和旱地景观的斑块平均规模最大，落叶阔叶灌木林、草甸、草原和工业绿地的分布也相对集中连片，其余类型的景观分布较为分散，其中景观破碎度最高的是交通用地和湖泊。

3.4.2.2 环境质量状况的变化趋势

与现状评估相对应，城市群尺度的环境质量状况变化主要从污染物排放量角度进行分析，根据青海省环境监测部门数据，2010 年与 2005 相比，青海东部城市群的污水排放量减少了 2.6%（其中工业源减少了 12.2%，生活源增加了 3.4%）、化学需氧量（COD）增加了 10.8%（其中工业源增加了 15.9%，生活源增加了 5.5%）、氨氮（NH_3-N）增加了 15.5%（其中工业源增加了 24.8%，生活源增加了 12.9%）；废气排放量增加了 160.7%（全部为工业源，生活源未统计）、SO_2 排放量增加了 7.4%（其中工业源增加了 6.4%，生活源增加了 43.2%）、氮氧化物排放量增加了 55.4%（其中工业源增加了 44%，生活源增加了 110.2%）；工业固体废弃物产生量增加了 180.7%、工业粉尘排放量增加了 6.6%、烟尘排放量增加了 9.8%（其中工业源减少了 1.1%，生活源增加了 76.8%）。

分县市来看，2010 年与 2005 相比，污水排放量减少的有互助、大通和西宁市区，增加的是湟中、平安、民和、湟源和乐都；减少的污水主要是工业源（互助、大通和乐都），增加的污水主要来自生活源（除西宁市区有所减少外，其余县都有增加，增长较快的是互助、湟中、平安、乐都和民和），与此同时，湟中、湟源、平安和民和等县域的工业源污水增长迅猛。COD 排放量普遍增长，其中增长较快的是湟源、湟中和西宁市区，平安、民和和乐都增加较慢，减少的县仅互助和大通；氨氮排放量普遍增长，其中增长较快的是湟中、民和、湟源、西宁市区、乐都和平安，减少的县仅大通和互助。废气排放量普遍增加，增加较快的是湟中、平安、湟源和西宁市区，乐都和互助稍快，增加最少的是大通，民和县的废气排放量有所减少；SO_2 排放量普遍增加，增加较快的是湟中和湟源，乐都、平安和互助增加稍慢，SO_2 排放量有所减少的是西宁市区、民和和大通；氮氧化物排放量普遍增加，增加较快的是湟中、乐都、西宁市区和互助，增加较慢的是民和、大通和平安，湟源县的氮氧化物排放量有所减少。工业固体废弃物产生量普遍增加，增加较快的是平安、湟中、湟源、互助和乐都，大通和西宁市区增加稍慢，民和县的工业固体废弃物产生量有所减少；工业粉尘排放量有增有减，增加较快的是湟源和湟中，互助、平安和大通增加稍慢，减少的是西宁市区、民和和乐都；烟尘排放量有增有减，增加的是湟中、互助、乐都、平安、民和和湟源，减少的是西宁市区和大通。

3.4.3 西宁市尺度

3.4.3.1 生态系统格局的变化趋势

（1）从生态系统类型的构成与比例来看

在一级生态系统类型中，2000—2010 年，草地始终是西宁市最大的生态系统类型（占 2/5 以上），其次为农田和灌丛（合计占 2/5 以上），再次为森林、城镇和荒漠（合计占 1/10），湿地和冰川/永久积雪的面积极小（合计占 0.6%）。从一级生态系统类型的动态变化来看，面积增加的有 4 类（即草地、城镇、湿地和森林），其中面积增加最多的是草地、增速最快的是城镇；面积减小的有 3 类（即农田、荒漠和灌丛），其中农田的面积减少最多、最快；面积没变的仅 1 类（即冰川/永久积雪）。

在二级生态系统类型中，草地始终是西宁市最大的生态系统类型（占 2/5 以上）、其次为耕地和阔叶灌丛（合计占 2/5 以上）、再次为针叶林、居住地和荒漠（合计占 1/10），剩余7类中，有6类（沼泽、湖泊、河流、城市绿地、荒漠和冰川/永久积雪）面积不足1%，仅1类（阔叶林）面积不足0.1%。从二级生态系统类型的变化动态来看，面积增加的有7类（即阔叶林、针叶林、草地、湖泊、居住地、城市绿地和工矿交通用地），其中草地的面积增加最大，湖泊、阔叶林、工矿交通用地和居住地的面积增速最快；面积减少的有5类（阔叶灌丛、沼泽、河流、耕地和荒漠），其中耕地的面积减少最多、最快；面积稳定的仅1类（即冰川/永久积雪）。

在三级生态系统类型中，旱地、草甸、草原和落叶阔叶灌丛是西宁市最大的生态系统类型，其中旱地面积最大（占30%）、其次是草甸、草原和落叶阔叶灌丛（合计占60%），在剩余的16类中，有4类（即常绿针叶林、草原、居住地和裸岩）的比例大于1%，有7类（即草本沼泽、水库/坑塘、河流、工业用地、交通用地、裸土和冰川/永久积雪）的比例大于0.1%，有5类（即落叶阔叶林、湖泊、灌木绿地、草本绿地和采矿场）的比例极小（均不足0.1%）。从三级生态系统类型的变化动态来看，面积增加的有12类（即落叶阔叶林、常绿针叶林、草甸、草原、水库/坑塘、居住地、灌木绿地、草本绿地、工业用地、交通用地、采矿场和裸岩），其中面积增加较大的有4类（草原、草甸、居住地和工业用地）；面积减少的有7类（即落叶阔叶灌木林、稀疏草地、草本沼泽、湖泊、河流、旱地和裸土），其中面积减少最多和最快的是旱地；面积稳定的仅1类（即冰川/永久积雪）。

（2）从不同生态系统类型之间的转化特征来看

在一级生态系统类型中，2000—2010年，西宁市面积变化最大的是农田和草地，其中农田主要是减少，以转出为草地、城镇、湿地、森林和荒漠为主，草地主要是增加，几乎全部由农田转入；面积变化较大的还有城镇，主要是增加，增加的城镇用地主要来自农田；面积变化极小的是湿地、森林、灌丛和荒漠，前二者为增加、后二者为减少，其中增加的湿地主要来自农田、荒漠和草地，增加的森林全部由农田转入，减少的灌丛全部转变为城镇，减少的荒漠绝大部分转变为湿地；其余1类（冰川/永久积雪）的面积无变化。在二级生态系统类型中，西宁市面积变化最大的是耕地和草地，其中耕地主要是减少，以转出为草地、居住地和工矿交通用地为主；草地主要是增加，几乎全部由耕地转变而来；面积变化较大的还有居住地和工矿交通用地，二者均为增加，其中增加的居住地主要来自耕地，增加的工矿交通用地主要来自耕地、草地和阔叶灌丛；面积稍有变化（不足 10 km^2）的有 8 类（阔叶林、针叶林、阔叶灌木、沼泽、湖泊、河流、城市绿地和荒漠），其中面积增加（阔叶林、针叶林、湖泊和城市绿地）和减少（阔叶灌丛、沼泽、河流和荒漠）的各 4 类；其余 1 类（冰川/永久积雪）面积没有变化。

（3）从生态系统的景观格局特征来看

从景观总体特征来看，西宁市（含 3 县）一级生态系统变化最显著的是斑块数（NP）和平均斑块面积（MPS），其中 NP 的变化方向是减少、MPS 的变化方向是增加，并且二者的增减幅度一致（均为 1.4%），边界密度（ED）和聚集度指数（CONT）的变化较小，二者的变化方向均是减少(其中 ED 的减少幅度为 0.4%、CONT 的减少幅度为 0.7%)；这说明在 2000—2010 年，西宁市一级生态系统的景观复杂程度有较大下降，景观聚集度有微弱下降。二级生态系统的变化与一级生态系统类似，但 NP 和 MPS 的变化幅度变小（均为 1.0%），ED 和 CONT 的减少幅度差异变大（分别为 0.2%和 0.8%），这说明较一级生态系统而言，西宁市二级生态系统的景观格局变化相对温和。三级生态系统的变化趋势不同于一级生态系统和二级生态系统，主要表现为斑块数（NP）和边界密度（ED）有所增加，而平均斑块面积（MPS）和聚集度指数（CONT）呈减小趋势，并且 NP 和 MPS 的变化幅度较小（均为 0.1%），而 ED 和 CONT 的变化幅度较大（分别为 1.6%和 1.8%）；这说明三级生态系统的景观复杂程度有显著上升、景观聚集度下降明显而景观破碎度上升。

从景观类型特征来看，西宁市一级生态系统中，类斑块平均面积最大的是农田，其次是冰川/永久积雪和草地，再次是灌丛、城镇和荒漠，类斑块平均面积最小的是森林和湿地；这说明西宁市一级生态系统中农田、冰川/永久积雪和草地的分布比较集中连片，而灌丛、城镇、荒漠、森林和湿地的分布比较零散。二级生态系统中，类斑块平均面积最大的是耕地，其次是冰川/永久积雪和草地，再次是阔叶灌丛，类斑块平均面积最小的是城市绿地和河流，其余 7 类（湖泊、荒漠、居住地、沼泽、阔叶林、工矿交通用地和针叶林）的类斑块平均面积在 10～20 hm^2；这说明西宁市二级生态系统中，耕地的集中连片性最好，其次是冰川/永久积雪和草地，其余类型的空间分布均比较分散，特别是城市绿地和河流，其景观类型的破碎程度极高。三级生态系统类型中，类斑块平均面积最大的是冰川/永久积雪和旱地，其次是落叶阔叶灌木林、草甸、草原和工业绿地；类斑块平均面积较小（不足 10 hm^2）的有 6 类（灌木绿地、草本绿地、裸土、河流、交通用地和湖泊），其中交通用地和湖泊最小（不足 5 hm^2）；其余 8 类（稀疏草地、裸岩、常绿针叶林、水库/坑塘、落叶阔叶林、草本沼泽、居住地和采矿场）的类斑块平均面积在 10～30 hm^2；这说明流域三级生态系统中，冰川/永久积雪和旱地景观的斑块平均规模最大，落叶阔叶灌木林、草甸、草原和工业绿地的分布也相对集中连片，其余类型的景观分布较为分散，其中景观破碎度最高的是交通用地和湖泊。

3.4.3.2 环境质量状况的变化趋势

根据青海省环境监测部门数据，西宁市环境空气污染物中的的 SO_2 和 NO_2 的历年均值均低于《环境空气质量标准》（GB 3095—2012）中规定的二级标准值（适用于二类区，即居住区、商业交通居民混合区、文化区、工业区和农村地区，标准中规定的二级浓度限值年均值 SO_2 为 0.06 mg/m^3，NO_2 为 0.04 mg/m^3，TSP 为 0.2 mg/m^3，PM_{10} 为 0.07 mg/m^3），但 TSP 和 PM_{10} 的历年均值均高于二级标准值，由此判断西宁市环境空气质量的主要污染物是悬浮颗粒物。此外，随着西宁城市建设和经济的快速发展，由建设施工和交通运输等带来的扬尘污染问题尤为突出，已成为影响西宁城市环境空气质量的一个重要因素[以西宁市和大通县为例，无论是采用国际 10 t/（km^2·月）或国内（以天津为例）15 t/（km^2·月）的标准，二者的 10 年均值（2001—2010）分别为 0.30 t/（km^2·月）和 0.69 t/（km^2·月）均超过标准值]。从酸雨频率来看，西宁市和大通县的酸雨危害较小，尚未成为环境空气污染因子。

根据《青海省环境状况公报》（2000—2010 年）中的城市区域噪声环境质量数据，西宁市 2000—2010 年城市区域环境噪声的平均等效声级为 52.5 dB，达到国家环境质量Ⅰ类区昼间 55 dB 的标准，声环境质量较好；城市交通噪声的平均等效声级为 70.5 dB，超出 70 dB 的标准，有轻微的道路交通噪声污染。从区域环境噪声的构成来看，西宁市社会生活噪声、交通噪声、工业噪声和施工噪声的比例基本稳定，近年来基本稳定在41.1%、25%、16.5%和 6.7%。从声环境功能区的达标情况来看，除 3 类声环境功能区（指以工业生产、仓储物流为主要功能的区域）常年达标外，其余声环境功能区常年超标，特别是 4a 类声环境功能区（指高速公路、一级公路、二级公路、城市快速路、城市主干路和城市次干路两侧区域）超标严重，夜间超标倍数达数十倍，昼间超标倍数约 2 倍；此外，1 类声环境功能区（指以居民住宅、医疗卫生、文化教育、科研设计、行政办公为主要功能的区域）和 2 类声环境功能区（指以商业金融、集市贸易为主要功能的区域）也常年超标，因此，噪声扰民已成为影响西宁市环境质量状况的又一重要问题。

4 效应评估

4.1 流域尺度的资源环境效率

由于缺乏全省各县市能源消费统计数据，本节仅对湟水流域的水资源利用效率和环境利用效率进行分析。

4.1.1 水资源利用效率

从单位 GDP 的水资源消耗量来看（表 4.1-1），湟水流域（1 市 8 县）的用水量在 GDP 增长的同时呈明显下降趋势，2000 年用水量为 13.913 5 亿 m^3，占全省总用水量的 49.9%，2005 年这一比例下降到 45%，到 2010 年流域用水量仅占全省总用水量的 34.2%；与此同时，单位 GDP 水耗也在快速下降，2000 年流域单位 GDP 水耗为 0.210 3 万 m^3/万元，约为全省平均水平的 2 倍，2005 年下降到 0.046 1 万 m^3/万元和 0.8 倍，2010 年下降到 0.015 8 万 m^3/万元和 0.6 倍。但是不同县/市的单位 GDP 水资源消耗量差别较大（图 4.1-1），以 2010 年为例，当年流域平均的单位 GDP 水资源消耗量为 0.015 8 万 m^3/万元，其中大于 0.04 万 m^3/万元的有湟源县、乐都县和民和县（分别为 0.042 3 万 m^3/万元、0.042 0 万 m^3/万元和 0.049 8 万 m^3/万元），在 0.02～0.04 万 m^3/万元的有大通县（0.024 7 万 m^3/万元）、湟中县（0.021 4 万 m^3/万元）、平安县（0.026 0 万 m^3/万元）和互助县（0.026 3 万 m^3/万元），小于 0.02 万 m^3/万元的有西宁市和海晏县，分别为 0.006 2 万 m^3/万元和 0.010 9 万 m^3/万元。而同期全省平均的单位 GDP 水资源消耗量为

0.588 4 万 m^3/万元，因此，湟水流域的单位 GDP 水资源消耗量远小于全省平均值，是省内水资源利用效率较高的地区，其中西宁市的水资源利用效率提高最快，10 年间提高了近 300 倍。

表 4.1-1 湟水流域单位 GDP 水资源消耗量的变化

县/市	GDP/万元			用水量/亿 m^3			单位 GDP 水耗/（万 m^3/万元）		
	2000 年	2005 年	2010 年	2000 年	2005 年	2010 年	2000 年	2005 年	2010 年
西宁市区	13 474	1 645 982	4 404 121	2.828 8	3.011 0	2.730 9	2.099 5	0.018 3	0.006 2
大通县	184 589	436 997	807 691	2.068 9	2.202 1	1.997 3	0.112 1	0.050 4	0.024 7
湟中县	88 282	222 014	900 235	1.991 0	2.119 2	1.922 1	0.225 5	0.095 5	0.021 4
湟源县	26 155	71 630	170 752	0.747 9	0.796 1	0.722 0	0.286 0	0.111 1	0.042 3
平安县	54 660	113 100	257 013	0.841 1	0.759 5	0.668 3	0.153 9	0.067 2	0.026 0
互助县	106 360	178 327	461 610	1.525 9	1.377 8	1.212 4	0.143 5	0.077 3	0.026 3
乐都县	78 440	141 414	353 126	1.865 4	1.684 3	1.482 1	0.237 8	0.119 1	0.042 0
民和县	84 003	126 391	288 485	1.809 9	1.634 2	1.438 0	0.215 5	0.129 3	0.049 8
海晏县	25 693	57 855	212 602	0.234 5	0.215 4	0.230 7	0.091 3	0.037 2	0.010 9
流域合计	661 656	2 993 710	7 855 635	13.913 5	13.799 7	12.403 8	0.210 3	0.046 1	0.015 8
全省	2 636 800	5 433 200	13 504 300	27.906 9	30.651 8	36.237 5	0.105 8	0.056 4	0.026 8
流域占全省百分比/%	25.1	55.1	58.2	49.9	45.0	34.2	2.0	0.8	0.6

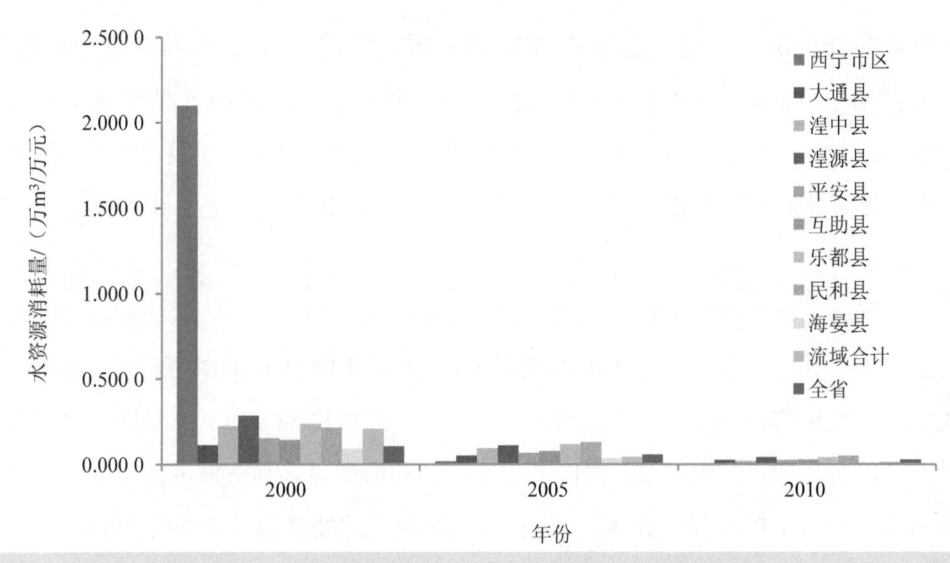

图 4.1-1 湟水流域各县市单位 GDP 水资源消耗量的比较

4.1.2 环境利用效率

按照国家要求，环境利用效率主要从单位 GDP 的 CO_2、SO_2、COD 排放量角度进行分析，结合数据情况，本节将从流域和分县市角度分别分析单位 GDP 的污染物排放量。

从主要的水污染物排放量来看（表 4.1-2），湟水流域单位 GDP 的污水排放量、COD 排放量和 NH_3-N 排放量自 2005 年以来有大幅下降，三类污染物 2010 年的单位 GDP 排放量均下降到 2005 年的 40%。从大气污染物排放量来看，流域内单位 GDP 的废气排放量基本没变，2005 年和 2010 年分别为 3.711 万 m^3/万元和 3.631 万 m^3/万元；SO_2 和氮氧化物的单位 GDP 排放量均有所下降，2010 年比 2005 年分别下降了 60%和 20%。从固体废弃物排放量来看，流域内单位 GDP 的工业固体废物产生量有所上升，2005 年为 0.688 t/万元，2010 年为 0.766 t/万元，2010 年为 2005 年的 1.1 倍；工业粉尘排放量和烟尘排放量均有明显下降，二者 2010 年的单位 GDP 排放量均为 2005 年的 40%。

从流域内各县市情况来看（表 4.1-3），单位 GDP 水污染排放量下降较快的有海晏县、湟中县、互助县、乐都县和西宁市，其中海晏县下降最快，2010 年的单位 GDP 污水排放量仅为 2006 年的 25%，单位 GDP 的 COD 排放量和 NH_3-N 排放量分别为 32% 和 37%；西宁市的单位 GDP 水污染物排放量下降也较快，2010 年的单位 GDP 污水排放量、COD 排放量和 NH_3-N 排放量分别为 2006 年的 44%、53%和 51%。剩余的 4 个县中，湟源县的单位 GDP 水污染排放量下降最慢，其次是大通县和民和县，平安县稍快。

从大气污染物排放量来看，单位 GDP 大气污染排放量下降的有大通县、平安县、互助县和民和县，其中民和县下降幅度最大，2010 年的单位 GDP 废气排放量、SO_2 排放量和氮氧化物排放量分别为 2006 年的 74%、35%和 88%；单位 GDP 大气污染排放量上升的有西宁市、湟中县、湟源县、乐都县和海晏县，其中海晏县上升幅度最大，2010 年的单位 GDP 废气排放量、SO_2 排放量和氮氧化物排放量分别为 2006 年的 8.55 倍、3.04 倍和 4.79 倍。

从固体废弃物排放量来看，单位 GDP 固体废弃物排放量下降的有西宁市、大通县、互助县、乐都县和民和县，其中民和县下降幅度最大，2010 年的单位 GDP 工业固体废物产生量、工业粉尘排放量和烟尘排放量分别为 2006 年的 28%、30%和 65%；单位 GDP 固体废弃物排放量上升的有湟中县、湟源县、平安县和海晏县，其中平安县上升幅度最大，2010 年的单位工业固体废物产生量、工业粉尘排放量和烟尘排放量分别为 2006 年的 17.88 倍、0.68 倍和 0.59 倍。

表 4.1-2 湟水流域单位 GDP 的污染物排放量

年份	污水排放量/（t/万元）	COD 排放量/（t/万元）	氨氮排放量/（t/万元）	废气排放量/（万 m^3/万元）	SO_2 排放量/（t/万元）	氮氧化物排放量/（t/万元）	工业固体废物产生量/（t/万元）	工业粉尘排放量/（t/万元）	烟尘排放量/（t/万元）
2005	47.592	0.017	0.002	3.711	0.029		0.688	0.023	0.015
2006	39.383	0.015	0.001	3.978	0.025	0.012	0.557	0.018	0.013
2007	33.188	0.012	0.001	3.751	0.020	0.012	0.606	0.013	0.011
2008	26.651	0.009	0.001	3.768	0.016	0.009	0.567	0.011	0.009
2009	22.135	0.008	0.001	3.201	0.013	0.009	0.481	0.008	0.007
2010	17.601	0.007	0.001	3.631	0.013	0.010	0.766	0.009	0.006

说明：因缺少 2005 年数据，氮氧化物的增长倍数以 2006 年为基期年计算。

表 4.1-3 湟水流域各县市单位 GDP 的污染物排放量

2006 年	污水排放量/（t/万元）	COD 排放量/（t/万元）	氨氮排放量/（t/万元）	废气排放量/（万 m^3/万元）	SO_2 排放量/（t/万元）	氮氧化物排放量/（t/万元）	工业固体废物产生量/（t/万元）	工业粉尘排放量/（t/万元）	烟尘排放量/（t/万元）
西宁市区	44.220	0.010	0.001	0.368	0.007	0.003	0.226	0.004	0.004
大通县	45.951	0.019	0.002	19.465	0.099	0.053	1.952	0.029	0.028
湟中县	19.449	0.006	0.001	2.764	0.011	0.004	0.292	0.007	0.015
湟源县	21.202	0.009	0.001	0.785	0.005	0.016	0.113	0.058	0.022
平安县	20.792	0.010	0.001	0.694	0.015	0.008	0.310	0.011	0.035
互助县	35.258	0.025	0.001	2.160	0.019	0.009	0.533	0.022	0.024
乐都县	29.282	0.028	0.001	2.352	0.019	0.007	0.308	0.047	0.017
民和县	45.396	0.062	0.002	2.291	0.027	0.009	0.612	0.095	0.014
海晏县	16.420	0.004	0.001	0.346	0.015	0.009	0.516	0.050	0.011
流域合计	39.383	0.015	0.001	3.978	0.025	0.012	0.557	0.018	0.013
2010 年	污水排放量/（t/万元）	COD 排放量/（t/万元）	氨氮排放量/（t/万元）	废气排放量/（万 m^3/万元）	SO_2 排放量/（t/万元）	氮氧化物排放量/（t/万元）	工业固体废物产生量/（t/万元）	工业粉尘排放量/（t/万元）	烟尘排放量/（t/万元）
西宁市区	19.378	0.005	0.001	1.103	0.002	0.002	0.214	0.001	0.001
大通县	25.497	0.011	0.001	15.061	0.058	0.046	1.940	0.018	0.023
湟中县	7.802	0.002	0.001	7.089	0.019	0.009	1.336	0.010	0.006
湟源县	11.909	0.006	0.001	8.069	0.006	0.005	1.208	0.107	0.011
平安县	11.568	0.005	0.001	0.997	0.008	0.005	5.545	0.007	0.021
互助县	15.871	0.013	0.001	2.154	0.015	0.008	0.359	0.018	0.015
乐都县	13.728	0.012	0.001	3.894	0.008	0.011	0.323	0.021	0.009
民和县	25.138	0.030	0.001	1.685	0.009	0.008	0.172	0.029	0.009
海晏县	4.124	0.001	0.000	2.958	0.045	0.044	1.628	0.002	0.006
流域合计	17.601	0.007	0.001	3.631	0.013	0.010	0.766	0.009	0.006

4.2 城市群尺度的城市扩张效应

按照国家要求，城市扩张主要从地表性质（不透水地面与透水地面的面积比）、农田动态（耕地面积占国土面积的比例）、城市密度（单位建设用地人口数）和城市化水平（城市化率）等方面进行分析，结合数据情况，本节将从城市扩张、地表覆被和生态质量 3 个方面进行分析。

4.2.1 城市扩张

由于缺乏城市群尺度的建成区/建设用地数据，因此，本节对于青海东部城市群的城市扩张分析，仅从行政区人口密度（单位行政区面积上的人口数）和城市化水平（城市人口占总人口的比例）两方面进行分析。

4.2.1.1 行政区人口密度

从行政区人口密度看（表 4.2-1），青海东部城市群的人口密度约为全省平均水平的 25 倍，其中以西宁市区的行政区人口密度为最高，2010 年西宁市区的行政区人口密度为 2 536.2 人/km^2，是西宁市（含 3 县）平均水平（256.1 人/km^2）的 9.9 倍、东部城市群（1 市 7 县）平均水平（203.2 人/km^2）的 12.5 倍、湟水流域（1 市 8 县）平均水平（159.8 人/km^2）的 15.9 倍、全省平均水平（7.8 人/km^2）的 325.1 倍；其次是民和县和湟中县，2000—2010 年的平均行政区人口密度为 206.7 人/km^2 和 181.7 人/km^2，再次是平安县和大通县，同期的平均行政区人口密度为 152.3 人/km^2 和 141.0 人/km^2，剩余 3 县（互助县、乐都县和湟源县）的行政区人口密度较小（分别为 112.2 人/km^2、101.5 人/km^2 和 89.7 人/km^2），但仍远高于全省平均水平的多年均值（7.5 人/km^2）。如果从西宁市辖区（含 3 县）来看，西宁市辖区（含 3 县）的行政区人口密度约为东部城市群的 1.3 倍、湟水流域的 1.7 倍和全省的 32 倍。如果将城市群（1 市 7 县）作为整体来看，城市群区域的行政区人口密度约为湟水流域的 1.3 倍和全省的 25 倍。

从行政区人口密度的动态变化来看，东部城市群 2000—2010 年的人口密度增长率（12.2%）远高于全省平均水平（9.1%），其中以西宁市区的人口密度增长率最高（达 18.4%），其次是海晏县、乐都县和民和县（分别为 23.3%、22.7%和 18.7%）；其余 4 县的人口密度增长率均低于全省平均水平，其中湟源县的增长率最低（2.4%），湟中县出现负增长（–8.2%）是由于部分地区并入西宁市所致。由此可见，青海东部城市群区域是青海省人口高度密集、城市化发展最快的地区。

表 4.2-1 东部城市群各县市人口密度 单位：人/km^2

年度	2000	2001	2002	2003	2004	2005	2006	2007	2008	2009	2010
西宁市区	2 142.6	2 186.5	2 239.1	2 306.3	2 338.5	2 364.8	2 414.5	2 546.0	2 581.1	2 598.7	2 536.2
大通县	134.5	134.8	134.8	134.5	142.1	143.5	144.1	146.5	144.7	145.3	146.6
湟中县	188.5	188.9	189.7	191.4	172.9	174.3	175.1	166.9	188.1	190.1	173.1
湟源县	88.5	89.2	89.2	89.2	90.5	89.8	89.8	87.2	90.8	91.5	90.7
平安县	150.7	150.7	150.7	150.7	145.6	141.7	149.5	152.1	158.7	162.7	162.4
民和县	196.0	197.6	198.1	195.5	196.7	198.8	198.8	206.8	222.5	230.3	232.6
乐都县	112.3	111.9	111.2	110.8	83.3	82.7	83.6	93.8	94.4	95.1	137.8
互助县	112.1	112.4	112.4	112.1	109.1	109.4	109.4	110.6	114.7	116.5	115.2
海晏县	6.4	6.4	6.6	6.6	6.3	63.4	6.5	8.4	8.4	8.6	7.9
西宁市	235.3	237.7	240.4	243.9	253.7	244.3	247.1	250.5	261.0	262.9	256.1
城市群	181.2	182.5	183.7	184.9	177.9	175.3	177.1	231.1	191.0	193.4	203.2
流域	140.4	141.4	142.4	143.3	137.0	149.0	137.0	178.9	154.5	156.4	159.8
全省	7.2	7.2	7.3	7.4	7.5	7.5	7.6	7.6	7.7	7.7	7.8

4.2.1.2 城市化水平

从城市化水平来看（表 4.2-2），青海东部城市群的城市化水平（城市人口占总人口比重）略低于全省平均水平（为全省平均水平的 90%），这主要是由于青海东部地区不仅是青海省人口最集中的区域，也是青海省农业人口最为密集的区域，总人口中农村人口比重较大所致。分县市来看，西宁市区的城市化水平最高，2010 年西宁市区的城市化水平为 95.0%，是西宁市（含 3 县）平均水平（59.1%）的 1.6 倍、东部城市群（1 市 7 县）平均水平（42.0%）的 2.3 倍、湟水流域（1 市 8 县）平均水平（41.9%）的 2.3 倍、全省平均水平（44.7%）的 2.1 倍；其次是大通县和平安县，2010 年的城市化水平分别为 35.7%和 35.1%，再次是湟源县和湟中县，2010 年的城市化水平分别为 25.9%和 22.1%，剩余 3 县（乐都县、民和县和互助县）的城市化水平较低（远低于全省平均水平，2010 年分别为 14.7%、12.1%和 9.1%）。如果从西宁市辖区（含 3 县）来看，西宁市辖区（含 3 县）的城市化水平约为东部城市群的 1.4 倍、湟水流域的 1.3 倍和全省的 1.1 倍。如果将城市群（1 市 7 县）作为整体来看，城市群区域的城市化水平与湟水流域持平，约为全省平均水平的 90%。

从城市化水平的动态变化来看，东部城市群 2000—2010 年的城市化水平增长率（34.0%）远高于全省平均水平（28.6%），其中以湟中县的城市化水平增长速度最快（增长率高达 287.1%），这显然与湟中县并入西宁市后人口统计口径的变化有关；其次是大通县、民和县和互助县（增长率均高于全省平均水平，分别为 68.4%、49.4%和 29.0%）；其余 4 县的城市化水平增长率均低于全省平均水平，其中西宁市区的增长率最低（10.7%），这显然与西宁市较高的城市化水平基数（2000 年为 85.8%）有关；乐都县出现了负增长（–2.7%），这可能是由于行政区划调整所致。总之，从城市化水平（城市人口占总人口的比重）看，青海东部城市群区域的城市化水平虽略低于全省平均水平，但增速远高于全省平均水平，因此，该区域未来将成为青海省城市人口最集中、城市化水平最高的地区。

表 4.2-2 东部城市群各县市的城市化水平 单位：%

年度	2000	2001	2002	2003	2004	2005	2006	2007	2008	2009	2010
西宁市区	85.8	85.7	86.1	86.3	86.1	85.9	86.1	86.9	83.4	83.4	95.0
大通县	21.2	20.9	20.6	19.8	19.8	20.1	20.0	20.8	21.3	21.2	35.7
湟中县	5.7	4.8	4.6	4.8	5.4	5.7	12.1	6.9	8.3	8.7	22.1
湟源县	20.3	19.4	18.8	18.7	19.9	19.3	19.3	16.0	20.4	21.0	25.9
平安县	30.4	31.3	31.1	29.6	28.6	27.5	32.2	31.6	35.3	36.1	35.1
民和县	8.1	8.3	7.8	5.9	5.9	6.4	9.0	10.5	11.9	14.6	12.1
乐都县	15.1	14.8	13.4	12.9	12.0	11.7	16.9	16.1	16.7	17.2	14.7
互助县	7.0	7.0	6.6	6.6	8.0	9.6	9.6	10.3	10.8	12.1	9.1
海晏县	38.7	38.7	40.9	40.0	42.4	94.0	41.2	41.2	38.2	42.9	37.1
西宁市	44.2	44.1	44.5	44.8	45.1	45.2	47.1	47.5	46.6	46.7	59.1
城市群	31.3	31.4	31.4	31.5	31.8	32.1	34.3	34.7	34.6	35.1	42.0
流域	31.4	31.4	31.5	31.6	31.9	38.2	34.4	34.8	34.6	35.2	41.9
全省	34.8	36.3	37.7	38.2	38.5	39.3	39.1	40.1	40.9	41.9	44.7

4.2.2 地表覆被

地表覆被是反映地表覆被状态的综合体，通常包括土地利用、植被状况以及地形地貌等多元信息。考虑到土地利用和植被对于地表覆被的主导作用，结合研究区数据收集情况，本节将通过不透水地面和农田动态来回答青海东部城市群区域地表覆被的变化特点与发展趋势。其中不透水地面按照国家要求，主要指以人工地面（各类建设用地）为主体，包括裸土、裸岩、冰川/永久积雪等自然地面的土地利用类型；农田比重主要根据耕地占国土面积的比例来进行分析。

4.2.2.1 地表性质

从不透水地面的构成比例上看（表 4.2-3），东部城市群的不透水地面（不透水率=1−VF）

主要以较高等级的不透水地面为主，以 2010 年为例，该年城市群共有不透水地面 854.5 km^2，其中较高等级的不透水地面（＞60%）就占 91.9%，在剩余的 8.1%中，中等级不透水地面（40%～60%）占到 8.0%，较低等级（＜40%）的不透水地面仅占 0.1%；这表明在青海东部城市群的不透水地面中，由房屋屋顶、沥青水泥路面、停车场等坚硬质地的较高等级的人工不透水地面为主体。

从不透水地面的变化情况来看（图 4.2-1），东部城市群的不透水地面增长较快，与 2000 年（面积为 782.7 km^2，占东部城市群面积的 4.9%）相比，2010 年（面积为 854.5 km^2，占东部城市群面积的 5.3%）的不透水地面增长了 9.2%（即 71.82 km^2），其中中等级别（不透水率 40%～60%）的不透水地面增长最快（增加 59.8%），其次是较高等级（60%～80%）的不透水地面（增加 21.9%），低等级（＜20%）和较低等级（20%～40%）的不透水地面增长较慢（低于平均水平），最高等级（80%～100%）的不透水等级为负增长，即期末面积小于期初面积。

表 4.2-3　2000—2010 年东部城市群不透水地面的等级变化

不透水率分级/%	2000 年		2010 年		变化情况	
	面积/km^2	百分比/%	面积/km^2	百分比/%	面积/km^2	百分比/%
＜20	0.03	0.00	0.03	0.00	0.00	0.49
20.1～40.0	1.01	0.13	1.10	0.13	0.09	8.40
40.1～60.0	42.55	5.44	68.00	7.96	25.45	59.80
60.1～80.0	481.83	61.56	587.37	68.74	105.53	21.90
80.1～100	257.26	32.87	198.02	23.17	−59.25	−23.03
合计	782.70	100.00	854.52	100.00	71.82	9.18

从不透水地面的空间分布上看（图 4.2-2），东部城市群不透水地面的空间分布有两类，一类是城镇周围，如极高不透水地面（不透水率＞60%）主要分布在西宁市区，此外在大通县、湟中县、互助县、乐都县、民和县县城附近都较集中；还有一类主要是分布在城市群周边的高山地带，主要是裸土、裸岩和冰川/永久积雪等自然地面。

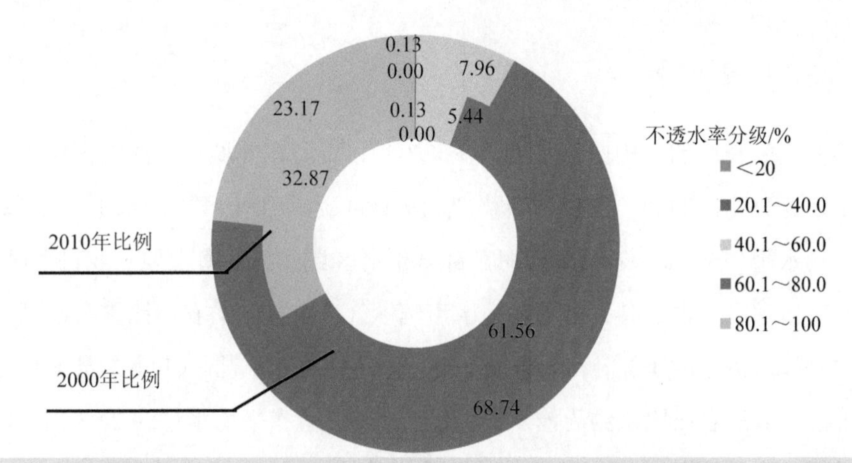

图 4.2-1 2000—2010 年东部城市群不透水地面的等级变化

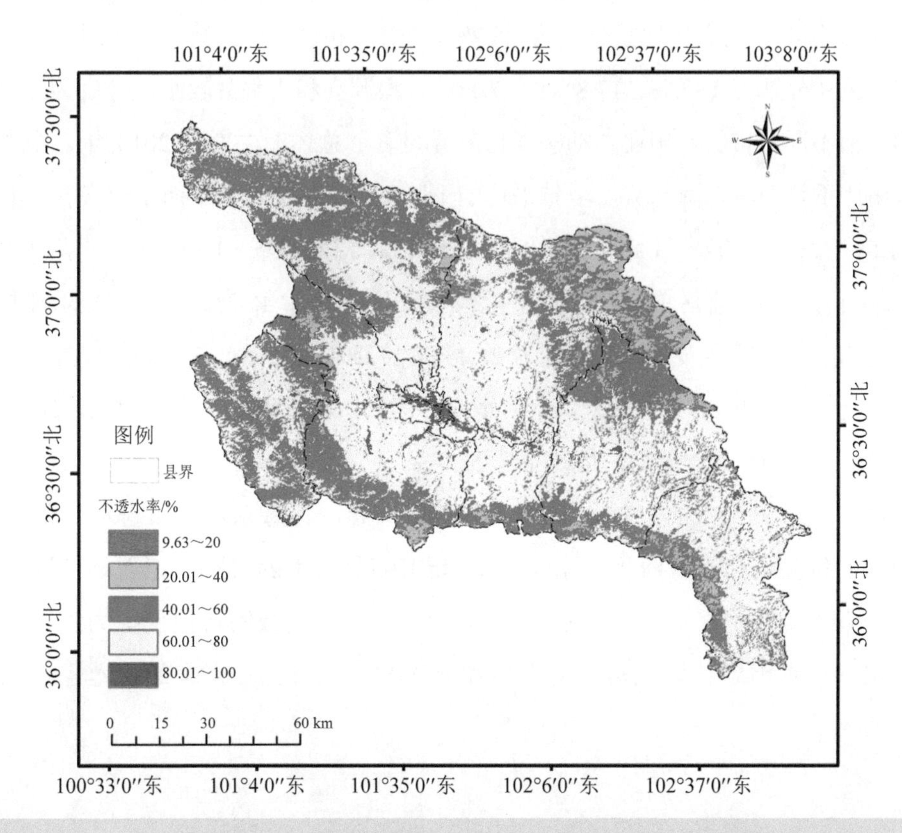

图 4.2-2 2010 年东部城市群不透水地面的空间分布状况

4.2.2.2 农田比重

从不同空间尺度的农田比重来看（图 4.2-3），青海东部城市群的农田比重（耕地占国土面积的百分比，2000—2010 年平均为 19.4%）远高于全省平均水平（0.8%）、略高于流域平均水平（15.2%），显示出青海东部城市群区域作为青海主要农业耕作区的特点。如果从西宁市辖区（含 3 县）来看，西宁市辖区（含 3 县）的农田比重与东部城市群相当、大约是湟水流域的 1.3 倍和全省的 24.8 倍；如果将城市群（1 市 7 县）作为整体来看，城市群区域的农田比重约为湟水流域的 1.3 倍、全省平均水平的 24.3 倍。以上数据充分说明了西宁市乃至青海东部城市群区域在青海省农业生产中的重要地位。

从分县市的农田比重来看（表 4.2-4），湟中县、民和县和互助县的农田比重最高，2000—2010 年的平均农田比重分别为 25.7%、24.3%和 22.8%，其次是大通县、平安县和西宁市区（分别为 18.6%、17.8%和 17.1%），湟源县和乐都县较小（分别为 12.8%和 11.7%）。但不同县市的农田比重动态变化差异显著，总体上 2000—2010 年，全省各县市的农田比重普遍呈下降趋势，全省平均的下降率为 19.3%，其中西宁市（含 3 县）下降了 11.5%、东部城市群（1 市 7 县）下降了 10.8%、湟水流域（1 市 8 县）下降了 9.7%。就各县市而言，西宁市区的农田比重下降最快（下降率为 45.3%），其次是乐都县、湟中县、民和县和互助县（下降率分别为 26.1%、17.0%、15.6 和 13.6%），湟源县和大通县下降较慢（分别为 8.7%和 3.3%）。但平安县的农田比重出现了显著增长，2010 年比 2000 年增长了约 10 个百分点，增长率达 55.7%。

总之，从农田比重的多年均值和动态变化来看，青海东部城市群区域的耕地占国土面积的份额远高于青海平均水平（前者约为后者的 24 倍），但耕地的减少速度远低于全省平均水平（前者约为后者的 1/2），说明该区域的耕地保护力度远大于全省平均水平，考虑到该区域密集的人口和有限的土地资源，未来的耕地保护压力将进一步增大。

表 4.2-4 东部城市群各县市的农田比重 单位：%

年度	2000	2001	2002	2003	2004	2005	2006	2007	2008	2009	2010
西宁市区	25.8	22.0	18.5	17.2	16.9	16.7	16.4	15.3	14.7	10.0	14.1
大通县	19.0	18.7	18.2	18.0	18.8	18.8	18.8	18.8	18.4	18.4	18.4
湟中县	28.9	28.5	27.7	27.3	24.2	24.1	24.1	24.1	26.7	23.2	24.0
湟源县	13.9	14.2	13.3	12.9	12.6	12.6	12.7	12.7	12.7	9.9	12.7
平安县	17.8	17.2	16.2	13.2	12.5	11.9	11.8	11.8	27.9	27.9	27.8
民和县	28.2	27.6	25.8	23.6	22.7	22.7	22.7	22.7	24.0	24.0	23.8
乐都县	16.2	15.6	14.6	12.7	9.2	9.2	9.2	10.3	10.0	10.0	12.0
互助县	25.4	25.2	24.2	23.1	21.7	21.7	21.7	21.7	22.2	22.2	21.9
海晏县	0.8	0.8	0.7	0.5	0.5	0.5	0.5	0.7	0.7	0.7	0.6
西宁市	21.5	21.1	20.3	20.0	19.4	19.4	19.4	19.3	19.8	17.9	19.0
城市群	22.1	21.6	20.6	19.5	17.9	17.8	17.8	18.2	19.3	18.4	19.7
流域	17.1	16.8	16.0	15.1	13.8	13.8	13.8	14.8	15.5	14.9	15.4
全省	0.9	0.9	0.8	0.8	0.8	0.8	0.8	0.8	0.8	0.8	0.7

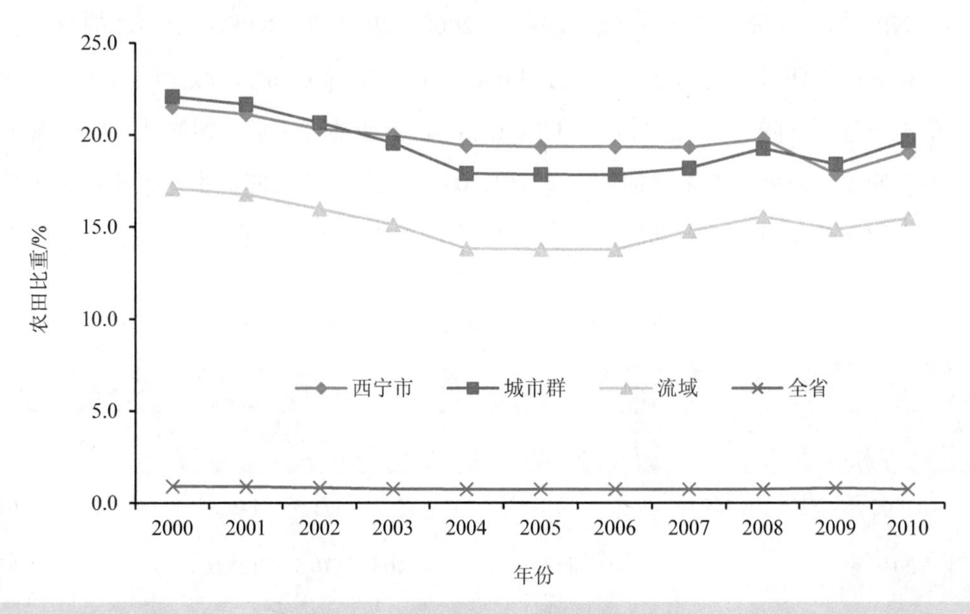

图 4.2-3 不同空间尺度的农田比重

4.2.3 生态质量

在表征区域生态系统质量的众多指标中，净初级生产力（NPP）与植被覆盖度（VF）是描述植被群落及生态系统的两个重要参数，其中 NPP 是单位时间内生物（主要是绿色植物）通过光合作用途径所固定的有机碳总量（即植物总第一性生产力或初级生产力）扣除呼吸消耗的有机碳储量，NPP 是表征植被活动的关键变量，是陆地生态系统中物质与能量研究的基础；VF 是植被（包括叶、茎、枝）在单位面积内植被的垂直投影面积所占百分比，植被覆盖及其变化是区域生态系统环境变化的重要指示，对水文、生态、气候变化等都具有重要意义。因此，本节将针对城市群的一级生态系统类型，选择其中具有绿色植被生产力的五类生态系统（即森林、灌丛、草地、湿地和农田），进行 NPP 和 VF 分析。

4.2.3.1 净初级生产力

从 NPP 均值和最大值来看（表 4.2-5），2000—2010 年，NPP 均值增加的有 2 类，即森林和农田（期末比期初分别增加了 3.0 g C/m^2 和 0.1 g C/m^2），减少的有 2 类，即湿地和草地（分别下降了 6.7 g C/m^2 和 1.1 g C/m^2），不变的有 1 类，即灌丛；NPP 最大值除湿地有明显下降外（期末比期初下降了 16.0 g C/m^2），其余四类生态系统均有大幅提高；这表明，总体而言，东部城市群的 NPP 生产能力在评估期有明显提高。

表 4.2-5 东部城市群各类生态系统的 NPP 均值与最大值 单位：0.01 g C/m^2

NPP	森林		灌丛		草地		湿地		农田	
	最大值	均值	最大值	均值	最大值	均值	最大值	均值	最大值	均值
2000 年	149.0	82.9	148.0	77.1	139.0	71.5	141.0	60.1	133.0	63.4
2010 年	154.0	86.0	150.0	77.1	140.0	70.5	125.0	53.4	136.0	63.5

从不同生态系统的 NPP 等级构成来看（图 4.2-4），森林和灌丛生态系统呈现一头独大的情况，即较高等级的 NPP［>60（0.01 g C/m^2）］是主体（2000 年分别占 94.7%和 88.9%，2010 年分别占 84.2%和 87.2%），但期末较期初有明显下降（分别减少了 10.5%和 1.7%）；草地、湿地和农田则以中等生产力的 NPP 为主体而两头较小，即 20～80（0.01 g C/m^2）的 NPP 占绝对优势（2000 年分别占 70.7%、85.2%和 90.5%，2010 年分别占 89.7%、91.8%和 98.1%）、且期末较期初有明显上升（分别增加了 19.0%、6.6%和 7.6%）；由此判断，整体而言，在 2000—2010 年，东部城市群各类生态系统的 NPP 等级均有所提高，其中中间等级［20～80（0.01 g C/m^2）］的 NPP 面积增加最明显，而两头［<20（0.01 g C/m^2）和>80（0.01 g C/m^2）的］NPP 等级变化较小，这也是各类生态系统的 NPP 均值变化不大的原因所在。

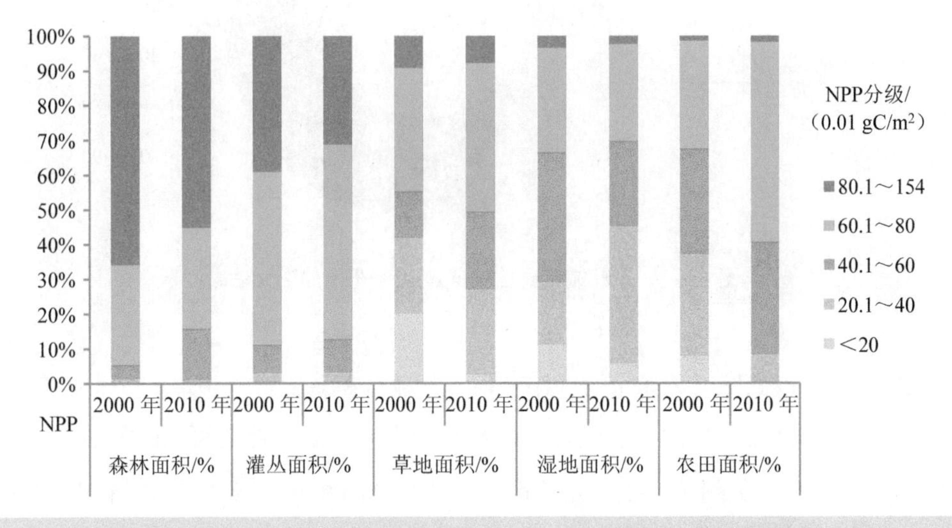

图 4.2-4　东部城市群各类生态系统 NPP 的等级构成及其变化动态

4.2.3.2　植被覆盖度

总体上（图 4.2-5），2000—2010 年，东部城市群的植被覆盖度（包括农田、草地、森林和灌丛）以中等覆盖度（20%～60%）为主体，较高（>60%）和较低（<20%）

覆盖度的面积都较小；从变化动态来看，低覆盖度（＜20%）面积有明显减少（由 2000 年的 16.7%降至 2010 年的 1.9%），中覆盖度（20%～60%）面积有显著增加（由 2000 年的 80.4%增至 2010 年的 94.8%），而高覆盖度（＞60%）面积增加极小（由 2000 年的 2.9%增至 2010 年的 3.2%）；这表明，在 2000—2010 年，东部城市群的植被覆盖度总体上有显著提升，鉴于其中高覆盖面积增量极小，因此 VF 的提升在很大程度上归功于低覆盖度面积的减少和中等覆盖度面积的增加。

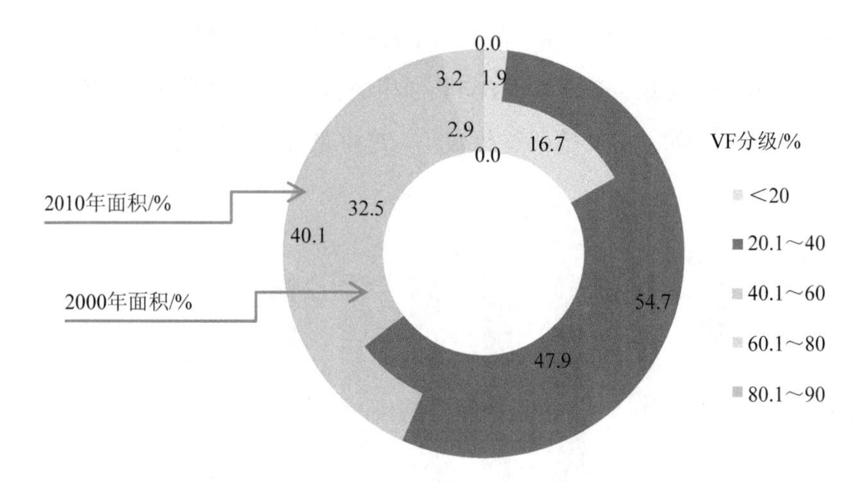

图 4.2-5 东部城市群植被覆盖度（VF）的变化动态

从植被覆盖度的空间分布来看（图 4.2-6），较低覆盖度（＜40%）的绿地（主要是农田）占据了东部城市群的中心位置（以湟水干支流水系为骨架的流域中部），中等覆盖度（40%～60%）的绿地（主要是草地）呈环状包围在低覆盖度绿地（农田）外围，而较高等级覆盖度（＞60%）的绿地（主要是森林和灌丛）则呈斑块状镶嵌在中低覆盖度绿地上；显然，这与城市群一级生态系统中农田、草地、森林和灌丛的分布格局完全一致。

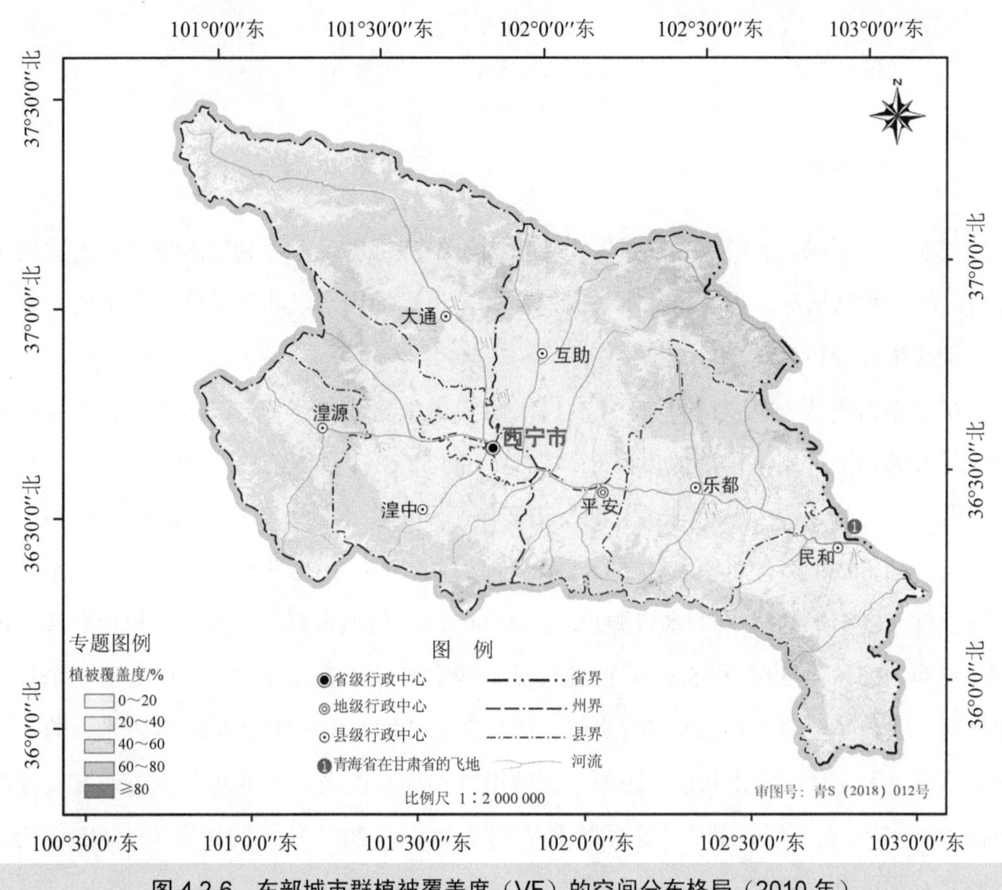

图 4.2-6 东部城市群植被覆盖度（VF）的空间分布格局（2010 年）

4.3 西宁市尺度的生态环境胁迫

按照国家要求，建成区的生态环境胁迫应包括资源消耗、环境污染和生态质量等主要方面。结合数据情况，本节将从水资源开发、能源消费、经济活动强度等方面进行资源消耗分析，从污染物排放强度和城市热岛效应等方面进行环境污染分析，从建成区人口密度和人均生态资本两方面进行生态质量分析。

4.3.1 资源消耗

4.3.1.1 水资源开发

按照国家要求，水资源开发强度主要从国民经济用水量占可利用水资源量的比例来分析，结合数据情况，本节将从水资源总量、多年平均用水量和分年度地表水资源量及用水量来进行分析。

从水资源开发强度来看（表 4.3-1），西宁市（含 3 县）多年平均的水资源量为 12.215 1 亿 m^3，分别占东部城市群（1 市 7 县）的 52.6%、湟水流域（1 市 8 县）的 44.3%和青海省的 1.9%；从用水量来看，西宁市多年平均的用水量为 7.372 4 亿 m^3，分别占东部城市群的 60.6%、湟水流域的 59.4%和青海省的 20.3%；由此计算的多年平均水资源开发强度（多年平均用水量/水资源总量）为 60.4%，而城市群、湟水流域和青海省的该值分别为 52.5%、45.0%和 5.8%，由此可见，西宁市的水资源开发强度在上述 4 个尺度中最高，大约是全省平均水平的 7.8 倍。从水资源开发强度（年用水量/地表水）的年际变化来看，无论是西宁市尺度、还是东部城市群和湟水流域，2010 年的水资源开发强度均较 2000 年显著下降，其中下降幅度最大的是 2000—2005 年，2010 年与 2005 年的水资源开发强度基本持平。

表 4.3-1 西宁市水资源开发强度的变化与比较

水资源量/亿 m^3	水资源总量	2000 年地表水资源量	2005 年地表水资源量	2010 年地表水资源量
西宁市	12.215 1	9.220 0	12.920 0	11.940 0
城市群	23.207 4	19.933 2	24.033 3	21.419 2
流域	27.582 3	24.354 6	28.546 2	25.621 1
青海省	629.276 4	607.500 0	857.560 0	715.770 0
用水量/亿 m^3	多年平均用水量	2000 年用水量	2005 年用水量	2010 年用水量
西宁市	7.372 4	7.636 7	8.128 4	7.372 4
城市群	12.173 1	13.679 0	13.584 2	12.173 1
流域	12.403 8	13.913 5	13.799 7	12.403 8
青海省	36.237 5	27.906 9	30.651 8	36.237 5

水资源开发强度/%	多年平均用水量/水资源总量	2000年用水量/地表水	2005年用水量/地表水	2010年用水量/地表水
西宁市	60.4	82.8	62.9	61.7
城市群	52.5	68.6	56.5	56.8
流域	45.0	57.1	48.3	48.4
青海省	5.8	4.6	3.6	5.1

4.3.1.2 能源消费

受数据限制，本节仅对2013年1—4月西宁市规模以上工业企业的能源消费情况进行概述，所用数据来源于青海统计信息网的节能降耗专栏。据青海省统计局资料，2013年1—4月，西宁市200户规模以上工业企业累计综合能源消费量363.56万t标准煤，同比上升6.42%；单位工业增加值能耗同比下降8.14%。规模以上工业能源消费呈现以下特点：

（1）能源消耗主要集中在六大高耗能行业。1—4月，西宁市六大高耗能行业（石油加工和炼焦及核燃料加工业、化学原料及化学制品制造业、非金属矿物制品业、黑色金属冶炼及压延加工业、有色金属冶炼及压延加工业、电力及热力的生产和供应业）综合能源消费量达360.32万t标准煤，占全市规模以上工业综合能源消费总量的99.11%，同比增长6.63%，高出全市规模以上工业0.21个百分点。其中，有色金属冶炼及压延加工业、黑色金属冶炼及压延加工业、化学原料及化学制品制造业综合能源消费总量为292.07万t标煤，占到六大高耗能行业综合能源消费量的81.06%，同比增长5.85%。

（2）电力消费明显回升，拉动能耗快速增长。1—4月，西宁市规模以上工业用电量合计为140.55亿千瓦时，同比增长9.5%，增速环比提高5.33个百分点，拉动能耗同比增长4.39个百分点。六大高耗能行业用电量139.73亿千瓦时，增长9.56%，占规模以上工业的99.42%。其中，有色金属冶炼及压延加工业、黑色金属冶炼及压延加工业、化学原料及化学制品制造业电力消费合计134.47亿千瓦时，占到规模以上工业用电量的95.67%，同比增长9.26%。

（3）大通县、湟中县和城北区等重点区域是规模以上工业节能降耗的重点。西宁市规模以上综合能源消费量居前三位的地区为大通县、湟中县和城北区，综合能源消费量分别为 166.45 万 t 标准煤、128.18 万 t 标准煤和 40.01 万 t 标准煤，这三个地区占到全市规模以上工业企业综合能源消费量的 92.05%，所占比重大，是节能降耗的重点区域。

（4）重点用能企业的能耗占九成以上，集中趋势明显。西宁市年耗能万 t 以上的企业为 48 户，截至 4 月其综合能源消费量为 357.03 万 t 标煤，占规模以上工业的 98.20%。其中，年耗能 5 万 t 以上的企业 30 户，能耗为 344.5 万 t 标煤，增长 5.43%，占到全市规模以上的 94.76%。

以上数据表明，西宁市的能源消耗在全省具有典型性，不仅表现在能源消费总量随社会经济发展快速上升，能源消费以煤、电为主，气、油为辅，而且表现在能源消费以高耗能工业企业为主，其中石油加工和炼焦及核燃料加工业、化学原料及化学制品制造业、非金属矿物制品业、黑色金属冶炼及压延加工业、有色金属冶炼及压延加工业、电力及热力的生产和供应业等六大高耗能行业的能源消费量约占全省能源消费总量的八成以上。此外，随着城乡一体化进程的加快和人民生活水平的提高，居民用能消费量剧增，主要表现在家用电器和家用轿车等的能源消费上。从能源利用效率来看，西宁市的单位生产总值能耗水平有所下降，规模以上工业企业的能源综合利用水平有所提升。

4.3.1.3 经济活动强度

按照国家要求，经济活动强度主要从单位国土面积的 GDP 分析，为明确西宁市在全省经济社会发展中的重要作用，本节将从西宁市区、西宁市（含 3 县）、城市群、流域和全省等角度比较不同尺度的经济活动强度及其时序变化。

从西宁市经济活动强度的年度变化来看（表 4.3-2），西宁市（含 3 县）经济活动强度（单位国土面积的 GDP 值）的增长较快，2010 年经济活动强度为 2000 年的 19.5 倍，远高于东部城市群、湟水流域和全省的平均水平（分别为 12.3、12.4 和 5.1 倍），其中西宁市区增长最快（2010 年西宁市区的经济活动强度为 12 371.1 万元/km^2，是 2000 年的 314.1 倍）；其次是湟中县和海晏县（2010 年的经济活动强度分别为 2000 年的 9.1 倍和

9.0 倍），其余的 6 个县域（大通县、湟源县、平安县、民和县、乐都县和互助县）经济活动强度增速居中。

表 4.3-2 西宁市经济活动强度的变化与比较 单位：万元/km^2

年度	2000	2001	2002	2003	2004	2005	2006	2007	2008	2009	2010
西宁市区	39.4	41.1	44.1	2 784.0	3 271.1	4 811.4	5 508.8	6 732.6	8 462.7	10 375.4	12 371.1
大通县	58.4	63.9	72.3	89.9	113.5	144.8	192.8	219.1	218.4	205.2	261.4
湟中县	36.6	42.8	47.4	57.4	67.1	82.2	103.6	143.2	251.6	278.3	333.4
湟源县	17.4	22.1	26.1	32.6	37.0	47.7	62.2	82.7	98.1	96.6	113.2
平安县	73.6	82.4	93.7	108.1	119.1	147.1	172.1	206.9	256.9	280.4	342.7
民和县	44.4	48.6	57.2	62.9	67.8	66.8	77.2	93.2	121.7	127.4	162.1
乐都县	30.2	34.3	37.4	42.9	37.0	41.6	48.2	65.5	79.4	89.7	172.3
互助县	32.2	35.2	39.6	43.7	47.9	52.0	60.2	73.0	91.0	102.8	139.0
海晏县	5.3	6.0	7.2	8.4	9.0	11.0	13.0	22.2	35.0	143.0	47.9
西宁市	42.1	47.5	53.5	191.9	224.5	314.2	375.4	459.5	587.4	679.1	820.7
城市群	39.9	44.6	50.3	117.8	129.5	172.2	204.6	255.1	324.7	372.3	491.3
流域	31.8	35.6	40.3	92.3	101.2	134.3	159.6	209.5	266.7	326.4	392.8
全省	3.7	4.2	4.7	5.4	6.4	7.5	8.9	11.0	14.1	15.0	18.7

从经济活动强度的时序变化来看（图 4.3-1），西宁市（含 3 县）的经济活动强度与东部城市群和湟水流域相比变化不大，如 2010 年二者分别为 1.7∶1 和 2.1∶1，而 2000 年为 1.1∶1 和 1.3∶1；但西宁市与全省经济活动强度的比值变化剧烈，特别是 2000 年以来，这一比值呈直线上升趋势（由 2002 年的 11.3 倍上升到 2010 年的 43.9 倍），显示出西宁市经济活动强度的急剧上升和单位面积产值的快速提高。

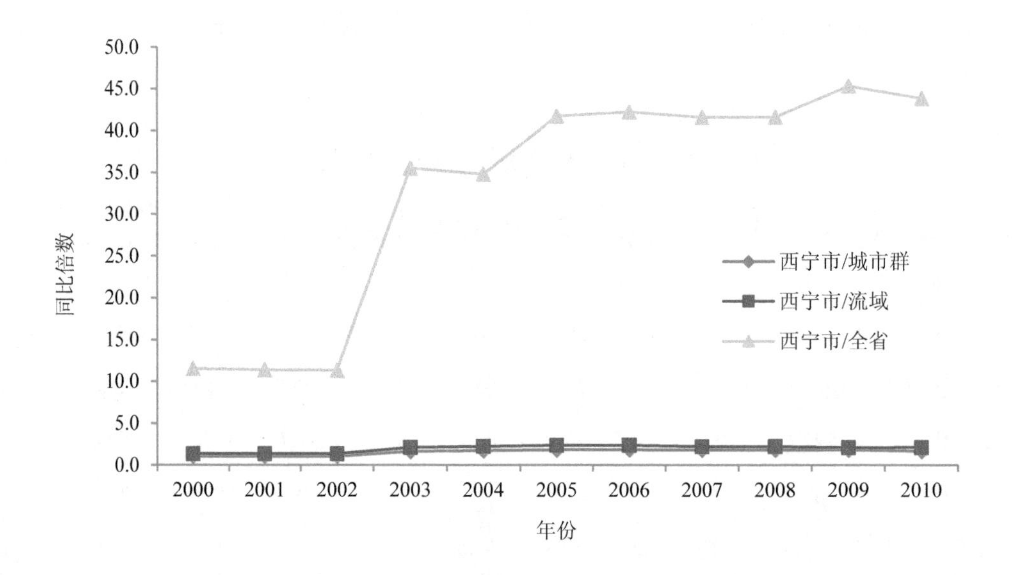

图 4.3-1　西宁市经济活动强度与全省、湟水流域和东部城市群的比较

4.3.2　环境污染

按照国家要求，生态环境胁迫的环境污染主要从单位国土面积上的污染物排放量和热岛效应两方面来分析，结合数据情况，本节将从单位国土面积的污染物排放和热岛效应两方面进行环境污染的分析。

4.3.2.1　污染物排放强度

从水污染物排放强度来看（表 4.3-3），西宁市（含 3 县）单位国土面积的污水排放量有明显下降，2010 年为 2006 年的 97%，但单位面积的污水排放量仍远高于城市群和流域平均水平；单位国土面积的 COD 排放量则有所上升，2010 年为 2006 年的 1.12 倍，高于流域平均水平但低于城市群平均水平；单位国土面积的 NH_3-N 排放量基本没变，2010 年为 2006 年的 1.01 倍，高于城市群平均水平但低于流域平均水平。

分县市来看，西宁市 1 市 3 县中，单位国土面积的污水排放量西宁市区最高且有轻微上升，湟源县最小且有轻微上升趋势，大通县较高但下降幅度最大（2010 年为 2006 年的 75%）；单位国土面积的 COD 排放量仍是西宁市最高且明显上升趋势，湟中县最小但呈微弱上升趋势，大通县较高但下降最快（2010 年为 2006 年的 83%）；单位国土面积的 NH_3-N 排放量仍是西宁市最高且有明显增长趋势，湟源县最小也呈明显增长趋势，大通县居中但下降最快（2010 年为 2006 年的 38%）。

表 4.3-3 西宁市单位国土面积水污染物排放强度

县市	污水排放量/（万 t/km²）		COD 排放量/（t/km²）		氨氮排放量/（t/km²）	
	2006 年	2010 年	2006 年	2010 年	2006 年	2010 年
西宁市区	23.41	23.97	50.50	62.69	7.71	9.20
大通县	0.89	0.67	3.59	2.99	0.37	0.26
湟中县	0.20	0.26	0.65	0.67	0.07	0.17
湟源县	0.13	0.13	0.53	0.69	0.06	0.07
西宁市	1.55	1.50	2.67	2.99	0.13	0.13
城市群	0.81	0.88	3.70	3.99	0.10	0.10
流域	0.63	0.69	2.32	2.76	0.23	0.29

从大气污染物排放强度来看（表 4.3-4），西宁市（含 3 县）单位国土面积的废气排放量和氮氧化物排放量均呈快速上升趋势，2010 年的排放强度分别为 2006 年的 1.73 倍和 1.46 倍，但与城市群和流域的平均增长速度相比，西宁市（含 3 县）的废气排放强度和氮氧化物排放强度上升稍慢。西宁市（含 3 县）单位国土面积的 SO_2 排放量则呈显著下降趋势，2010 年仅为 2006 年的 53%，其下降速度与城市群持平，但远高于流域平均水平。

分县市来看，单位国土面积的废气排放量大通县最高但排放强度基本没变（2010 年为 2006 年的 1.05 倍），湟源县排放量最小但上升速度最快（2010 年为 2006 年的 18.7 倍）；单位国土面积的 SO_2 排放量是西宁市最高但下降明显（2010 年仅为 2006 年的 81%），湟中县排放量虽小但上升最快（2010 年为 2006 年的 5.28 倍）；单位国土面积的氮氧化物排放量是西宁市区最高且有显著增长（2010年为2006年的2.12倍），湟中县排放量虽小但上升最快（2010年为2006年的7.47倍），湟源县的排放量较小且排放强度有显著下降（2010年仅为2006年的53%）。

表4.3-4 西宁市单位国土面积大气污染物排放强度

县市	废气排放量/（万m^3/km^2）		SO_2排放量/（t/km^2）		氮氧化物/（t/km^2）	
	2006年	2010年	2006年	2010年	2006年	2010年
西宁市区	1 949.2	13 641.2	37.62	30.34	13.99	29.59
大通县	3 752.9	3 936.9	19.03	15.24	10.23	12.05
湟中县	286.4	2 363.6	1.17	6.18	0.42	3.10
湟源县	48.8	913.1	0.32	0.62	0.99	0.52
西宁市	0.3	0.5	57.87	30.47	0.52	0.75
城市群	0.3	0.5	61.88	32.30	0.50	0.75
流域	634.4	1 426.1	3.96	4.98	1.99	3.86

从固体废弃物排放强度来看（表4.3-5），除工业固体废弃物的排放强度有所上升外（2010年为2006年的1.60倍），西宁市（含3县）单位国土面积的工业粉尘排放量和烟尘排放量均有显著下降（2010年分别为2006年的60%和74%）。分县市来看，单位国土面积工业固体废弃物的产生量西宁市最大且有明显增长（2010年为2006年的2.21倍），湟源县的产生量最小但增长最快（2010年为2006年的19.51倍）；单位国土面积的工业粉尘排放量仍是西宁市最大但下降也最快（2010年为2006年的42%），湟中县的排放量虽小但增速最快（2010年为2006年的4.50倍）；单位国土面积的烟尘排放量仍是西宁市最高但降速也最快（2010年为2006年的68%），湟中县和大通县的排放量虽较小但呈明显增长趋势（2010年分别为2006年的1.28倍和1.13倍）。

表 4.3-5 西宁市单位国土面积固体废弃物排放强度

县市	工业固废产生量/（t/km²）		工业粉尘排放量/（t/km²）		烟尘排放量/（t/km²）	
	2006 年	2010 年	2006 年	2010 年	2006 年	2010 年
西宁市区	0.12	0.26	22.28	9.44	18.73	12.76
大通县	0.04	0.05	5.52	4.76	5.38	6.06
湟中县	0.00	0.04	0.77	3.45	1.58	2.02
湟源县	0.00	0.01	3.62	12.11	1.34	1.27
西宁市	0.00	0.01	193.95	116.53	0.91	0.67
城市群	0.00	0.01	306.95	125.99	0.73	0.68
流域	0.01	0.03	2.83	3.60	2.00	2.51

4.3.2.2 热岛效应

热岛效应是城市气温比郊区气温高的现象，从西宁市地表温度的年均值（2000 年、2005 年和 2010 年）和月均值（1 月、7 月）来看，仅 2000 年的年均值和 7 月的月均值表现出较明显的热岛效应，其余年份和月份的城市热岛效应均不明显，比较发现可能是原始数据有误，故以下仅对西宁市地表温度的 2000 年年均值和 7 月的月均值进行分析。

从 2000 年年均值来看（图 4.3-2），西宁市地表温度年均值的高值区（20～25℃）主要集中于西宁市市区和大通县、湟中县县城区域；次高值区（15～20℃）主要分布在城市/镇外围区域，大致呈同心圆状（指 15℃温廓线与 20℃温廓线大致平行）包围在高值区外部；中值区（10～15℃）进一步远离市区中心，呈明显的连续带状特征包被在次高值区外围，主要为西宁市周边海拔较高的浅山丘陵区；低值区（＜10℃）主要呈斑块状填充在中值区的空隙，空间分布主要集中于西宁市北部的大通县、西部湟源县和西南部湟中县的外围中高山地带。

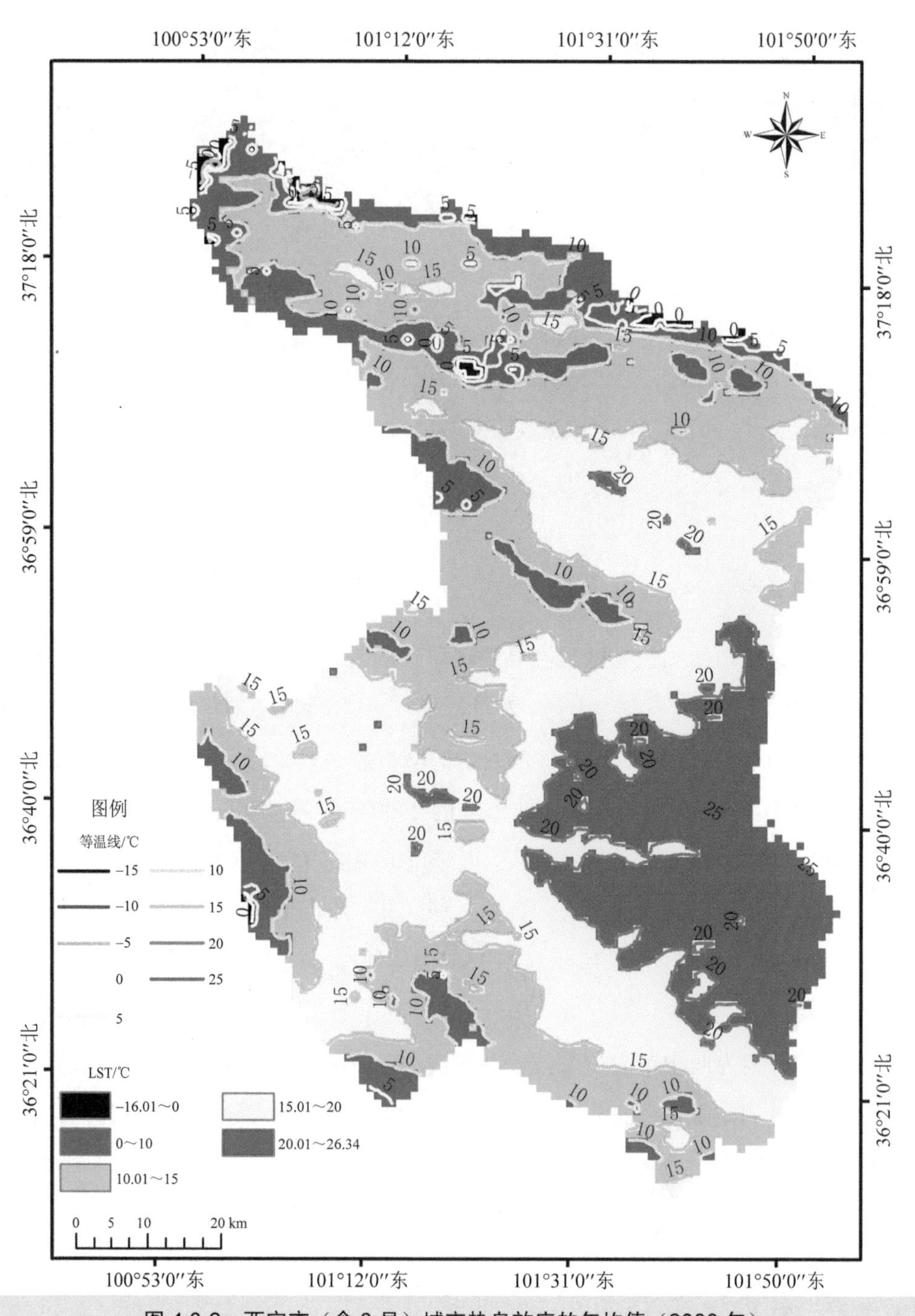

图 4.3-2 西宁市（含 3 县）城市热岛效应的年均值（2000 年）

从 2000 年 7 月的月均值来看（图 4.3-3），西宁市地表温度的 7 月极高值区（35～38.8℃）主要集中于西宁市中心城区，充分体现出高度密集的人口、经济活动以及人工地面等因素对地表温度的叠加效应；高值区（30～35℃）呈环状包围在中心城区外围，主要沿城市南北方向和向西延伸，空间范围接近西宁市区轮廓；次高值区（25～30℃）主要分布在城市/镇外围区域，大致呈同心圆状（指 25℃温廓线与 30℃温廓线大致平行）包围在高值区外部；中值区（20～25℃）进一步远离市区中心，呈明显的连续带状特征包被在次高值区外围，主要为西宁市周边海拔较高的浅山丘陵区；低值区（＜20℃）主要呈斑块状填充在中值区的空隙，空间分布主要集中于西宁市北部的大通县、西部湟源县和西南部湟中县的外围中高山地带。

上述分析表明，无论是从地表温度的年均值还是最热月均值来看，西宁市（含 3 县）的城市热岛效应已经显现，空间分布最显著的特征是围绕西宁市中心城区呈同心圆状向郊区和外围山区递减。从地表温度的变异幅度（增温幅度）来看，尽管中心城区的年均温仅比城市郊区或城乡过渡带高出约 5℃，年平均气温仍处于 20～25℃的较舒适范围内；但从最热月均温来看，西宁市中心城区的 7 月均温高达 35℃，主要建成区的 7 月均温已超过 30℃，因此西宁市的城市地表温度已达到炎热等人体不舒适的温度范围，产生了一定程度的热污染效应，中心城区的夏季降温处理已不可避免。

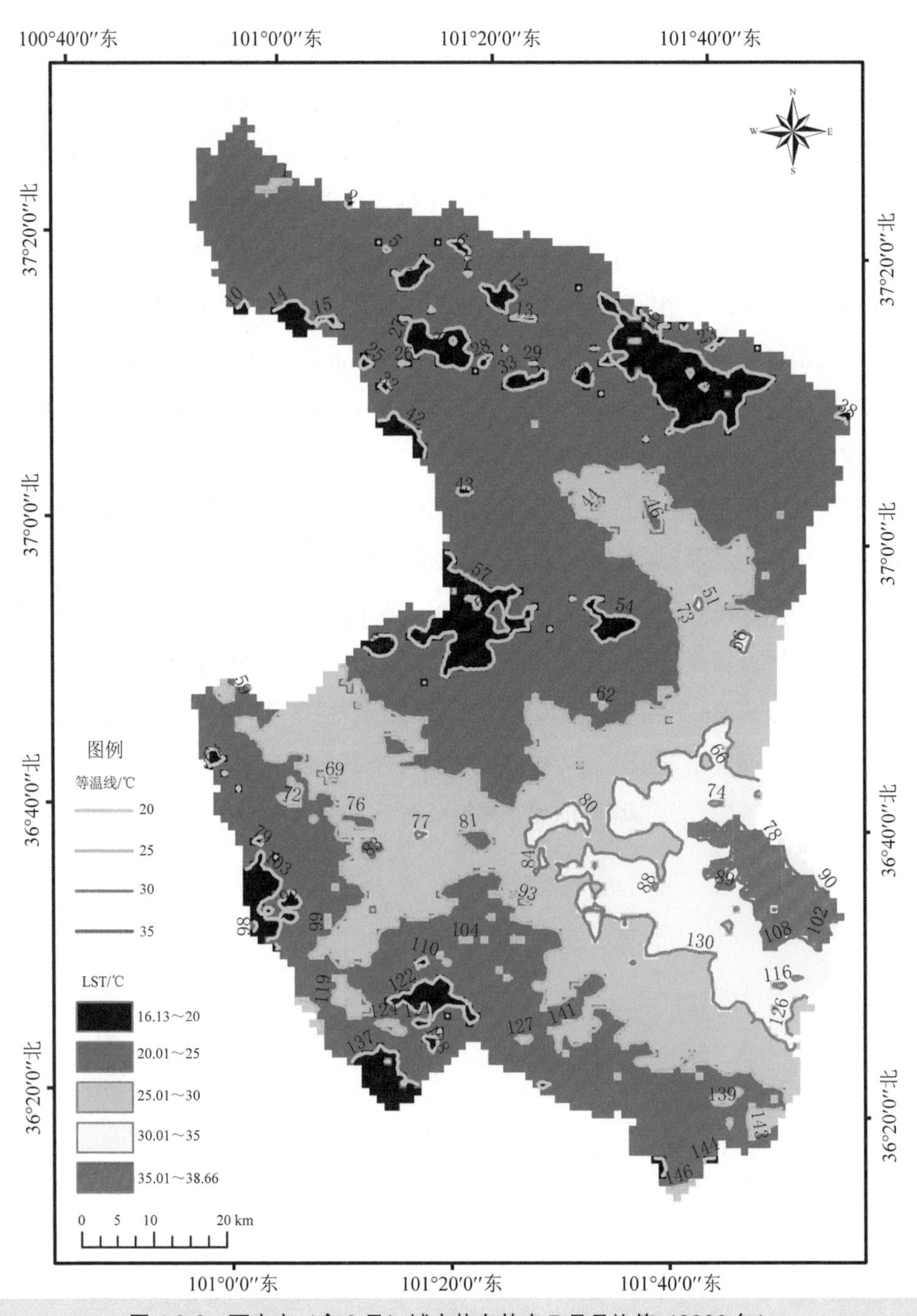

图 4.3-3 西宁市（含 3 县）城市热岛效应 7 月月均值（2000 年）

4.3.3 生态质量

按照国家要求，生态质量的分析应回答植被覆盖度和生态承载能力等问题，结合数据情况，本节主要从西宁市建成区的人口密度（单位建成区面积的城市人口）和人均生态资本（各类绿地面积）两方面分析。

4.3.3.1 建成区人口密度

从单位土地面积的人口压力来看（表 4.3-6），西宁市区的人口密度急剧上升，2000 年建成区人口密度为 12 655.7 人/km^2，2010 年为 17 550 人/km^2，10 年间上升了 38.7%；与此同时，西宁市（含 3 县）行政区人口密度由 2000 年的 235.3 人/km^2 上升为 2010 年的 256.1 人/km^2，同期增长率仅为 8.8%。由此可见，西宁市城市人口的急剧增长必然带来城市人口密集、交通拥挤、住房紧张和人均生态用地紧缺等负面影响。

表 4.3-6 西宁市建成区人口密度的变化与比较

年度	行政区面积/km^2	总人口/万人	行政区人口密度/（人/km^2）	建成区面积/km^2	城市人口/万人	建成区人口密度/（人/km^2）
2000	7 420.1	174.6	235.3	61	77.2	12 655.7
2001	7 420.1	176.4	237.7	61	77.8	12 754.1
2002	7 420.1	178.4	240.4	61	79.3	13 004.9
2003	7 420.1	181	243.9	61	81.2	13 306.6
2004	7 222.1	183.2	253.7	62	82.6	13 322.6
2005	7 565.1	184.8	244.3	64	83.5	13 102.1
2006	7 565.1	186.9	247.1	64	88.1	13 765.6
2007	7 564.2	189.5	250.5	65	90.1	13 878.6
2008	7 371.1	192.4	261.0	66	89.7	13 590.9
2009	7 371.1	193.8	262.9	66	90.5	13 712.1
2010	7 655.0	196.0	256.1	66	115.8	17 550.0
增长率/%	3.2	12.3	8.8	8.2	50.0	38.7

4.3.3.2 人均生态资本

从西宁市拥有的人均生态资本来看（表 4.3-7），西宁市的人均绿地（包括各类绿化覆盖面积、园林绿地和公共绿地）、人均公共绿地和建成区的绿化率等生态指标的建设速度明显滞后于全省平均水平，例如，全省各类绿地面积在 2000—2010 年增长了 140.0%，同期西宁市各类绿地面积的增长率为 135.4%；全省人均绿地由 2000 年的 6.3 m^2 提高到 2010 年的 13.9 m^2，10 年期间增长了 120.0%，而同期西宁市的人均绿地增长率仅为 109.7%（由 2000 年的 13.5 m^2 提高到 2010 年的 28.4 m^2）；与此同时，全省的人均公共绿地由 2000 年的 3.7 m^2 提高到 2010 年的 8.5 m^2，10 年间的增长率为 128.1%，而同期西宁市人均公共绿地增长率仅为 126.9%（由 2000 年的 3.9 m^2 提高到 2010 年的 8.9 m^2）。由此可见，西宁市在城市人口迅速增长的同时，园林绿化等人均生态资本的建设明显滞后。

表 4.3-7　西宁市人均生态资本的变化与比较

年度	建成区绿地率/%		绿地合计/hm^2		公共绿地/hm^2		人均绿地/m^2		人均公共绿地/m^2	
	全省	西宁市	全省	西宁市	全省	西宁市	全省	西宁市	全省	西宁市
2000	14.8	17.9	3 254	2 361	275	246	6.3	13.5	3.7	3.9
2001	16.3	21.2	3 921	2 989	462	434	7.5	16.9	5.3	5.8
2002	17.7	22.0	4 246	3 173	535	482	8.0	17.8	0.9	6.3
2003	11.8	23.3	9 291	3 464	847	530	17.4	19.1	5.1	6.7
2004	12.5	25.9	9 913	3 910	938	581	18.4	21.3	5.5	7.3
2005	13.5	28.0	10 579	4 203	869	498	19.5	22.7	5.0	6.2
2006	19.0	32.3	11 296	6 185	1 120	871	20.7	33.1	6.4	8.7
2007	15.5	34.3	12 137	5 284	1 163	781	22.0	27.9	6.4	9.3
2008	27.4	34.3	7 205	5 352	896	814	13.0	27.8	8.5	9.3
2009	28.7	34.5	7 526	5 360	912	816	13.5	27.7	8.1	8.6
2010	29.1	34.5	7 810	5 557	1 014	897	13.9	28.4	8.5	8.9
增长率/%	96.3	93.4	140.0	135.4	268.7	264.6	120.0	109.7	128.1	126.9

4.4 本章结论

本章从湟水流域、东部城市群和西宁市（含3县）3个尺度，回答区域土地利用格局和环境质量变化可能会带来的生态风险与资源胁迫，其中流域尺度的资源环境效率主要从水资源利用效率和环境利用效率2个层级解读，城市群尺度的城市扩张效应主要从城市扩张、地表覆被和生态质量等几个层次解读，西宁市尺度的生态环境胁迫主要从资源消耗、环境污染和生态质量等几个层次解读。主要结论如下。

4.4.1 流域尺度

从水资源利用效率来看，湟水流域（1市8县）的用水量在GDP增长的同时呈明显下降趋势（2000年用水量占全省的49.9%，2005年占45%，2010年占34.2%），与此同时，单位GDP水耗也在快速下降（2000年为0.210 3万m^3/万元，2005年为0.046 1万m^3/万元，2010年为0.015 8万m^3/万元）。但是不同县/市的单位GDP水资源消耗量差别较大，以2010年为例，单位GDP水资源消耗量大于0.04万m^3/万元的有湟源县、乐都县和民和县，在0.02～0.04万m^3/万元的有大通县、湟中县、平安县和互助县，小于0.02万m^3/万元的有西宁市和海晏县；而同期全省平均的单位GDP水资源消耗量为0.588 4万m^3/万元，因此，湟水流域的单位GDP水资源消耗量远小于全省平均值，是省内水资源利用效率较高的地区，其中西宁市的水资源利用效率提高最快，10年间提高了近300倍。

从环境利用效率进来看，湟水流域单位GDP的污水排放量、COD排放量和NH_3-N排放量自2005年以来有大幅下降；从大气污染物排放量来看，流域内单位GDP的废气排放量基本没变，但SO_2和氮氧化物的单位GDP排放量均有所下降；从固体废弃物排放量来看，流域内单位GDP的工业固体废物产生量有所上升但工业粉尘排放量和烟尘排放量均有明显下降。具体到各县市，单位GDP水污染排放量下降较快的有海晏县、湟中县、互助县、乐都县和西宁市，其中海晏县下降最快；单位GDP大气污染排放量下降的有大通县、平安县、互助县和民和县，其中民和县下降幅度最大；单位 GDP 大气污染排放量上升的有西宁市、湟中县、湟源县、乐都县和海晏县，其中海晏县上升幅度最大；单位 GDP 固体废弃物排放量下降的有西宁市、大通县、互助县、乐都县和民和县，其中民和县下降幅度最大；单位 GDP 固体废弃物排放量上升的有湟中县、湟源县、平安县和海晏县，其中平安县上升幅度最大。

以上数据表明，湟水流域的单位 GDP 水资源消耗量远小于全省平均值，是省内水资源利用效率较高的地区，并且在报告评估期（2000—2010 年），流域 1 市 8 县的水资源利用效率有大幅提升，其中西宁市的水资源利用效率提高最快，10 年间提高了近 300 倍。从环境利用效率进来看，在报告评估后期（2005—2010 年），流域内各项环境污染物的单位 GDP 排放量均有所下降，流域整体环境质量有明显好转；具体而言单位 GDP 的水污染物排放量（包括污水排放量、COD 排放量和 NH_3-N 排放量）有大幅下降，单位 GDP 的废气排放量基本没变，但 SO_2 和氮氧化物的单位 GDP 排放量均有所下降，单位 GDP 的工业粉尘排放量和烟尘排放量均有明显下降，但工业固体废物产生量有所上升。

4.4.2 城市群尺度

就城市扩张而言，从行政区人口密度看，青海东部城市群（1 市 7 县）的人口密度约为湟水流域（1 市 8 县）的 1.3 倍和全省的 25 倍，其中西宁市（1 市 3 县）的人口密度约为东部城市群的 1.3 倍、湟水流域的 1.7 倍和全省的 32 倍，而西宁市区的行政区人口密度为全省最高[2010 年为 2 536.2 人/km^2，是西宁市（含 3 县）的 9.9 倍、东部城市群的 12.5 倍、湟水流域的 15.9 倍和全省平均水平（7.8 人/km^2）的 325.1 倍]。从人口密度的变化动态来看，东部城市群 2000—2010 年的人口密度增长率（12.2%）远高于全省平均水平（9.1%），其中以西宁市区的人口密度增长率最高（达 18.4%）。

从城市化水平来看，青海东部城市群的城市化水平略低于全省平均水平（为全省平均水平的 90%），这主要是由于青海东部地区不仅是青海省人口最集中的区域，也是青海省农业人口最为密集的区域，总人口中农村人口比重较大所致。从城市化水平的变化动态来看，东部城市群 2000—2010 年的城市化水平增长率（34.0%）远高于全省平均水平（28.6%），其中以湟中县的城市化水平增长速度最快（这显然与湟中县并入西宁市后人口统计口径的变化有关），其次是大通县、民和县和互助县。总体而言，青海东部城市群区域是青海省人口高度密集、城市化发展最快的地区。

就地表覆被而言，从不透水地面的构成比例上看，东部城市群的不透水地面（不透水率=1-VF）主要以较高等级的不透水地面（2010 年，不透水率＞60%的较高等级的不透水地面占 91.9%），这表明在青海东部城市群的不透水地面中，由房屋屋顶、沥青水泥路面、停车场等坚硬质地的较高等级的人工不透水地面为主体。从不透水地面的变化动态来看，东部城市群的不透水地面增长较快，与 2000 年（面积为 782.7 km^2，占东部城市群面积的 4.9%）相比，2010 年（面积为 854.5 km^2，占东部城市群面积的 5.3%）的不透水地面增长了 9.2%（即 71.82 km^2），其中中等级别（不透水率 40%～60%）的不透水地面增长最快（增加 59.8%），其次是较高等级（40%～60%）的不透水地面（增加 21.9%），较低等级（＜40%）的不透水地面增长较慢（低于平均水平），最高等级（80%～100%）的不透水等级为负增长。从不透水地面的空间分布上看，东部城市群不透水地面的空间分布有两类，一类是城镇周围，如极高不透水地面（不透水率＞60%）主要分布在西宁市区，此外在大通县、湟中县、互助县、乐都县、民和县县城附近都较集中；还有一类主要是分布在城市群周边的高山地带，主要是裸土、裸岩和冰川/永久积雪等自然地面。

从不同空间尺度的农田比重来看，青海东部城市群的农田比重（2000—2010 年平均为 19.4%）约为湟水流域的 1.3 倍、全省平均水平的 24.3 倍，显示出青海东部城市群区域作为青海主要农业耕作区的特点；其中西宁市（1 市 3 县）的农田比重与东部城市群相当，大约是湟水流域的 1.3 倍和全省的 24.8 倍。具体到各县市，湟中县、民和县和互助县的农田比重最高，其次是大通县、平安县和西宁市区，湟源县和乐都县较小；但农田比重的变化动态有显著差异，总体上 2000—2010 年，东部城市群的农田比重与全省一致，均呈明显的下降趋势（城市群下降了 10.8%、湟水流域下降了 9.7%、全省下降了 19.3%），其中西宁市（1 市 3 县）下降了 11.5%，其次是乐都县、湟中县、民和县和互助县，湟源县和大通县下降较慢，但平安县的农田比重出现了显著增长（约上升了 10%），在下降的各县市中以西宁市区的农田比重下降最快（下降率为 45.3%）。以上数据表明，青海东部城市群区域的耕地占国土面积的份额远高于青海平均水平（前者约为后者的 24 倍），但耕地的减少速度远低于全省平均水平（前者约为后者的 1/2），这说明该区域的耕地保护力度远大于全省平均水平，考虑到该区域密集的人口和有限的土地资源，未来的耕地保护压力将进一步增大。

就生态质量而言，从净初级生产力（NPP）来看，2000—2010 年，NPP 均值增加的有 2 类（森林和农田），减少的有 2 类（湿地和草地），不变的有 1 类（灌丛），但无论增加还是减少，变幅都不大（如增加最多的森林，NPP 均值仅增加了 3.0 g C/m^2，下降最多的湿地，NPP 均值仅下降 6.7 g C/m^2）；但从 NPP 最大值来看，除湿地有明显下降外，其余四类生态系统均有大幅提高；这表明，总体而言，东部城市群的 NPP 生产能力在评估期有明显提高；从不同生态系统的 NPP 等级构成来看，森林和灌丛生态系统呈现一头独大的情况，即较高等级的 NPP＞60（0.01 g C/m^2）是主体，2000 年分别占 94.7%和 88.9%，2010 年分别占 84.2%和 87.2%，但期末较期初有明显下降；草地、湿地和农田则以中等生产力的 NPP 为主体而两头较小[即 20～80（0.01 g C/m^2）的 NPP 占绝对优势，2000 年分别占 70.7%、85.2%和 90.5%，2010 年分别占 89.7%、91.8%和 98.1%]、且期末较期初有明显上升；由此判断，整体而言，在 2000—2010 年，东部城市群各类生态系统的 NPP 等级均有所提高，其中中间等级[20～80（0.01 g C/m^2）]的 NPP 面积增加最明显，而两头[＜20（0.01 g C/m^2）和＞80（0.01 g C/m^2）的]NPP 等级变化较小，这也是各类生态系统的 NPP 均值变化不大的原因所在。

从植被覆盖度（VF）来看，2000—2010 年，东部城市群的植被覆盖度（包括农田、草地、森林和灌丛）以中等覆盖度（20%～60%）为主体，较高（＞60%）和较低（＜20%）覆盖度的面积都较小；从变化动态来看，低覆盖度（＜20%）面积有明显减少，中覆盖度（20%～60%）面积有显著增加，而高覆盖度（＞60%）面积增加极小；这表明，在 2000—2010 年，东部城市群的植被覆盖度总体上有显著提升，鉴于其中高覆盖面积增量极小，因此 VF 的提升在很大程度上归功于低覆盖度面积的减少和中等覆盖度面积的增加；从植被覆盖度的空间分布来看，较低覆盖度（＜40%）的绿地（主要是农田）占据了东部城市群的中心位置（以湟水干支流水系为骨架的流域中部），中等覆盖度（40%～60%）的绿地（主要是草地）呈环状包围在低覆盖度绿地（农田）外围，而较高等级覆盖度（＞60%）的绿地（主要是森林和灌丛）则呈斑块状镶嵌在中低覆盖度绿地上；显然，这与城市群一级生态系统中农田、草地、森林和灌丛的分布格局完全一致。

4.4.3 西宁市尺度

就资源消耗而言，从水资源开发强度来看，西宁市多年平均的水资源开发强度为60.4%，而城市群、湟水流域和青海省的该值分别为52.5%、45.0%和5.8%，由此可见，西宁市的水资源开发强度在上述4个尺度中最高，大约是全省平均水平的7.8倍；从水资源开发强度的年际变化来看，无论是西宁市尺度还是东部城市群和湟水流域，2010年的水资源开发强度均较2000年显著下降，其中下降幅度最大的是2000—2005年，2010年与2005年的水资源开发强度基本持平。

从能源消费特点来看，2013年1—4月，西宁市200户规模以上工业企业累计综合能源消费量363.56万t标准煤，同比上升6.4%；单位工业增加值能耗同比下降8.1%；能源消耗主要集中在六大高耗能行业（即有色金属冶炼及压延加工业、黑色金属冶炼及压延加工业、化学原料及化学制品制造业、石油加工和炼焦及核燃料加工业、非金属矿物制品业、电力及热力的生产和供应业，能源消费量占全市规模以上工业综合能源消费总量的99.1%）；电力消费明显回升，拉动能耗快速增长，其中六大高耗能行业用电量占规模以上工业的99.4%；大通县、湟中县和城北区等重点区域是规模以上工业节能降耗的重点，其中西宁市规模以上综合能源消费量居前三位的地区为大通县、湟中县和城北区（综合能源消费量占到全市的92.1%），是节能降耗的重点区域；重点用能企业的能耗占据九成以上，集中趋势明显（据统计，西宁市年耗能万吨以上的企业能源消费量占规模以上工业的98.2%）。以上数据表明，西宁市的能源消耗在全省具有典型性，不仅表现在能源消费总量随社会经济发展快速上升，能源消费以煤、电为主，气、油为辅，而且表现在六大高耗能行业的能源消费量约占全省能源消费总量的八成以上。此外，需要指出的是，随着城乡一体化进程的加快和人民生活水平的提高，居民用能消费量剧增；总之，从能源利用效率来看，西宁市的单位生产总值能耗水平有所下降，规模以上工业企业的能源综合利用水平有所提升。

从经济活动强度来看，西宁市（含 3 县）经济活动强度增长较快，2010 年经济活动强度为 2000 年的 19.5 倍，远高于东部城市群、湟水流域和全省的平均水平（分别为 12.3、12.4 和 5.1 倍），其中西宁市区增长最快（2010 年西宁市区的经济活动强度为 12 371.1 万元/km^2，是 2000 年的 314.1 倍）；其次是湟中县和海晏县，其余的 6 个县域经济活动强度增速居中。从经济活动强度的时序变化来看，西宁市（含 3 县）与东部城市群和湟水流域的比值变化不大（2010 年分别为 1.7 倍和 2.1 倍，2000 年为 1.1 倍和 1.3 倍），但西宁市与全省经济活动强度的比值变化剧烈，特别是 2000 年以来，这一比值呈直线上升趋势（由 2002 年的 11.3 倍上升到 2010 年的 43.9 倍），显示出西宁市经济活动强度的急剧上升和单位面积产值的快速提高。

就环境污染而言，从污染物排放强度来看，西宁市（含 3 县）单位国土面积的污水排放量有明显下降，但单位面积的污水排放量仍远高于城市群和流域平均水平；单位国土面积的 COD 排放量则有所上升，高于流域平均水平但低于城市群平均水平；单位国土面积的 NH_3-N 排放量基本没变，高于城市群平均水平但低于流域平均水平。单位国土面积的废气排放量和氮氧化物排放量均呈快速上升趋势，但与城市群和流域的平均增长速度相比，西宁市（含 3 县）的废气排放强度和氮氧化物排放强度上升稍慢；单位国土面积的 SO_2 排放量则呈显著下降趋势，其下降速度与城市群持平，但远高于流域平均水平。除单位国土面积的工业固体废弃物的排放强度有所上升外，工业粉尘排放量和烟尘排放量均有显著下降。

具体到各县市而言，西宁市 1 市 3 县中，单位国土面积的污水排放量西宁市区最高且有轻微上升，湟源县最小也有轻微上升趋势，大通县较高但下降幅度最大；单位国土面积的 COD 排放量仍是西宁市最高且有明显上升趋势，湟中县最小但呈微弱上升趋势，大通县较高但下降最快；单位国土面积的 NH_3-N 排放量仍是西宁市最高且有明显增长趋势，湟源县最小也呈明显增长趋势，大通县居中但下降最快。单位国土面积的废气排放量大通县最高但排放强度基本没变，湟源县排放量最小但上升速度最快；单位国土面积的 SO_2 排放量是西宁市最高但下降明显，湟中县排放量虽小但上升最快；单位国土面积的氮氧化物排放量是西宁市区最高且有显著增长，湟中县排放量虽小但上升最快，湟源县的排放量较小且排放强度有显著下降。单位国土面积工业固体废弃物的产生量西宁市最大且有明显增长，湟源县的产生量最小但增长最快；单位国土面积的工业粉尘排放量仍是西宁市最大但下降也最快，湟中县的排放量虽小但增速最快；单位国土面积的烟尘排放量仍是西宁市最高但降速也最快，湟中县和大通县的排放量虽较小但呈明显增长趋势。

从热岛效应来看，从年均值来看，西宁市地表温度年均值的高值区（20～25℃）主要集中于西宁市市区和大通县、湟中县县城区域；次高值区（15～20℃）主要分布在城市/镇外围区域，大致呈同心圆状（指15℃温廓线与20℃温廓线大致平行）包围在高值区外部；中值区（10～15℃）进一步远离市区中心，呈明显的连续带状特征包围在次高值区外围，主要为西宁市周边海拔较高的浅山丘陵区；低值区（＜10℃）主要呈斑块状填充在中值区的空隙，空间分布主要集中于西宁市北部的大通县、西部湟源县和西南部湟中县的外围中高山地带。从月均值来看，西宁市地表温度的7月极高值区（35～38.8℃）主要集中于西宁市中心城区；高值区（30～35℃）呈环状包围在中心城区外围，主要沿城市南北方向和向西延伸，空间范围接近西宁市区轮廓；次高值区（25～30℃）主要分布在城市/镇外围区域，大致呈同心圆状（指25℃温廓线与30℃温廓线大致平行）包围在高值区外部；中值区（20～25℃）进一步远离市区中心，呈明显的连续带状特征包围在次高值区外围，主要为西宁市周边海拔较高的浅山丘陵区；低值区（＜20℃）主要呈斑块状填充在中值区的空隙，空间分布主要集中于西宁市北部的大通县、西部湟源县和西南部湟中县的外围中高山地带。上述分析表明，西宁市（含3县）的城市热岛效应已经显现，空间分布最显著的特征是围绕西宁市中心城区呈同心圆状向郊区和外围山区递减。

就生态质量而言，从建成区人口密度来看，报告评估期，西宁市（含3县）人口密度上升较快（由 2000 年的 235.3 人/km^2 上升到 2010 年的 256.1 人/km^2，上升了 8.8%），与此同时，西宁市区的人口密度急剧上升（2000 年为 12 655.7 人/km^2，2010 年为 17 550 人/km^2，上升了 38.7%）；由此可见，西宁市城市人口的急剧增长必然带来城市人口密集、交通拥挤、住房紧张和人均生态用地紧缺等负面影响。

从人均生态资本来看，西宁市的人均绿地（包括各类绿化覆盖面积、园林绿地和公共绿地）、人均公共绿地和建成区的绿化率等生态指标的建设速度明显滞后于全省平均水平，如全省 2000—2010 年的各类绿地增长率为 140.0%，而同期西宁市仅为 135.4%，全省人均绿地的增长率为 120.0%，而同期西宁市仅为 109.7%，全省的人均公共绿地的增长率为 128.1%，而同期西宁市仅为 126.9%。由此可见，西宁市在城市人口迅速增长的同时，园林绿化等人均生态资本的建设明显滞后。

5　评价结论与政策建议

5.1　流域尺度

5.1.1　评估结论

湟水河是青海的母亲河，湟水流域是青海省社会经济的精华地区，全省近60%的人口、52%的耕地和70%以上的工矿企业都分布于湟水流域，但由于流域生态本底脆弱，再加上水土资源紧缺，生态破坏和环境污染呈加剧趋势。具体如下：

（1）自然条件较好但水土资源紧缺。湟水流域地处青藏高原和黄土高原的过渡带，河谷海拔在1 565～2 200 m，两岸有宽阔的河谷阶层（当地称为川水地区），水热条件较好，自古以来就是青海省内农业生产和人类活动最集中的区域。近年来，受人口、城镇和产业的持续聚集影响，流域内生产用地（主要是耕地）、生活用地（主要是城镇建设用地）和生态用地（各类绿地和未利用地）的矛盾加剧，资源型缺水（人均水资源量和地均水资源量仅相当于全国平均水平的1/3和1/4，分别为750 m^3/人和7 070 m^3/hm^2）和水质型缺水（因流域水资源开发利用率高达60%，国际标准为≤40%，导致河道流量减小、下游出现断流、河流水环境容量下降）并存，水土资源成为制约流域可持续发展的主要因素。

（2）生态系统本底脆弱且水土流失加剧。湟水流域内地形复杂多样，山地占总土地面积的80%以上，湟水河干流南北两岸支沟发育、地形破碎，河谷两侧海拔2 200～

2 700 m 的丘陵和低山地区（当地称为浅山地区）分布有大量旱耕地，水土流失严重。目前，湟水流域是青海省内水土流失最严重的地区，水土流失面积约占流域面积的 3/4，流域年输沙量（约 2 451 万 t）约占青海省输入黄河泥沙总量的 1/3（其中约 4/5 的泥沙来源于西宁以下地区），具有水沙异源的特点（近 2/3 的水量来源于西宁以上上游地区）。

从生态系统格局来看，草地始终是湟水流域最大的生态系统类型（接近 1/2），其次为农田和灌丛（共占 2/5），再次为荒漠、森林、湿地和城镇（均不足 5%），裸地和冰川/永久积雪的面积最小（均不足 1%）；因此，草地是湟水流域一级生态系统的主体景观（即基质），其次为农田和灌丛，荒漠、森林和湿地成为流域景观缀块，而湿地则构成流域景观廊道。从各级生态系统类型的变化动态来看，湟水流域各级生态系统的主要类型面积和份额基本稳定，变化最明显的是城镇、农田和草地，其中城镇和草地主要是增加，农田主要是减少；这表明 2000—2010 年城镇建设用地的扩张主要是占用了城镇周边的农田，而草地的增加则主要是受惠于国家各项生态保护和恢复政策（如退耕还林还草和各类保护区建设）的实施；从各级各类生态系统的变化动态上来看，总体上都是前期（2000—2005 年）变化大于后期（2006—2010 年），这主要是由于 2000 年前后不仅是国家对青海实施各项生态保护和恢复工程项目的起始年，也是青海省在西部大开发政策带动下开始加快小城镇建设的重要时间节点。

（3）污染物排放量增长较快、水环境质量持续恶化。从水环境质量来看，湟水水域集饮用、灌溉、工业用水、纳污、景观休闲等多功能于一体，是流域内国民经济和社会生活的重要水源，也是全省废水排放量最集中的水域，以 2001 年为例，当年流域废水排放量 2.59 亿 t，占全省的 70%，污染河段占 1/6，西宁以下河段水质多为劣Ⅴ类。从水污染物特征来看，湟水河污染主要物是氨氮（NH_3-N）、生化需氧量（COD）等有机物，个别河段有六价铬（Cr^{+6}）、挥发酚等超标现象。从污染河段和超标断面来看，湟水干流西宁段及其支流南川河汇入湟水前污染最严重，北川河次之，沙塘川河污染相对较轻；主要超标断面为小峡桥、朝阳桥、七一桥和民和桥，年均浓度超标倍数范围为 0.15～1.5。总之，从水污染排放量和超标情况来看，湟水干流超标河段数大于支流，且污染河长的 90%均发生在西宁市以下河段。

5.1.2 响应对策

针对水土资源紧缺、水土流失加剧和水环境质量恶化等制约湟水流域可持续发展的主要问题，提出以下响应对策供决策参考。

（1）针对流域水土资源紧缺问题，建议以内涵挖潜为主、外延增长为辅，建立资源节约型、生态友好型土地管理制度和资源节约型、环境友好型水资源管理制度。在土地资源管理方面，重点是严格执行土地用途管制制度和基本农田保护制度，提高农用地转为建设用地的建设成本和占补标准，减少农用地转用规模和幅度（空间范围）；与此同时，加大生态用地保护和建设力度，限制生态用地和未利用地的不合理开发利用，从流域尺度统筹规划各类用地的建设规模和空间布局，努力形成节约、高效、紧凑、经济的土地利用格局。在水资源管理方面，重点是提高流域各项生产（特别是农业和工业）用水效率，降低新鲜用水消耗量，提高循环用水和中水回用率，推广节约用水设备和设施，建立各类水资源（如城市生活饮用自来水、农业灌溉再生水）梯度付费制度，用水最大限度地从源头上减少水资源消耗；与此同时，执行最严格的水环境管理制度，提高流域水环境质量标准限值，严格监管沿河企业和污水处理单位的水污染物排放量和出水水质，努力降低水质型缺水胁迫。

（2）针对流域水土流失加剧问题，建议严格限制天然绿地特别是森林、灌丛和优质草地资源的不合理利用，加大森林、草甸、沼泽、湿地、水域等重要生态用地的保育力度，重点是建立生态恢复和保育的长效机制。由于生态系统结构和功能的演变具有长期性，因此生态系统结构和功能的监管应考虑长期效应（至少 30～50 年，甚至上百年），并在全面了解生态系统结构、功能和变化效应的基础上，进行生态系统服务功能和价值的合理评估，为流域生态系统的恢复、保育和监管提供科学依据。

（3）针对流域水环境质量恶化问题，建议严格环境监察执法力度，提高污染物排放标准限值，增加干支流、上下游、左右岸等河流关键节点处的水质监测设施，并适时建立流域水污染物排放台账、成立流域水污染物管理平台，定期向社会公众发布水污染物排放许可、质量监测和排污交易等信息，加大公众参与和非政府机构监督力度，加强水环境执法透明度。

5.2 城市群尺度

5.2.1 评估结论

城市群是城市化进程的必然产物，青海省东部城市群是我省乃至青藏高原经济发展的核心地区，目前这一区域已形成了以西宁市为中心，大通、湟中、湟源、平安、互助、乐都、民和等县城在内的沿湟水轴线型城镇密集区（1 市 7 县），各个城镇的主导功能已出现明显的分化，区域城镇总体的资源、人口、经济和社会发展水平较高，已初步具备了城市群发展的人口、城镇、资源和产业基础。但是人口、城镇和产业集聚带来的资源消耗和生态环境胁迫也日益明显，突出表现为城市化带来的用地矛盾、工业化带来的污染加剧和地表覆被改变带来的生态质量下降等问题。具体如下：

（1）城市扩张带来的用地矛盾（特别是农用地和建设用地）日益突出。据统计，2010 年，青海东部城市群地区土地面积仅占全省的 2.2%，人口约占全省的 57.4%，城镇人口约占全省的 67.3%，平均城市化水平比全省平均水平高出近 7 个百分点，公路里程和高等级公路里程约占全省的 1/4，铁路里程约占全省的 14.1%；国民生产总值（GDP）占全省的 64.0%，其中第一产业增加值占全省的 39.6%，第二产业增加值占全省的 63.2%，第三产业增加值占全省的 72.3%。从空间上看，城镇的发展和扩展主要集中在地势低平、靠近水源的河谷地带，而这一地带也正是全省农业的精华地带，因此，这一区域的用地冲突历来显著；特别是 2000 年以来，伴随着国家西部大开发和“兰—西—格”经济带建设等一系列重大战略的实施，这一区域的建设用地（城镇、工矿企业和交通道路等）和农用地（特别是基本农田）之间的用地冲突呈急剧增大态势。

（2）快速工业化带来的污染物排放量增加和污染治理水平较低使得城市群区域环境空气质量和水环境质量呈快速恶化态势。青海东部是青海城镇最密集和工业最发达的地区，也是省内碳化硅、水泥、铁合金等高污染企业最为集中的地区，区内的各项污染物排放量在全省居于前列；据统计，2010 年城市群区域废水排放量约占全省的 60.8%，化学需氧量（COD）排放量约占全省的 65.9%，氨氮（NH_3-N）排放量约占全省的 67.4%，废气排放量约占全省废气排放量的 70.6%，SO_2 排放量约占全省的 62.8%，氮氧化物排放量约占全省的 61.6%，工业固体废弃物产生量约占全省的 31.9%，工业粉尘排放量约占全省的 73.3%，烟尘排放量约占全省的 63.7%。但区内各城镇污水处理厂运行水平较低，污水管网配套建设滞后于污水处理厂建设速度，污水处理具有明显的“五低”特征（即污水收集率低、污水处理率低、污水处理厂正常运转效率低、城镇污水回用率低和污水处理标准低），因此，随着人口、城镇和产业的快速发展，使得城市群区域的环境质量状况呈持续恶化态势。

（3）地表覆被变化（特别是不透水地面增加）带来的生态质量下降效应开始凸显。地表覆被是土地利用状况和植被状况的综合反映，按照能否继续进行生态系统呼吸可将地表覆被分为透水地面（指具有生态系统服务功能的地面，包括森林、灌丛、草地、湿地、农田等各类天然和人工绿地）和不透水地面（指不具有生态系统服务功能的地面，主要指城镇、工矿企业和交通道路等人工硬化地面）两类，一般认为一定比例的透水地面对于生态系统服务功能的正常发挥具有正相关作用。受快速城市化和工业化的影响，2000—2010 年，青海东部城市群不透水地面的面积有小幅增加（由 2000 年的 782.7 km^2 增至 2010 年的 71.8 km^2），增加的不透水地面以中高等级（不透水率 40%～80%）为主（面积由 542.4 km^2 增至 655.4 km^2，比例由 67%增至 76.7%），较低级别（不透水率＜40%）的不透水地面仅有微弱增加（面积由 1.05 km^2 增至 1.13 km^2，比例没变，均为 0.13%），而较高等级（不透水率＞80%）的不透水地面面积有显著下降（面积由 257.3 km^2 降至 198.0 km^2，比例由 32.9%降至 23.2%）。从不透水地面的空间分布上看，东部城市群的不透水地面主要分布在两类区域，一类是城镇周围，如极高不透水地面（不透水率＞60%）主要分布在西宁市区，此外在大通县、湟中县、互助县、乐都县、民和县县城附近都较集中；还有一类主要是分布在城市群周边的高山地带，主要是裸土、裸岩和冰川/永久积雪等自然地面；增加的不透水地面主要城镇建设用地，如屋顶、沥青和水泥路面以及各类硬化广场等。

5.2.2 响应对策

针对用地冲突、污染加剧和不透水地面的增加等制约青海东部城市群可持续发展的主要问题，提出以下响应对策供决策参考。

（1）针对城市扩展带来的用地冲突问题，建议在合理规划城市群建设梯队的基础上，合理测算不同等级城镇的建设用地规模和空间布局方向，并针对不同的用地性质实行差别化管理。青海东部城市群作为青海省着力打造的经济竞争主体和区域经济发展核心，是未来青海省城市化和工业化的核心地带，建设用地的空间扩展已不可避免，为合理、有序地利用土地资源，最大程度地减少用地冲突，必须依据城镇建设的梯队机制，合理规划中心城市（西宁市）、次级中心城市（海东市）和主要城镇的建设用地规模，并按照不同城镇之间的经济联系强度，合理布局城镇建设用地的空间发展方向。与此同时，严格控制城市建成区范围，防止城市新区、工业园区和各类经济技术开发区等建设用地的无序扩展；并按照经济、集约、高效和节约用地的原则，严格控制人均建设用地指标，着力提高城市各项用地的密度率、容积率和有效使用水平，努力打造空间集约高效的紧凑型城市。

（2）针对工业化带来的各种污染加剧问题，建议执行最严格的环境监管制度，从源头上削减污染物排放量。其中针对城市群建设的大气污染问题，建议执行最严格的的汽车尾气排放标准，改造城市供暖系统（增加天然气比重，减少燃煤比例），建立严格的工业园区大气污染物排放、收集和处置系统，增加人口密集区和环境敏感区的大气污染物排放和环境空气质量监测设施，实现大气环境质量的精细化管理。针对流域水环境恶化问题，建议严格环境监察执法力度，提高污染物排放标准限值，增加干支流、上下游、左右岸等河流关键节点处的水质监测设施，并适时建立流域水污染物排放台账、成立流域水污染物管理平台，定期向社会公众发布水污染物排放许可、质量监测和排污交易等信息，加大公众参与和非政府机构监督力度，加强水环境执法透明度。

（3）针对不透水地面增加带来的城市热岛、洪水内涝等负面生态环境效应问题，建议严格执行土地用途管制和功能分区制度。鉴于维持一定比例的生态地面（包括森林、草地、农田、人工绿地和水域、湿地、沼泽等）是保障生态系统服务功能（如水源涵养、土壤保持、水质净化、空气清洁、固体废弃物降解、生物多样性保持等）正常发挥的关键，因此建议全面核算目前和未来一定时期（如城市群建设的规划期）内，城市群区域生态地面（指具有生态系统呼吸作用的各类天然和人工地面）和硬化地面（即不透水地面）的比例关系及其可能的生态环境效应，以便为相关决策提供科学依据。近期可通过生态景观（特别是城市绿心、河道和水体景观）的集中连片建设，增强城市区域生态系统的服务和调节功能。

5.3 西宁市尺度

5.3.1 评估结论

城市建成区是城市中各项生产服务和生活活动最集中的地域，是城市建设用地所能达到的实际范围（一般不包括市区内面积较大的农田和不适宜建设的地段）。西宁市是一个拥有悠久历史的高原古城，现辖城东区、城中区（含城南新区）、城西区、城北区、海湖新区、国家经济开发区及大通、湟中、湟源 3 个县，2010 年总土地面积 7 655 km^2，占全省的 1.1%，其中西宁市市辖区面积 356 km^2、建成区面积 43 km^2。西宁市的建成区受“三川汇聚、两山对峙”的地形特征影响，城市空间天生具有沿河流呈带状扩展的特征，湟水干流（含西川河）自西向东贯穿全市，湟水支流北川河和南川河沿南北方向流贯全市，形成了南北—东西交叉的“X”字形城市空间格局。城市发展面临的主要问题是城市扩张的水土资源约束和内陆干旱河谷型城市的大气污染和水污染问题。具体如下：

（1）西宁市作为典型的河谷型城市，土地资源约束是限制城市扩市提位的首要问题。西宁市是黄河上游第一个百万以上人口的中心城市，地处黄河支流湟水上游的河谷盆地，城市建设主要集中于在地势平坦的河流阶地和冲积扇上，受四周山体的限制（南有南山和西山、北有北山、东受大东岭阻挡），城市建设只能沿着河谷方向拓展；但由于湟水谷地地处黄土高原向青藏高原的过渡地带，地形破碎、冲沟、切沟、细沟等流水侵蚀地貌发育，对城市建设的空间限制非常明显，主要表现为城市中心区人口密度高、空间狭小、交通拥堵，建设用地明显不足，有限的城市空间与多元的城市功能之间的矛盾不断凸显。未来，在全省“四区两带一线”战略和“以西宁为中心的东部城市群”战略的推动下，可以预见，西宁市必将迎来新一轮的建设用地和建成区拓展高峰，届时城市发展的空间不足、中心城市空间狭小、建设用地明显不足等问题将成为西宁城市空间拓展的重要约束。

（2）西宁市作为典型的内陆干旱城市，水资源短缺将成为制约城市可持续发展的主要“瓶颈”。西宁市水资源总量仅占全省水资源量的 2.1%，人均水资源量仅为全国和全省平均水平的 1/4 和 1/20，属资源型重度缺水城市，再加上全市各地区的水资源空间差异大（主要是人口、耕地、工业企业和水资源的空间分布不匹配），造成了城市工程性缺水与资源性缺水并存、工农业生产和城市居民生活用水的季节性缺水矛盾突出；此外，随着近年来湟水流域水体污染加剧，造成可利用水资源量减少，甚至造成了湟水中下游水质型缺水。据预测，若不新增其他供水工程，到 2020 年将缺水 3.5 亿 m^3。总之，西宁市目前已属资源型中度缺水城市，未来随着人口、城镇和产业的持续聚集，城市发展的水资源约束将更加突出。

（3）西宁市特别是中心城区的水污染、大气污染、噪声污染和城市热岛等环境胁迫日益明显，已成为影响城市人居环境质量的主要问题。西宁市是青海省污染物排放最为集中的地区，西宁市的污水排放量、COD 排放量、工业粉尘排放量和烟尘排放量都接近全省的 1/2，NH_3-N 排放量、废气排放量、SO_2 排放量和氮氧化物排放量都已超过全省的 1/2。主要的水污染物是 COD 和 NH_3-N，主要的大气污染物是悬浮颗粒物（TSP 和 PM_{10} 的历年均值均高于二级标准值），主要的固体废弃物是烟尘和粉尘，主要的噪声污染来自生活噪声，工业噪声影响较小。并且随着近年来西宁市污染治理水平的提升，单位面积的污水排放量、工业粉尘排放量和烟尘排放量有明显下降，但 COD 排放量、废气排放量和氮氧化物排放量有显著上升，NH_3-N 排放量基本没变，总体来看，西宁市的各类污染物排放强度虽有所减小，但排放量持续上升。此外，需要指出的是，随着西宁市人口和产业的不断集聚，以及硬化地面的迅速扩展，西宁市（含 3 县）的城市热岛效应已经显现，空间分布最显著的特征是围绕西宁市中心城区呈同心圆状向郊区和外围山区递减，中心城区的年均温比城市郊区或城乡过渡带高出约 5℃。

5.3.2 响应对策

针对水土资源约束和水气污染加剧等制约西宁市可持续发展的主要问题，提出以下响应对策供决策参考。

（1）针对城市发展的土地资源（特别是建设用地）约束问题，一方面，应在合理规划城市空间功能的基础上积极拓展城市发展空间，主要是在全省“四区两带一线”战略和西宁市“十二五”规划等相关规划政策的指导下，区分都市发展核心区和外围城镇发展区，按照“西扩、南活、北优、东延、中疏”的原则优化空间布局，提升城市有效发展空间；近期可通过加快大通县城关镇、湟中县多巴镇、湟源县巴燕镇等卫星城市的建设，引导产业（特别是工业企业）和人口实现分流，减少中心城区人口和土地压力；另一方面，应在合理测算西宁市市区人口容量的基础上，按照集约、紧凑、节约用地的原则进行改造和闲置土地清理，通过盘活存量土地、控制人均建设用地水平和提高单位面积土地容积率等措施实现中心城区的高效集约式发展。

（2）针对城市发展的水资源约束问题，应在降低主要行业和居民用水消耗的基础上，着力解决水源匮乏、水质恶化、水资源浪费等问题。建议有关水行政部门建立更加严格的水资源管理制度，一方面，按照水资源性质（新鲜水、循环水、中水回用和再生水等）和行业特点（如工业、农业、服务业、城市公共用水、生态用水和居民生活用水等）实行差别化水价，通过价格的杠杆作用引导全社会形成节水、惜水和保护水的意识；另一方面，通过建立严格的污水排放企业监管体系（主要是建立企业排污台账、明确奖罚规则、接受社会监督）和提高污水收集处理能力改善河水水质，减轻水质型缺水胁迫。

（3）针对西宁市（特别是中心城区）日益突出的大气污染、噪声污染和城市热岛效应等问题，应分门别类加大环境监管力度。鉴于西宁市目前的大气污染为煤烟型污染，主要污染物是以总悬浮颗粒物（TSP）和可吸入颗粒物（PM_{10}、$PM_{2.5}$）为主的烟尘和粉尘，污染物主要来源于以煤炭为主的能源消耗和以黑色金属冶炼业、机械制造业、化学工业和纺织业为主的工业废气排放，因此近期治理的重点是加强火力发电、燃煤锅炉和主要工业废气排放单位的技术改造，最大限度地从源头上减少颗粒污染物产生量；与此同时，考虑到西宁市快速增长的机动车保有量，未来应重点预防由机动车尾气带来的氮氧化物污染，可以通过推广清洁能源、燃油改造和严格排放限值等措施降低氮氧化物排放量，预防酸雨和光化学烟雾污染。对于城市噪声污染防治问题，由于目前西宁市区域噪声和交通噪声基本稳定，声环境质量总体较好，因此，通过对重点区域（如中心城区、主要交通路段）、重点行业（如商业服务业、娱乐业和建筑施工企业）和重点时段（如早、中、晚上下班高峰期和重要节假日）的噪声控制专项检查和工业企业的噪声环境监管，就可有效解决噪声扰民问题。对于西宁市（特别是中心城区）已初现端倪的城市热岛问题，除严格限制温室气体排放外，重点是最大限度地保留自然地面、减少人工地面比例，加强城市现有绿地、水体、湿地等自然地面的保护力度，适时增加人工绿地、湿地和水体面积；同时大力提高市政基础设施建设（如各类公园、广场、人行道、河堤等娱乐休闲设施的铺装）和各类建筑材料中绿色、生态、环保材料的使用比例，努力营造节能、低碳、环保和宜居的城市环境。

参考文献

[1] 青海省统计局. 青海省国民经济和社会经济发展统计年鉴（2000—2010 年）.

[2] 青海省环境保护厅. 青海省环境状况公报（2000—2010 年）.

[3] 青海省水利厅. 青海省水资源公报（2000—2010 年）.

[4] 青海省环境保护厅. 湟水流域水环境综合治理规划（2011—2015）.

[5] 青海省农业资源区划办公室. 1999. 青海省农业自然资源数据集.青海省新闻出版局.

[6] 李含英，李耀阶，张昌兴. 1993. 青海森林. 北京：中国林业出版社：59-103.

[7] 中国科学院西北高原生物研究所. 1990. 青海省植被图（1：1000000 说明书）. 北京：中国林业出版社.

[8] 青海省水文水资源局. 青海省水资源调查评价报告. 2004.

[9] 《青海省“十二五”规划》东部城市群规划专题. http：//www.qhfgw.gov.cn/srwgh/ghzt/dbcsq.shtml.

[10] 青海东部城市群首个交通发展规划工作启动. http：//www.qhnews.com. 西海都市报 2011-03-08 07：22.

[11] 《青海省“十二五”规划》重点前期研究成果：加快青海城镇化发展研究. 2011-04-18.http：//www.qhfgw.gov.cn/srwgh/zdqqyjcg/t20110418_365169.shtml.

[12] 《青海省“十二五”规划》东部城市群规划专题. http：//www.qhfgw.gov.cn/srwgh/ghzt/dbcsq.shtml.

[13] 谢有仁. 湟水流域水系组成及分布特征. 水利科技与经济，2011，17（1）：72-73.

[14] 青政[2010]25 号文. 青海省人民政府关于印发《青海省土地利用总体规划（2006—2020 年）》的通知.

[15] Schum S A，Lichty R W. 1965.Time，Space and causality in Geomorphology. American Journal of

Science. 263：110-119.

[16] Odum E P. 1983. Basic Ecology. Philadelphia：Ssunders College Publishing.

[17] 刘纪元，等. 1996. 中国资源环境遥感宏观调查与动态分析. 北京：中国科技出版社.

[18] 秦大河. 2002. 中国西部环境演变评估. 北京：科学出版社.

[19] Millennium Ecosystem Assessment. 2003. Ecosystems and Human Well-being. Washington：Island Press.

[20] 国家环保总局政策法规司政研处. 2004. 西部地区环境政策的生态影响及应急反应措施. 北京：WECMA 专题报告组.

[21] 刘纪元，等. 2006. 中国西部生态系统综合评估. 北京：气象出版社.

[22] 陈佑启，周建明. 1998. 城市边缘区土地利用的演变过程和空间演变模式. 国外城市规划，1：10-17.

[23] 陈佑启，Verburg P H. 2000. 中国土地利用/土地覆盖的多尺度空间分布特征分析. 地理科学，20（3）：197-202.

[24] 吕一河，傅伯杰. 2001. 生态学中的尺度与尺度转换方法. 生态学报，21（12）：2096-2105.

[25] 于贵瑞，谢高地，于振良，王秋凤. 2002. 我国区域尺度生态系统管理中的几个重要生态学命题. 应用生态学报，13（7）：885-891.

[26] 于秀波. 2002. 我国生态退化、生态恢复及政策保障研究. 资源科学，24（1）：72-76.

[27] 国家环保总局自然司. 2002. 西部地区生态环境变化后果及其保护对策. 环境保护，（3）：28-31.

[28] 陈美玲. 城市群相关概念的研究探讨. 城市发展研究，2011，3（18）：5-8.

[29] 熊有平. 湟水流域川水区、浅山区、脑山区和石山林区划分及特点. 水利科技与经济，2012，18（2）：14-15.

[30] 徐劼，李万寿. 湟水流域水资源可持续开发利用与保护对策. 青海大学学报（自然科学版），2000，18（6）：32-35，69.

[31] 相震，王连军，吴向培. 青海湟水流域水资源承载状况及水质评价. 环境科学与技术，2005，28（12 月增）：96-98.

[32] 李晖，张学培，王晓贤. 湟水流域水资源状况分析及规划研究. 水土保持应用科技，2008（2）：15-17.

[33] 侯佩玲. 湟水流域水污染变化与治理对策. 青海环境，2012（9）：107-111.

[34] 李勇. 青海省两河流域城市带战略构想. 攀登，2011，30（4）：74-79.

[35] 刘韬. 平安县加快融入西宁一小时城镇群步伐. 平安县人民政府：http：//www.hdpa.gov.c；创建时间：2010 年 9 月 3 日.

[36] 张志斌，袁寒. 西宁城市空间结构演化分析. 干旱区资源与环境，2008，22（5）：36-41.